国家"双高计划"水利水电建筑工程专业群系列教材
高等职业教育新形态一体化教材

工程地质与土力学

主　编　朱英明
副主编　程　健　李方灵　鲁业宏　魏继莲
主　审　毕守一

中国水利水电出版社
www.waterpub.com.cn
·北京·

内 容 提 要

本教材是国家"双高计划"水利水电建筑工程专业群系列教材，也是安徽省地方技能型高水平大学重点建设专业——水利工程类专业的课程改革成果之一，是依据安徽省地方技能型高水平大学专业建设方案，本着高职教育的特色，与企业技术人员共同开发编写的教材。本教材共分九个项目，从内容上分为工程地质与土力学两部分。项目一至项目四主要讲述与工程地质有关的内容，包括岩石及其工程地质性质、地质构造与地质作用、常见地质灾害、水利工程常见的地质问题等。项目五至项目九主要讲述与土力学有关的内容，包括土的物理性质及工程分类、土的渗透性、地基变形验算、土的抗剪强度与地基承载力、土压力与土坡稳定。

本教材可作为高职高专和高等成人教育水利水电类、土木工程类专业的教材，也可供从事相关工程建设的专业技术人员参考。

图书在版编目（CIP）数据

工程地质与土力学 / 朱英明主编. -- 北京 : 中国水利水电出版社，2023.12
ISBN 978-7-5226-1701-5

Ⅰ．①工… Ⅱ．①朱… Ⅲ．①工程地质－高等职业教育－教材②土力学－高等职业教育－教材 Ⅳ．①P642 ②TU43

中国国家版本馆CIP数据核字(2023)第141946号

书　　名	**工程地质与土力学** GONGCHENG DIZHI YU TULIXUE
作　　者	主　编　朱英明 副主编　程　健　李方灵　鲁业宏　魏继莲 主　审　毕守一
出版发行	中国水利水电出版社 （北京市海淀区玉渊潭南路1号D座　100038） 网址：www.waterpub.com.cn E-mail：sales@mwr.gov.cn 电话：（010）68545888（营销中心）
经　　售	北京科水图书销售有限公司 电话：（010）68545874、63202643 全国各地新华书店和相关出版物销售网点
排　　版	中国水利水电出版社微机排版中心
印　　刷	清淞永业（天津）印刷有限公司
规　　格	184mm×260mm　16开本　12.25印张　298千字
版　　次	2023年12月第1版　2023年12月第1次印刷
印　　数	0001—2000册
定　　价	**43.00元**

凡购买我社图书，如有缺页、倒页、脱页的，本社营销中心负责调换

版权所有·侵权必究

前 言

本教材是国家"双高计划"水利水电建筑工程专业群系列教材，也是安徽省地方技能型高水平大学重点建设专业——水利工程类专业的课程改革成果之一。根据改革实施方案和课程改革的基本思想，通过分析工程地质与土力学的工作过程，结合岗位要求和职业标准，将课程体系解构为九个实施项目。

本教材遵从党的二十大的教育内容与精神，旨在培养水利工程类专业的有思想品德教育、道德教育、信息技术教育、社会实践教育的一线技能型人才，增强学生学习科学文化知识的热情，能够使学生掌握适应社会的能力，更好地为国家，为社会服务。采用国家与行业最新规范、规程与相关标准，根据高等职业技术应用型人才培养的要求及工程实际应用与最新发展动态，以"必需、够用"为原则，以项目为引领，以任务为驱动，并在每个项目添加相应思政元素进行编写。

本教材由安徽水利水电职业技术学院朱英明担任主编，安徽水利水电职业技术学院程健、李方灵、鲁业宏、魏继莲担任副主编，安徽水利水电职业技术学院毕守一担任主审。朱英明编写项目一、项目二，魏继莲编写项目三、项目四，李方灵编写项目五、项目六，鲁业宏编写项目七、项目八，程健编写项目九，安徽长江河道管理局韦伟、安徽水安建设集团股份有限公司刘敬中、安徽水工程质量监督检测所胡江浩等参与全书编制工作。

向所有在编写工作中给予支持的同志表示感谢！

由于编者水平有限，时间仓促，教材中的疏忽和不妥之处，敬请使用者批评指正。

编者

2023 年 6 月

"行水云课"数字教材使用说明

"行水云课"水利职业教育服务平台是中国水利水电出版社立足水电、整合行业优质资源全力打造的"内容"+"平台"的一体化数字教学产品。平台包含高等教育、职业教育、职工教育、专题培训、行水讲堂五大版块,旨在提供一套与传统教学紧密衔接、可扩展、智能化的学习教育解决方案。

本套教材是整合传统纸质教材内容和富媒体数字资源的新型教材,将大量图片、音频、视频、3D动画等教学素材与纸质教材内容相结合,用以辅助教学。读者登录"行水云课"平台,进入教材页面后输入激活码激活,即可获得该数字教材的使用权限。可通过扫描纸质教材二维码查看与纸质内容相对应的知识点多媒体资源,也可通过移动终端App、"行水云课"微信公众号或"行水云课"网页版查看完整数字教材。

线上教学与配套数字资源获取途径如下:

- 手机端。关注"行水云课"公众号→搜索"图书名"→封底激活码激活→学习或下载。
- PC端。登录"xingshuiyun.com"→搜索"图书名"→封底激活码激活→学习或下载。

内页二维码具体标识如下:

- ▶为微课。

数字资源索引

序号	资源名称	资源类型	页码
1	1-1 矿物	▶	7
2	1-2 岩石	▶	16
3	2-1 地质作用与地质年代	▶	24
4	2-2 岩层产状要素	▶	26
5	2-3 褶皱与断裂构造	▶	35
6	3-1 地震灾害	▶	43
7	3-2 滑坡	▶	53
8	3-3 崩塌	▶	53
9	3-4 泥石流	▶	59
10	5-1 土的三相组成	▶	77
11	5-2 土的物理性质指标	▶	79
12	5-3 土的密度实验	▶	80
13	5-4 含水率测定	▶	80
14	5-5 液限塑限测定	▶	84
15	5-6 击实试验	▶	88
16	6-1 渗透力与渗透变形	▶	101
17	7-1 土的自重应力计算	▶	106
18	7-2 土的附加应力计算	▶	120
19	7-3 压缩实验	▶	121
20	7-4 最终沉降量计算	▶	126
21	8-1 土的抗剪强度与破坏理论	▶	145
22	8-2 直接剪切实验	▶	145
23	9-1 朗肯土压力理论	▶	166
24	9-2 库仑土压力	▶	173

目 录

前言
"行水云课"数字教材使用说明
数字资源索引

项目一　岩石及其工程地质性质 ········· 1
  单元一　矿物 ········· 2
  单元二　沉积岩、变质岩、岩浆岩 ········· 7
  单元三　岩石的工程地质性质评述 ········· 16
  思考与练习 ········· 17

项目二　地质构造与地质作用 ········· 19
  单元一　地质作用 ········· 22
  单元二　地质年代 ········· 23
  单元三　岩层产状 ········· 24
  单元四　褶皱构造 ········· 26
  单元五　断裂构造 ········· 29
  思考与练习 ········· 35

项目三　常见地质灾害 ········· 36
  单元一　概述 ········· 37
  单元二　地震 ········· 41
  单元三　崩塌和滑坡 ········· 43
  单元四　泥石流 ········· 53
  思考与练习 ········· 59

项目四　水利工程常见的地质问题 ········· 61
  单元一　水库的工程地质问题 ········· 62
  单元二　坝的工程地质问题 ········· 64
  单元三　输水建筑物的工程地质问题 ········· 70
  思考与练习 ········· 73

项目五　土的物理性质及工程分类 ········· 74
  单元一　土的三相组成 ········· 74

  单元二 土的结构和构造 ·· 77
  单元三 土的物理性质指标 ·· 79
  单元四 土的物理状态指标 ·· 83
  单元五 土的击实性 ·· 86
  单元六 土的工程分类 ·· 88
  思考与练习 ··· 92

项目六 土的渗透性 ·· 94
  单元一 土的渗透定律和渗透系数 ··· 94
  单元二 渗透力和渗透变形 ·· 98
  思考与练习 ··· 101

项目七 地基变形验算 ·· 103
  单元一 土体中的自重应力 ·· 103
  单元二 基底压力 ··· 106
  单元三 地基附加应力计算 ·· 110
  单元四 土的压缩性 ·· 120
  单元五 地基最终沉降量的计算 ··· 123
  单元六 地基沉降与时间的关系 ··· 129
  思考与练习 ··· 135

项目八 土的抗剪强度与地基承载力 ·· 139
  单元一 土的抗剪强度和破坏理论 ··· 140
  单元二 土的抗剪强度试验 ·· 145
  单元三 剪切试验方法的分析与选用 ··· 149
  单元四 地基承载力 ·· 150
  思考与练习 ··· 160

项目九 土压力与土坡稳定 ·· 162
  单元一 挡土墙与土压力 ··· 162
  单元二 朗肯土压力 ·· 166
  单元三 库仑土压力 ·· 173
  单元四 挡土墙设计 ·· 179
  思考与练习 ··· 186

参考文献 ··· 188

项目一

岩石及其工程地质性质

【学习目标】
1. 知识目标
(1) 熟悉矿物的有关性质及几种矿物对水工建筑的影响。
(2) 岩浆岩的成因、结构、构造、分类。
(3) 沉积岩的成因、结构、构造、分类。
(4) 变质岩的成因、结构、构造。
(5) 岩石的工程地质性质评述。
2. 技能目标
(1) 能根据矿物性质肉眼识别矿物。
(2) 会岩浆岩的野外识别。
(3) 会变质岩的野外识别。
(4) 会沉积岩的野外识别。
(5) 能对三大岩石进行工程地质性质评述。
3. 素质目标
(1) 熟悉国家矿物矿产资源法规。
(2) 自觉保护国家矿产资源。
(3) 工程建设必须服从国家产业规划,遵纪守法,树立规矩意识。
4. 执行规范
(1)《岩矿鉴定技术规范》(DZ/T 0275—2015)。
(2)《水利工程勘察规范》(GB 50021—2011)。

在天然岩体中设计和建造各种工程构筑物时必须掌握岩体的物理、力学等工程特性,掌握岩石岩体的工程性质对工程构筑物的安全性、稳定性有重要意义。岩体成分多种多样,使得岩石岩体的工程性质差异很大,如石英岩抗压强度可达数千兆帕,而软弱的黏土岩抗压强度则低至数兆帕。这种差异大多数与其中的软弱物质和胶结物有关,如云母类矿物对岩浆岩和变质岩的强度有较大的影响,亲水性很强的黏土矿物对沉积岩强度和变形性也有很大影响。当岩体内湿度变化时,易使岩体力学性质发生变化。沉积岩岩体的力学性质,很大程度上决定于其胶结物的性质,按胶结强度大小依次为矽质、铁质、钙质、黏土质。其抗风化能力大体亦是如此。矽质胶结的岩石强度极高，抗风化能力极强，不易受环境因素变迁的影响；而黏土质的岩石强度较低，抗风化能力很弱。

岩体结构在断层、节理、层理、片理等结构面切割下，易形成不连续结构，对岩体变形、破坏等工程性质有很大影响。被节理、裂隙等结构面切割的碎裂岩体的工程性质远远低于岩块的工程性质，且具有明显的各向异性。

熟悉不同岩石具有不同的工程地质性质，以及同一岩石由于外部条件不一，其工程地质性质也会不一样的基础知识，掌握肉眼鉴别岩体矿物的一般方法，更好地为祖国建设贡献一份力量。在一个讲奉献、讲贡献的年代，用科学的知识武装自己，保障构筑物的稳定性、安全性显得尤为重要。

地球是一个具有圈层结构的旋转椭球体，由表及里可分为外圈和内圈。内圈（固体部分）的平均半径为 6371km，根据地震波传播速度的突变，将其分为地壳、地幔和地核；外圈则有水圈、大气圈和生物圈。

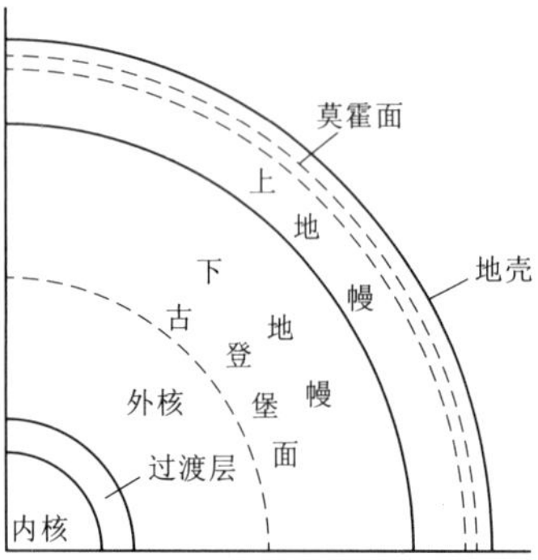

地核是自古登堡面以下至地心部分，包括内核、过渡层和外核。地幔介于地核和地壳之间，其上部分与地壳的分界面为莫霍面，地幔下部与地核的分界面为古登堡面。地壳位于莫霍面上部，主要由各种岩石组成，其厚度在各地有很大差异。它可分为大陆型和大洋型两种。大陆型地壳厚度较大，平均为 33km；大洋型地壳较薄，平均厚只有 6km。整个地壳平均厚度约为 16km，仅占地球半径的 1/400。所以，地壳是地球表层很薄的一层坚硬固体外壳（图 1-1）。

图 1-1 地球内部结构

组成地壳的化学元素有百余种，其中最主要的有 10 种元素，它们占地壳总质量的 99.21%（表 1-1）。地壳中的化学元素在一定的地质条件下聚集形成矿物，矿物的集合体又构成岩石。矿物的种类不同，组成的岩石就不同，它们对工程建设的影响也是不相同的。所以，必须对组成地壳的主要矿物和常见岩石以及它们的工程地质性质进行研究。

表 1-1　　　　　　　　地壳中主要元素的平均含量　　　　　　　　单位：%

元素	氧（O）	硅（Si）	铝（Al）	铁（Fe）	钙（Ca）	钠（Na）	钾（K）	镁（Mg）	氢（H）	钛（Ti）	其他
克拉克值	49.52	27.75	7.51	4.70	3.29	2.64	2.40	1.94	0.88	0.58	0.79

单元一　矿　　物

一、矿物的基本概念

矿物是天然条件形成的，具有一定化学成分和物理性质的单质和化合物，如金刚石（C）、石英（SiO_2）、方解石（$CaCO_3$）等。地壳中的矿物通常以固态形式存在，只有少数是液态（如石油）和气态（如天然气）的。固态矿物根据其内部结构的特点可分为结晶质矿物和非结晶质矿物。结晶质矿物是指组成矿物内部的原子或离子按一定规则排列，形成稳定的结晶格架构造,如岩盐是由钠离子和氯离子按立方体格式排列的,其外形如图1-2所示。结晶矿物在适宜的条件下,能生成具有一定几何外形的晶体,但自然界中大多数矿物结晶时,由于受到许多条件和因素的控制,往往形成不规则的外形。自然界中的矿物绝大多数是结晶质的。根据结晶矿物的大小,可将其分为显晶质矿物和隐晶质矿物。少数非晶质矿物又称为玻璃质矿物,是指组成矿物的原子或离子不按一定规则排列,也就不具有规则的几何外形。

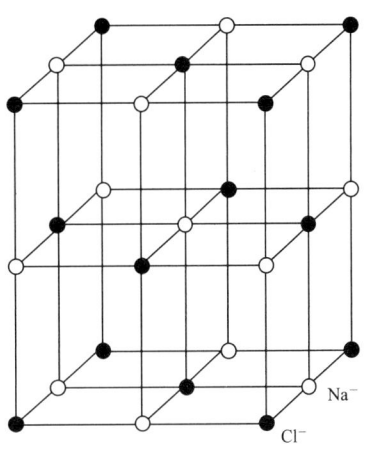

图1-2 岩盐的内部构造

二、矿物的物理性质

因不同矿物的内部构造和化学组成不同,因而具有不同的物理特征,这也是肉眼鉴定矿物的重要依据。

1. 形态

形态是指结晶质矿物的晶体外形或集合体形状,常见矿物的形态有以下3种。

（1）柱状、针状。如石英、石棉等。

（2）片状、板状、鳞片状。如云母、石膏、绿泥石等。

（3）集合体形态。有晶族状〔如石英（图1-3）〕、纤维状（如纤维石膏）、钟乳状（如方解石）、鲕状（如赤铁矿）和土状（如高岭土）等。

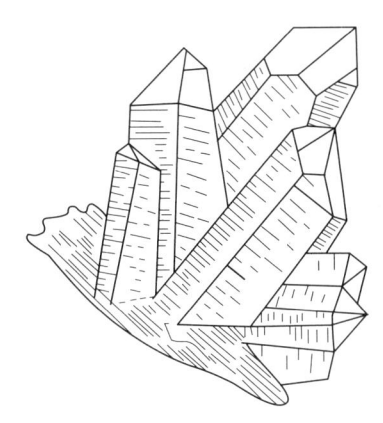

图1-3 石英晶簇

2. 颜色

颜色是矿物对不同波长可见光的吸收程度,它是矿物最明显、最直观的物理性质。根据成色原因可将矿物颜色分为自色和它色等。自色是矿物本身固有的成分、结构决定的颜色,具有鉴定意义,例如黄铁矿为浅铜黄色;它色则是矿物混入某些杂质所引起的颜色,例如纯净的石英是无色透明的,若混入其他元素微粒,则呈现紫色（紫水晶）、褐色（烟水晶）及黑色（墨晶）等。

3. 条痕

条痕是矿物粉末的颜色,一般是指矿物在白色无釉瓷板（条痕板）上划擦时所留下的痕迹。某些矿物的条痕与它的颜色是不同的,例如黄铁矿的颜色为浅铜黄色,而条痕为绿黑色。条痕比矿物颜色更为固定,它是鉴定深色矿物的重要依据。

4. 光泽

光泽是矿物表面的反光能力。光泽的强弱程度常分为4个等级:金属光泽,即反光很强,犹如电镀的金属表面那样光亮耀眼;半金属光泽,比金属的光亮弱,似未磨光的铁器表面;金刚光泽及玻璃光泽。此外,由于其他原因。还可形成某些独特的光泽,例如丝绢光泽、油脂光泽、蜡状光泽、珍珠光泽、土状光泽等。

5. 透明度

透明度是指矿物透过可见光的能力,即光线透过矿物的程度。根据透明度,可将矿物分为透明矿物、半透明矿物和不透明矿物。肉眼鉴定矿物时,应用矿物的边缘较薄处加以比较确定。

6. 硬度

硬度是指矿物抵抗外力作用的能力。一般用 10 种矿物分为 10 个相对等级作为标准,称为莫氏硬度计(表 1-2)。肉眼鉴定矿物时,常用一些矿物互相刻划比较来测定其相对硬度。

表 1-2　　　　　　　　　　矿 物 硬 度 表

硬度	1	2	3	4	5	6	7	8	9	10
矿物	滑石	石膏	方解石	萤石	磷灰石	长石	石英	黄玉	刚玉	金刚石

7. 解理与断口

矿物受外力作用后,沿一定方向破裂成光滑平面的性质称为解理。破裂面称为解理面,根据解理产生的难易程度,可将其分为极完全解理(如云母)、完全解理(如方解石)、中等解理(如辉石)和不完全解理(如橄榄石)等。根据解理面方向数目,又可分为一组解理(如云母),二组解理(如长石)和三组解理[如方解石(图 1-4)]。如果矿物受外力作用后,无固定方向破裂并呈各种凹凸不平的断面,则称为断口。常见的断口有贝壳状(图 1-5)、参差状等。

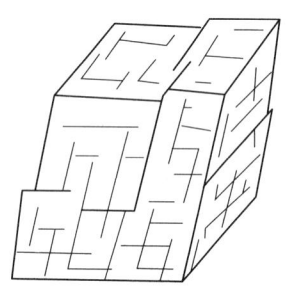
图 1-4　方解石的三组解理

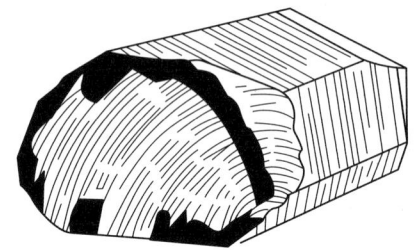
图 1-5　贝壳状断口

8. 其他性质

矿物除上述性质外,还具有一些特殊的性质,这些性质对鉴定矿物是非常重要的。如云母薄片具有弹性,绿泥石薄片具有挠性,磁铁矿具有磁性,滑石具有滑感,岩盐具有咸味,以及方解石滴稀盐酸能剧烈起泡等。

三、造岩矿物

自然界已发现的矿物有 3000 多种,但组成岩石的主要矿物仅 30 余种。这些组成岩石的主要矿物称为造岩矿物。常见的造岩矿物有以下几种。

1. 石英 SiO_2

常见于六棱柱晶簇、致密块状或粒状集合体。纯者无色、乳白色,含杂质时可见多种颜色。晶面为玻璃光泽，断口为油脂光泽。无解理、贝壳状断口。比重为2.6。质坚性脆，硬度为7，抗风化能力强。无色透明的石英晶体称为水晶。在地表岩土中广泛分布。

2. 正长石 $K[AlSi_3O_8]$

晶体常为柱状、厚板状。肉红色、浅玫瑰色等浅色调。玻璃光泽。硬度为6。有两组近于正交的完全解理。比重为2.5～2.6。易风化形成高岭石和绢云母等次生矿物。地表岩土中长石含量小于石英。

3. 斜长石 $Na[AlSi_3O_8]Ca[Al_2Si_2O_8]$

晶体为板状或条板状。常为白色或浅灰色，玻璃光泽。硬度同正长石。比重为2.6～2.8。风化特征、地表分布特征同正长石。

4. 角闪石 $(Ca,Na)(Mg,Fe)_4(Al,Fe)[(Si,Al)_4O_{11}](OH)_2$

晶体常呈长柱状或纤维状集合体。暗绿色或绿黑色。玻璃光泽。硬度为5～6。两组解理平行柱面。晶体横截面为六角菱形。比重为3.1～3.6。易风化后形成黏土矿物。

5. 辉石 $(Na,Ca)(Mg,Fe,Al[(Si,Al)_2O_6])_4$

晶体常呈短柱状或粒状集合体。绿黑色或深黑色。玻璃光泽。硬度为5～6。两组解理平行柱面。晶体横截面为正八边形。比重为3.2～3.5。易风化后形成黏土矿物。

6. 橄榄石 $(Mg,Fe)_2[SiO_4]$

晶体常呈粒状集合体。橄榄绿、淡绿色至黑绿色。玻璃光泽。硬度为6.5～7.0，贝壳状断口。比重为3.2～4.4。性脆，在绿色矿物中硬度较大。易风化，风化后呈暗色。

7. 黑云母 $K(Mg,Fe)_3OH_2[Al,Si_3O_{10}]$

晶体为板状或短柱状，多呈片状或鳞片状集合体。黑色、深褐色。硬度为2.5～3。一组极完全解理，解理面具珍珠光泽。比重为2.7～3.1。薄片透明，有弹性。风化后可变为蛭石，薄片失去弹性。在岩浆岩和变质岩中广泛分布。

8. 白云母 $KAl_2(OH_2)[Al,Si_3O_{10}]$

晶体为板状或短柱状，多呈片状或鳞片状集合体。白色、浅黄、浅绿色。硬度为2.5～3。一组极完全解理，解理面具珍珠光泽。比重为2.7～3.1。薄片无色透明具有弹性。主要分布在变质岩中。

9. 方解石 $CaCO_3$

晶体一般为菱面体，集合体有晶簇、粒状、致密块状、钟乳状等。白色，含杂质时可呈多种颜色。玻璃光泽。硬度为3。三组完全解理。比重为2.6～2.8。遇冷稀盐酸剧烈起泡。无色透明的方解石晶体称为冰洲石。

10. 白云石 $CaMg[CO_3]_2$

晶体为菱面体，通常为粒状、致密块状集合体。白色，有时为淡红色或淡黄色，玻璃光泽。硬度为3.5～4。三组完全解理。比重为2.8～3.0。粉末与冷稀盐酸起泡微弱，以此与方解石区别。

11. 石膏 $CaSO_4·2H_2O$

晶体常为板状、集合体为块状、粒状及纤维状。白色或无色。玻璃光泽，纤维状集合体呈丝绢光泽。硬度为2。易沿发育完全的解理面劈成薄片，薄片具挠性。比重为2.2～2.4。脱水后变为硬石膏（$CaSO_4$），硬石膏吸水又可变为石膏。

12. 高岭石 $Al_4[Si_4O_{10}](OH_8)$

致密细粒状、土状集合体。白色,含杂质时可呈黄、浅褐色等。蜡状或土状光泽。硬度为 2~3.5。常具土状断口。比重为 2.6~2.7。干时易吸水,湿时具可塑性、压缩性。

13. 蒙脱石 $Al_2Mg_3[Si_4O_{10}](OH_2)$

常呈隐晶质土状块体,有时为磷片状集合体。白色、浅灰色、浅粉红色或微带绿色。硬度为 2~2.5。土状或蜡状光泽。比重为 2.0~2.7。亲水性比高岭石更强,吸水后体积可膨胀几倍。

14. 滑石 $Mg_3[Si_4O_{10}](OH_2)$

呈致密块状、片状或鳞片状集合体。白色、淡红色或浅灰色。油脂光泽或珍珠光泽。硬度为 1。一组极完全解理,块状集合体可见贝壳状断口。比重为 2.6~2.8。极软,手摸时有滑腻感,薄片可挠曲而无弹性。

15. 绿泥石 $(Mg,Fe,Al)_6[(Si,Al)_4O_{10}](OH)_8$

常呈片状、鳞片状或粒状集合体。浅绿、深绿或黑绿色。玻璃光泽,解理面呈珍珠光泽。硬度为 2~2.5。一组极完全解理。比重为 2.7~3.4。薄片具挠性,在变质岩中分布最多。

16. 蛇纹石 $(Mg)_6[Si_4O_{10}](OH)_8$

常呈致密块状,有时为纤维状或片状集合体。浅黄绿或深暗绿等色。块状为油脂光泽、蜡状光泽,纤维状为丝绢光泽。硬度为 2~3。无解理。比重为 2.6~2.7。常有似蛇皮状青、绿色花纹,可溶于盐酸。

17. 石榴子石 $Fe_3Al_2[SiO_4]$

晶体为菱形十二面体,四角三八面体,集合体为粒状或致密块状。深褐或紫红、褐黑等色。玻璃光泽,断口为油脂光泽。硬度为 6.5~8.5。无解理,不平坦断口。比重为 3.5~4.3。

18. 黄铁矿 Fe_3S_2

晶体为立方体,五角十二面体,常为致密块状。浅铜黄色,条痕为绿黑色。金属光泽。硬度为 6~6.5。不规则断口。比重为 4.9~5.2。易风化,风化后会生成硫酸及褐铁矿。

19. 褐铁矿 $2Fe_2O_3 \cdot 2H_2O$

常呈块状、土状、肾状或钟乳状。黄褐或黑褐色,条痕为黄褐色。半金属或土状光泽。硬度为 4~5。比重为 3.3~4.0。为含铁矿物的风化产物,呈铁锈状,易染手。常分布于地壳表层。

20. 赤铁矿 Fe_3O_4

常呈致密块状、土状、鲕状、豆状及肾状集合体。钢灰至铁黑色,条痕为樱桃红色。金属光泽及半金属光泽。硬度为 5~6。土状断口。比重为 5.0~6.0。为重要的铁矿石,土状者硬度低,可染手。

21. 铝土矿 $Al_2O_3 \cdot 2H_2O$

常呈鲕状、土状、致密块状等胶体形态。浅灰、灰褐、砖红等色。土状光泽。硬度 3 左右。不平坦断口。比重为 2.5~3.5。粉末略具滑感,常有其他微细矿物颗粒混入,如高岭石、赤铁矿、蛋白石等。

四、常见矿物对水工建筑物的影响

1. 黑云母与绿泥石

黑云母比白云母容易风化，风化后失去弹性并呈松散状态，降低了原岩强度。所以，当岩石中含黑云母较多且呈定向排列时，建筑物易沿此方向产生滑动，直接影响水工建筑物地基的稳定。绿泥石的特性与黑云母相似，绿泥石薄片具有挠性，抗滑性能很低。

2. 石膏与硬石膏

两者皆能溶于水。当石膏呈夹层状存在于岩层之间时，就会形成软弱夹层，在流水的作用下，会被溶解带走，这样就使原岩强度显著降低，透水性大大增强；硬石膏遇水作用后会变为石膏，体积将膨胀60%。所以，含有石膏和硬石膏夹层的岩石要避免作为水工建筑物的地基。

3. 黄铁矿

黄铁矿易风化而析出硫酸，而硫酸对钢筋和混凝土具有侵蚀作用，故含黄铁矿较多的岩石不宜作建筑物的地基和建筑材料。

4. 黏土矿物

黏土矿物（包括高岭石、蒙脱石和水云母等）硬度小，吸水性强，吸水后体积膨胀，易软化，具有可塑性，尤其是蒙脱石吸水后体积可膨胀数倍。而且，黏土矿物具有高压缩性，易于引起建筑物较大的沉降，而且吸水后其强度大为降低。因此，由黏土质岩石构成的斜坡和地基，在水的作用下容易失稳破坏。

单元二　沉积岩、变质岩、岩浆岩

1-1　矿物

一、沉积岩

（一）沉积岩的形成

沉积岩是地表或接近地表的岩石遭风化剥蚀后，被破碎成碎屑，经流水、风、冰川等搬运，而沉积在地表洼地，并经压密、脱水、固结等复杂作用而形成的岩石。沉积岩是地壳表面分布最广的一种岩石，占陆地面积的75%。

沉积岩的形成可分为4个阶段。

1. 风化阶段

地表或接近地表的岩石受温度变化，在水、氧气和生物等因素作用下，使原来坚硬完整的岩石逐渐破碎成松散的碎屑或形成新的风化产物。

2. 搬运阶段

原岩风化产物除少部分残留在原地外，大部分被流水、风、冰川、海水和重力等搬运带走，其中起主要作用的是流水搬运。搬运方式主要有机械搬运和化学搬运两种。

3. 沉积阶段

当搬运能力减弱或物理化学环境变化时，被搬运的物质便逐渐沉积下来。一般可分为机械沉积、化学沉积和生物化学沉积等作用。沉积下来的物质最初是松散状态，故称为松散沉积物。

4. 硬结成岩阶段

早期沉积的松散物质被后来的沉积物不断覆盖，在上覆物质压力和一些胶结物质的作用下，逐渐使原物质压密、孔隙减小、脱水固结或重结晶，形成致密坚硬的岩石。

(二) 沉积岩的矿物组成

组成沉积岩的矿物，按成因可分为以下几类。

1. 碎屑矿物（继承矿物）

碎屑矿物为原岩风化后残留下来的抗风化能力相对较强、耐磨损的矿物碎屑，如石英、长石、白云母等。

2. 黏土矿物

黏土矿物为原岩经风化分解后产生的次生矿物，如高岭石、蒙脱石、水云母等。

3. 化学沉积矿物

化学沉积矿物是经化学作用和生物化学作用，从水溶液中析出或结晶而形成的新矿物，如方解石、白云石、石膏、岩盐、铁和锰的氧化物等。

4. 有机物质

有机物质是由生物作用或生物遗骸经有机化学变化而形成的物质，如石油、泥炭、贝壳等。

(三) 沉积岩的结构

沉积岩的结构是指组成岩石矿物的颗粒大小、形状及结晶程度。常见的有下列几种。

1. 碎屑结构

碎屑结构是由直径大于 0.005mm 的碎屑物质被胶结而形成的一种结构。按颗粒大小可分为砾状结构（粒径大于 2mm）、砂状结构（粒径为 2~0.05mm）、粉砂状结构（粒径为 0.05~0.005mm）；按颗粒形状可分为棱角状结构、次棱角状结构、圆状结构和次圆状结构；按胶结类型可分为基底胶结、孔隙胶结和接触胶结（图 1-6）；按胶结物的成分又可分为硅质、钙质、铁质、泥质等。

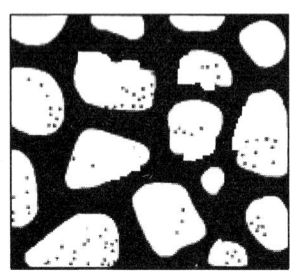
(a) 基底胶结
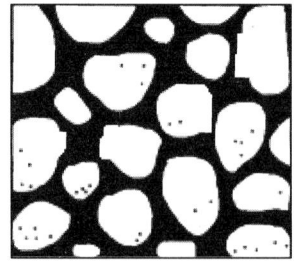
(b) 孔隙胶结
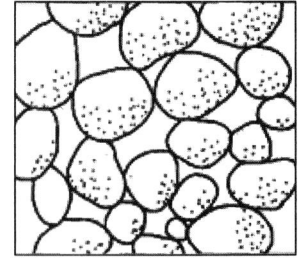
(c) 接触胶结

图 1-6 沉积岩的胶结类型

2. 泥质结构

泥质结构是由粒径小于 0.005mm 的黏土矿物和细小矿物碎屑所组成的结构，它具有黏土岩的主要特征，颗粒粒径小于 0.005mm。

3. 结晶结构

结晶结构是由溶液中的沉淀物经结晶作用和重结晶作用而形成的一种结构，它是化学岩或生物化学岩所特有的结构。

4. 生物结构

生物结构的岩石几乎全由生物遗体或碎片组成，如贝壳状结构、生物碎屑结构等。

（四）沉积岩的构造

沉积岩的构造是指沉积岩各个组成部分的空间分布和排列方式。

1. 层理构造

层理是沉积岩在形成过程中，由于沉积环境的改变，使先后沉积的物质在颗粒大小、形状、颜色和成分在垂直方向上发生变化而显示出来的成层现象。层理构造是沉积岩最重要的一种构造特征，是沉积岩区别于岩浆岩和变质岩的最主要标志。根据层理的形态，可将层理分为水平层理、单斜层理、交错层理（图1-7）。

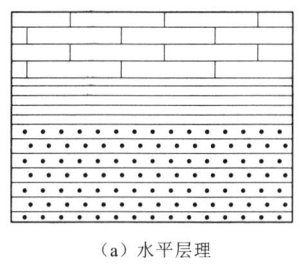

(a) 水平层理　　(b) 单斜层理　　(c) 交错层理

图1-7　层理类型

2. 层面构造

沉积岩层面上由于水流、风、生物活动，阳光暴晒等作用留下的痕迹，称为层面构造，如泥裂、波痕、雨痕等（图1-8和图1-9）。

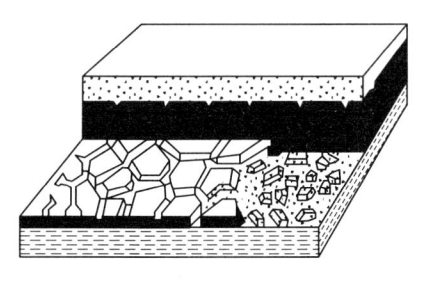 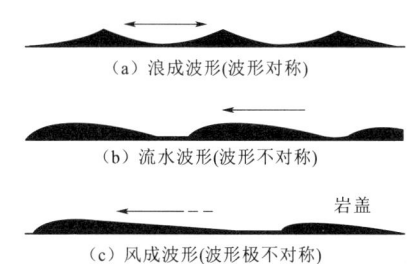

图1-8　泥裂的示意立体图　　　图1-9　波痕的示意立体图
（据R.R.Shrock，1948）

3. 化石

保存在岩石中被石化了的古代生物遗骸、遗迹统称为化石。化石可以确定岩石形成的环境和地质年代，也是沉积岩独有的构造特征（图1-10）。

4. 结核

结核是指沉积岩中含有与周围沉积物质在成分、颜色、结构、大小等方面不同的物质团块，如石灰岩中常见的燧石结核，黄土中的钙质结核等。

（五）沉积岩的分类、常见沉积岩特征

根据沉积岩的矿物组成、结构和形成条件，可将沉积岩分为碎屑岩、黏土岩、化学岩及生物化学岩类。

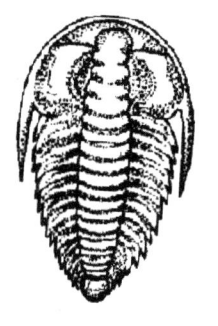 

（a）雷氏三叶虫　　（b）鳞木

图1-10　两种典型化石

1. 碎屑岩

（1）砾岩及角砾岩。砾岩及角砾岩是由50％以上大于2mm的碎屑颗粒胶结而成的。由磨圆度较好的砾石胶结而成的称为砾岩；由带棱角的角砾胶结而成的称为角砾岩。胶结物的成分与胶结类型对砾岩的强度有很大影响。如硅质基底胶结的石英砾岩，非常坚硬、难以风化，而泥质胶结的砾岩则相反。

（2）砂岩。砂岩是由50％以上2～0.05mm的砂粒组成的。按颗粒大小可分为粗砂岩、中砂岩和细砂岩；按碎屑成分又可分为石英砂岩（含石英大于90％）、长石砂岩（含长石大于25％、石英小于75％）和岩屑砂岩（含岩屑大于25％、石英小于75％、长石小于10％）。砂岩也根据胶结物的成分和胶结类型的不同，其强度也不相同。如硅质基底胶结的砂岩质地坚硬，而泥质接触胶结的砂岩松散易碎。

（3）粉砂岩。粉砂岩是由50％以上粒径为0.05～0.005mm的粉砂组成的，成分以石英为主，长石次之。胶结物常为黏土、钙质和铁质。颜色多为棕红色或褐色，常显水平层理。

2. 黏土岩

（1）泥岩。泥岩由黏土经脱水固结而成，矿物成分主要为高岭石、蒙脱石和水云母等。其特点是固结不紧密、不牢固、强度较低；层理不发育，常呈厚层状、块状；遇水易泥化，其强度显著降低。

（2）页岩。页岩成因与泥岩相同，但具明显薄层理（又称页理），能沿层理面分成薄片，岩性致密均一、不透水。根据混入物的成分或岩石的颜色可分为钙质页岩、硅质页岩、黑色页岩或碳质页岩等。除硅质页岩强度稍高外，其余的易风化，性质软弱，浸水后强度显著降低。

3. 化学岩及生物化学岩类

（1）石灰岩。石灰岩又称灰岩，常呈浅灰至深灰等色。矿物成分以方解石为主，其次含少量的白云石和黏土矿物等。结构致密，质地坚硬，强度较高，遇冷稀盐酸剧烈起泡，可溶蚀成各种岩溶形态。按成因和结构不同，还有生物碎屑灰岩、竹叶状灰岩、鲕状灰岩等类型。

（2）白云岩。白云岩多为浅灰、淡黄色，矿物成分主要为白云石，其次含有少量的方解石。白云岩的外观与石灰岩相似，但滴上冷稀盐酸基本不起泡。硬度较灰岩略大。岩石风化面上常有刀砍状溶蚀沟纹（刀砍纹）。

（3）泥灰岩。石灰岩中黏土矿物含量达 25%～50% 时，称为泥灰岩，颜色有灰色、黄色、褐色等，强度低，易风化。

二、变质岩

对于地壳中已成岩石，由于构造运动和岩浆活动等所造成的物理化学环境的改变，使原来岩石在成分、结构和构造上发生一系列变化而形成的新岩石称为变质岩。这种改变岩石的作用称为变质作用。

（一）变质作用类型

促使岩石变质的因素主要是温度、压力及化学性质活泼的气体和液体，它们主要来源于地壳运动和岩浆活动。根据各种变质因素所起的主导作用不同，可将变质作用分为以下几种类型（图 1-11）。

1. 接触变质作用

岩浆上升侵入围岩时，围岩受到岩浆高温或岩浆分异出来的挥发组分及热液的影响，从而使接触带附近的围岩发生变质的作用，称为接触变质作用。其中主要变质因素是温度的变质作用，称为热接触变质作用；变质因素除温度以外，主要是从岩浆中分离出来的挥发物质所产生的交代作用，称为接触交代变质作用。接触变质带的岩石一般较破碎、裂隙发育、透水性大、强度较低。

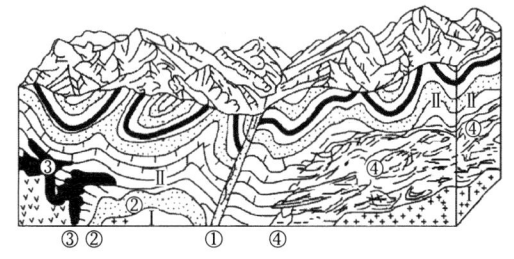

图 1-11　变质作用的类型示意图
①—动力变质作用带；②—热接触变质作用带；
③—接触交代变质作用带；④—区域变质
作用带；Ⅰ—岩浆岩；Ⅱ—沉积岩

2. 区域变质作用

在广大范围内发生，并由温度、压力等多种因素引起的变质作用，称为区域变质作用。区域变质作用方式以重结晶、重组合为主，如黏土质岩石可变为片岩和片麻岩。

3. 动力变质作用

地壳运动产生的强烈定向压力，使岩石发生的变质作用，称为动力变质作用，也称碎裂变质作用。其特征是常与较大的断层伴生，原岩挤压破碎、变形并有重结晶现象。

（二）变质岩的矿物成分

组成变质岩的矿物，一部分是与原岩所共有的，如石英、长石、云母、角闪石、辉石、方解石等；另一部分是变质作用后产生的特有变质矿物，如红柱石、蓝晶石、硅灰石、绿泥石、绿帘石、绢云母、滑石、叶蜡石、蛇纹石、石榴子石等。这些矿物可作为鉴别变质岩的重要标志。

（三）变质岩的结构

1. 变余结构

原岩在变质过程中，由于重结晶、变质结晶作用不完全，使原岩的结构特征被部分保留下来的一种结构，称为变余结构。这种结构在低级变质岩中较常见。

2. 变晶结构

原岩在固体状态下发生重结晶、重组合等变质作用过程中所形成的结构，称为变晶结构。这是变质岩中最常见的结构。

3. 碎裂结构

原岩在定向压力作用下，岩石发生破裂、弯曲，形成碎块状甚至粉末状后又被黏结在一起的结构。它是动力变质岩中常见的一种结构。

（四）变质岩的构造

1. 片理构造

片理构造系指岩石中含有大量片状、板状和柱状矿物，在定向压力作用下平行排列而形成的一种构造。岩石极易沿此方向劈开，劈开面为片理面。一般片理面平整光亮，延伸不远。它又可分为以下几种构造。

（1）片麻状构造。指石英、长石等浅色粒状矿物和云母、角闪石等暗色片状、柱状矿物相间定向排列所形成的断续条带状构造。

（2）片状构造。指岩石中片状、柱状、纤维状矿物定向排列所形成的薄层状构造，具有沿片理面可劈成不平整薄板的特征。

（3）千枚状构造。指由细小片状变晶矿物定向排列所形成的一种构造，片理面上具有丝绢光泽。

（4）板状构造。指岩石结构致密，矿物颗粒细小，沿片理面易裂开成厚度近于一致的薄板状构造，它是由于岩石受较轻的定向压力作用而形成的。

2. 块状构造

块状构造是指岩石中矿物均匀分布、结构均一、无定向排列的一种构造。它是大理岩、石英岩等常有的构造。节理发育、透水性大、强度较低。

（五）常见变质岩特征

1. 片麻岩

片麻岩颜色深浅不一。变晶结构是典型的片麻状构造。主要矿物为长石、石英、黑云母、角闪石等，有时出现红柱石、石榴子石等。根据成分又进一步分为花岗片麻岩、角闪斜长片麻岩、黑云母片麻岩等。一般较坚硬，强度较高，但若云母含量增多且富集在一起时，则强度大为降低，并较易风化。

2. 片岩

片岩颜色深浅不一，视矿物成分而定，变晶结构，片状构造。片状矿物含量大，粒状矿物以石英为主。根据矿物成分不同，又可分为云母片岩、绿泥石片岩、滑石片岩、角闪石片岩等。片岩强度较低，且易风化，由于片理发育，易于沿片理裂开。

3. 千枚岩

千枚岩多为黄绿、红、灰等色，岩石细密，具千枚状构造。矿物成分主要有绢云母、绿泥石、石英等。片理面具强丝绢光泽，性质较软弱，易风化破碎。

千枚岩与片岩相似，但千枚岩的颗粒很细，即重结晶程度较差。千枚岩与板岩也相似，但千枚岩的丝绢光泽明显，并具千枚状构造，而无明显的板状构造。

4. 板岩

板岩常为深灰、灰绿、紫红等色。变余结构，具明显的板状构造，易裂开成薄板。矿物颗粒细小，主要成分为泥质和硅质。岩性均匀致密，敲之发声清脆。板岩与页岩相似，但页岩较软，没有板状构造，没有光泽。板岩常用作建筑材料。

5. 石英岩

石英岩常呈白色，含杂质时，又显黄褐、褐红等色。由石英砂岩和硅质岩经变质而成。矿物成分以石英为主，其次为云母等。变晶结构，块状构造。岩石坚硬，抗风化能力强，可作良好的建筑物地基。

6. 大理岩

大理岩由石灰岩或白云岩经重结晶作用变质而成。主要矿物成分为方解石、白云石。变晶结构，块状构造。洁白的细粒大理岩（汉白玉）和带有各种花纹的大理岩，常用作建筑材料和装饰材料等。硬度较小，与盐酸作用起泡，具有可溶性。

7. 碎裂岩

碎裂岩是由原岩经强烈挤压破碎而形成的动力变质岩。由大小不一的各种棱角状碎屑聚集而成，具碎裂结构。分布常与断裂和褶皱作用有关，如断层角砾岩、压碎岩等。

三、岩浆岩

岩石是由一种或多种矿物组成的天然集合体。岩浆岩又称为火成岩，是构成地壳最基本的岩石。它的分布极为广泛，约占地壳重量的95%。

（一）岩浆岩的成因

岩浆岩是由岩浆冷凝而形成的岩石。岩浆是一种以硅酸盐为主和一部分金属硫化物、氧化物、水蒸气及其他挥发性物质（CO_2、CO、SO_2、HCl 及 H_2S 等）组成的高温（940~1200℃）高压（108 Pa）熔融体。岩浆在地下深处与周围环境是处于一种平衡状态，当地壳运动出现深大断裂或软弱带后，平衡被破坏，则岩浆向压力小的方向运动，沿着断裂带或软弱带侵入地壳或喷出地表，冷凝而成岩浆岩。由岩浆侵入地壳而形成的岩浆岩称为侵入岩，它又可分为深成岩和浅成岩，而喷出地表形成的岩浆岩称为喷出岩（又称火山岩）。

（二）岩浆岩的产状

岩浆岩的产状是指岩浆岩体的大小、形态和与围岩的相互关系及其分布特点。由于岩浆岩形成时所处的地质环境不同，岩浆活动存在差异，因而岩浆岩的产状是多种多样的（图1-12）。

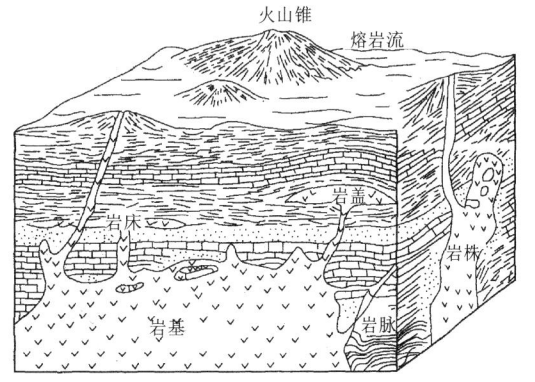

图1-12 岩浆岩体的产状

1. 岩基

岩基是一种规模巨大的深成侵入岩体，出露面积大于$100 km^2$，形状不规则，表面起伏不平，多由花岗岩等酸性岩石组成，如天山、秦岭等地的岩基。三峡坝址区就是选定在面积约 200 多 km² 岩基的南部。

2. 岩株

岩株是一种规模较岩基小的深成侵入岩体,平面上近于圆形,与围岩接触面比较陡,下部与岩基相连,多由中酸性岩组成,如黄山的花岗岩等。

3. 岩盘和岩盆

上凸下平似面包状的岩体称为岩盘(又称岩盖),规模一般不大,直径可达数千米;中央凹下,四周高起的岩体称为岩盆,规模一般较大,直径可达数十至数百千米。

4. 岩床

岩床是岩浆沿岩层层面侵入而形成的板状岩体,其产状与围岩层面一致,厚度小于数十米,但延伸广,主要由基性岩组成,如黄河三门峡坝基就是一处岩床。

5. 岩脉和岩墙

岩脉是岩浆沿裂隙侵入而形成的狭长形岩体,其产状与围岩层面斜交,宽度为数厘米至数十米之间,长度可达数十千米以上。其中产状近于直立的又称岩墙。

6. 熔岩流

熔岩流是岩浆喷出地表后沿山坡或河谷流动,经冷凝而形成的岩体。

7. 火山锥

火山锥是岩浆沿火山颈喷出地表而形成的圆锥状岩体。

(三)岩浆岩的组成成分

岩浆岩的化学成分以 SiO_2、Al_2O_3、Fe_2O_3、FeO、MgO、CaO、K_2O 和 Na_2O 等为主。其中 SiO_2 的含量最大,SiO_2 的含量在不同岩浆中有多有少,很有规律。

岩浆岩的矿物成分分为两大类:第一类为硅铝矿物(又称浅色矿物),富含硅、铝,如石英、长石、白云母等;第二类为铁镁矿物(又称深色矿物),富含铁、镁,如黑云母、角闪石、辉石等。但是,对某种岩石而言,并不是这些矿物都同时存在,通常仅由两三种主要矿物组成,如花岗岩的主要矿物是石英、长石、黑云母。

(四)岩浆岩的结构

岩浆岩的结构是指岩石中矿物的结晶程度、晶粒大小、晶体形状,以及彼此间相互组合关系等。岩浆岩的结构特征是岩浆成分和岩浆冷凝时物理环境的综合反映,是区分和鉴定岩浆岩的重要标志之一。常见岩浆岩结构有显晶质粒状结构、隐晶质结构、斑状结构和似斑状结构(图1-13)。

 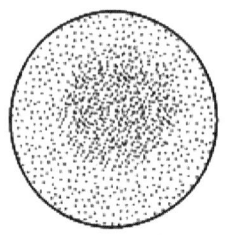 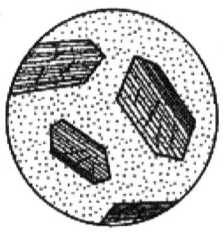 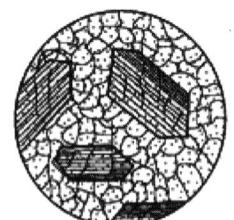

(a)显晶质粒状结构　　(b)隐晶质结构　　(c)斑状结构　　(d)似斑状结构

图 1-13　岩浆岩的主要结构类型

(五) 岩浆岩的构造、分类

岩浆岩的构造是指岩石中矿物在空间的排列、配置和充填方式,它反映的是岩石的外貌特征。常见岩浆岩的构造有块状构造、流纹构造、气孔构造和杏仁构造。

岩浆岩的分类方法甚多。通常首先按岩石中 SiO_2 含量的多少分为酸性岩、中性岩、基性岩和超基性岩;其次,根据岩浆岩的形成条件,将岩浆岩分为喷出岩、浅成岩和深成岩;最后,再进一步考虑岩浆岩的产状、结构、构造等因素。

(六) 常见岩浆岩特征

1. 花岗岩

花岗岩是分布最广的一种酸性深成岩,多呈肉红色、浅灰色,其主要矿物为石英、正长石、斜长石,次要矿物为黑云母、角闪石等。显晶质结构,块状构造。花岗岩质地坚硬,性质均一,可作为良好的建筑地基及天然建筑材料。

2. 正长岩

正长岩呈浅肉红、浅灰红等色,主要矿物为正长石,次要矿物有角闪石、黑云母等。显晶质结构,块状构造,其物理力学性质与花岗岩相似,但不如花岗岩坚硬,且易风化。极少单独产出,主要与花岗岩等共生。

3. 闪长岩

闪长岩呈浅灰至深灰色,主要矿物为斜长石、角闪石,其次为黑云母、辉石等。块状构造。分布广泛,多与辉长岩或花岗岩共生,常为小型侵入岩产出。岩石坚硬,不易风化,可作为各种建筑地基和建筑材料。

4. 辉长岩

辉长岩为基性深成岩,呈黑色或灰黑色,主要矿物为斜长石和辉石,含少量角闪石、橄榄石等。显晶质结构,块状构造。岩石坚硬,抗风化能力强,是很好的建筑地基和建筑材料。

5. 花岗斑岩

花岗斑岩为酸性浅成岩,呈肉红或灰色,矿物成分与花岗岩相同。斑状或似斑状结构,斑晶和基质均主要由正长石和石英组成,块状构造。

6. 闪长玢岩

闪长玢岩为中性浅成岩,矿物成分与闪长岩相同。斑状结构,斑晶以斜长石为主,基质为细粒隐晶质。块状构造。

7. 辉绿岩

辉绿岩为基性浅成岩,暗绿或黑色,矿物成分与辉长岩相同。隐晶质致密结构,杏仁或块状构造。常节理发育,较易风化。多呈岩床或岩脉产出。

8. 流纹岩

流纹岩为酸性喷出岩,呈岩流状产出,颜色一般较浅,常呈浅灰至浅红、浅黄褐等色。矿物成分为石英、正长石和斜长石。斑状结构,流纹构造。

9. 粗面岩

粗面岩为中性喷出岩,呈浅灰、浅褐、肉红等色,矿物成分与正长岩相同。斑状结构,斑晶常为正长石,块状或气孔构造。表面常有粗糙感。

10. 安山岩

安山岩是分布较广的一种中性喷出岩，呈深灰、黄绿、紫红等色，矿物成分与闪长岩相同。斑状结构，斑晶以斜长石和角闪石为主，基质为隐晶质或玻璃质。块状或气孔构造。常呈岩流产出。

11. 玄武岩

玄武岩是分布较广的基性喷出岩，呈黑、灰绿及暗紫等色，主要矿物成分与辉长岩相同。多呈细粒至隐晶质结构，气孔及杏仁构造。柱状节理发育。岩石致密坚硬、性脆，是良好的地基和建筑材料。

12. 火山碎屑岩

火山碎屑岩是由火山喷发的碎屑物而形成的火山集块岩、火山角砾岩、火山凝灰岩等岩石。其中由火山灰形成的凝灰岩分布广泛，性质软弱，强度低，易风化。

单元三　岩石的工程地质性质评述

1-2 岩石

不同岩石具有不同的工程地质性质，同一岩石由于外部条件不一，其工程地质性质也不一样。岩石的工程地质性质主要受其矿物成分、结构、构造、成因、水和风化作用等因素的影响。

一、岩浆岩的工程地质性质

1. 深成岩

深成岩常形成岩基等大型侵入体，岩性较均一，致密坚硬，孔隙率小，透水性弱，抗水性强，常被选为理想的建筑物地基。但深成岩抗风化能力差，特别是含铁镁矿物较多时，易风化破碎，风化层厚度较大。此外，深成岩经过多期地壳变动影响，一般裂隙比较发育，强度和抗水性都减弱，但可储存地下水。

2. 浅成岩

浅成岩的岩体规模一般较小，有时相互穿插，岩性较复杂，颗粒大小不均一，较易风化，特别是与围岩接触部位，岩性不均，节理裂隙发育，岩石破碎，风化变质严重，透水性增大。当浅成岩很致密时，岩石透水性小，强度高，是良好的隔水层。岩体体积较大时，也是良好的建筑地基。

3. 喷出岩

喷出岩一般原生孔隙和节理发育，产状不规则，厚度变化大，岩性很不均一，因此强度低，透水性强，抗风化能力差。但对玄武岩和安山岩等岩石，如果孔隙、节理不发育，颗粒细小或是致密的玻璃质时，则强度高、抗风化能力强，也是良好的建筑地基和建筑石材。但需注意喷出岩呈岩流产出时，与下伏岩层或多次喷发之间存在的松散软弱土层或风化层会对建筑地基的稳定产生影响。

二、沉积岩的工程地质性质

沉积岩的重要特征是具层理构造，因而它具有明显的各向异性。

1. 胶结的碎屑岩

碎屑岩主要取决于胶结物的成分、胶结类型。例如，硅质胶结的岩石强度高、抗水性强；钙质、石膏质和泥质胶结的岩石强度低，抗水性弱；基底胶结的岩石，则较坚硬、强度高、透水性弱；接触胶结的岩石强度较低，透水性强；孔隙胶结的岩石强度和透水性介于两者之间。此外，碎屑岩的成分等对岩石的工程地质性质也有一定影响，如石英质砂岩和砾岩就较长石质的砂岩和砾岩强度高。

2. 黏土岩

黏土岩主要有泥岩和页岩。质地软弱，强度低，容易风化，受力后压缩变形量大，遇水后易软化和泥化。若含高岭石、蒙脱石成分时，还具有较大的膨胀性和崩解性。因此，不宜作大型水工建筑物的地基。作为岸坡岩石，也易发生滑动破坏。但其透水性小，可作为隔水层和防渗层。

3. 化学岩

化学岩最常见的是石灰岩和白云岩，一般岩性致密，强度高，但抗水性弱，具有可溶性，在水流作用下易形成溶隙、溶洞、地下暗河等岩溶现象。所以，在这类岩石地区进行水工建筑时，渗漏及塌陷是主要的工程地质问题。此外，当石灰岩中夹有薄层泥灰岩时，可能会沿此层产生滑动。

三、变质岩的工程地质性质

变质岩的工程地质性质与原岩及变质作用特点密切相关。一般情况下，由于原岩矿物成分在高温高压下重结晶作用的结果，岩石的力学性质、抗水性等较变质前相对提高。但如果在变质过程中形成滑石、绿泥石、绢云母等软弱变质矿物时，则其力学强度降低，抗风化能力减弱。动力变质作用和接触变质作用形成的岩石，构造破碎、裂隙发育、透水性强、强度较低，但断层破碎带可储存地下水。

变质岩的片理构造会使岩石具有各向异性特征，沿片理方向抗剪强度低，易产生滑动，一般不利于坝基相边坡稳定。

通常而言，板岩、千枚岩、云母片岩、滑石片岩及绿泥石片岩等岩石的工程地质性质较差；而片麻岩、石英岩及大理岩等岩石致密坚硬、岩性较均一、强度高，是建筑物的良好地基，但裂隙发育时，可使其工程地质性质降低。

思 考 与 练 习

一、思考题

1. 什么是矿物、造岩矿物？矿物的主要特征有哪些？
2. 黑云母、绿泥石、石膏、黄铁矿和黏土矿物的存在对岩石的工程地质性质有何影响？
3. 何为岩石的结构与构造？
4. 对比下列矿物，指出它们之间的异同点。

A. 正长石—斜长石—石英

B. 角闪石—辉石—黑云母

C. 方解石—白云石—石膏

5. 试比较下列岩石间的异同点。
   A. 花岗岩—辉长岩
   B. 流纹岩—玄武岩
   C. 闪长岩—安山岩

6. 指出下列岩石间的区别与关系。
   A. 花岗岩与花岗片麻岩
   B. 页岩与板岩
   C. 石英砂岩与石英岩
   D. 石灰岩与大理岩

7. 试述解理、层理、片理之间的主要区别。

8. 试述三大岩的工程地质性质。

二、选择题

1. 地表原岩经风化、剥蚀作用形成的碎屑，经流水、冰川的搬运作用沉积、胶结、硬化而成（　　）。
   A. 岩浆岩
   B. 沉积岩
   C. 变质岩
   D. 火山岩

2. 沉积岩在构造上区别于岩浆岩的重要特征是（　　）。
   A. 沉积岩的层理构造，层面特征和含有化石
   B. 沉积岩的页层构造，层面特征和含有化石
   C. 沉积岩的层状构造，层面特征和含有化石
   D. 沉积岩的层理构造，层面特征

3. 下列属于沉积岩中的生物化学岩类的是（　　）。
   A. 大理岩
   B. 石灰岩
   C. 花岗岩
   D. 石英岩

4. 莫氏硬度反映的是矿物（　　）。
   A. 相对硬度的顺序
   B. 相对硬度的等级
   C. 绝对硬度的顺序
   D. 绝对硬度的等级

5. 花岗岩是（　　）。
   A. 酸性深成岩
   B. 侵入岩
   C. 浅成岩
   D. 基性深成岩

6. 下列岩石中属于变质岩的是（　　）。
   A. 大理岩
   B. 石灰岩
   C. 泥灰岩
   D. 白云岩

7. 下列岩石中属于全晶质的有（　　）。
   A. 花岗岩
   B. 花岗斑岩
   C. 流纹岩

8. 按照组成岩石矿物的结晶程度，岩浆岩的结构可分为（　　）。
   A. 全晶质结构
   B. 半晶质结构
   C. 粒状结构
   D. 非晶质结构
   E. 斑状结构

9. 下列结构中，属于沉积岩的结构是（　　）。
   A. 泥质结构
   B. 化学结构
   C. 碎屑结构
   D. 生物结构

项目二

地质构造与地质作用

【学习目标】
1. 知识目标
(1) 外力地质作用,内力地质作用。
(2) 地质年代确定。
(3) 岩层产状要素与测定。
(4) 褶皱的基本形态、特征类型,野外识别以及褶皱构造对工程的影响。
(5) 断裂构造的基本形态、特征类型,野外识别以及褶皱构造对工程的影响。
2. 能力目标
(1) 会确定地质年代。
(2) 能正确使用罗盘测定岩层产状要素。
(3) 会褶皱的野外识别。
(4) 会断裂构造的野外识别。
(5) 能正确使用工程地质理论知识分析构造对工程的影响。
3. 思政目标
(1) 野外工程地质工作是一项既有趣又艰苦的工作,要不惧艰辛,具有艰苦奋斗的精神。
(2) 树立大的世界观、人生观,为人民服务,为祖国建设服务,勇做中华好儿女。

【案例】 兰新铁路第二双线小平羌隧道"4·20"重大事故

由中国某建设集团有限公司承建的新建兰新铁路第二双线西宁至张掖段站前工程 LXS-8 标,设计里程为 DK345+155～DK407+122,线路长 61.363 正线 km,位于甘肃省中牧山丹马场和张掖市民乐县境内,海拔高度 2700～3500m。小平羌隧道地处祁连山中高山区,位于甘肃省张掖市山丹县西南方向祁连山小平羌沟至大平羌沟之间,平均海拔高度为 3100～3800m。洞身地表起伏较大,地表自然坡度 30°～40°;隧道起讫里程为 DK345+329～DK349+312,隧道长度 3983m。小平羌隧道距民乐县城约 120km,距张掖市约 187km。

一、事故发生的经过

2011 年 4 月 19 日 23 时 30 分,钢筋班组安装完成 DK349+035 处最后一环工 22a 型钢拱架,经领工员检查无异常后,喷浆班组13人操作3台喷浆机喷浆。4月20日4时5分,带班员出去组织后续施工材料,当走到距离作业面约40m处时突然听见身后一声巨响,回头看见隧道喷浆作业面上方围岩发生了坍塌,导致初期支护的工22型钢拱架及喷浆作业台架被砸垮,12名作业人员全部被埋入坍塌体中,事故发生后,该公司兰新线甘青项目部三工区立即组织抢险救援,于4时40分发现一名遇难者遗体,后因连续发生坍方,抢险工作被迫停止。经勘察事故现场,坍塌范围里程为DK349+035～DK349+050,距离地表深度为100～110m。坍塌岩石块体约400m^3(最大块径约1m左右),塌腔高8～10m,直接经济损失约908万元。施工现场图片如图2-1所示。

图2-1 施工现场图片

二、事故原因分析

小平羌隧道位于祁连山区域地质构造带(纵向长约1000km,横向宽200～300km)石炭系灰岩夹页岩、泥灰岩、泥盆系砂岩等软硬相间的地层中,由于多期构造运动挤压作用强烈,洞身发育多个向斜、背斜相间组成的复式褶皱。地表覆盖风化残积土层较厚,基岩露头较少。开挖揭示DK349+050～DK349+035洞段总体位于背斜构造北翼,岩层倾角较陡,节理发育,岩体破碎;岩层的层间结合力较差,加之小平羌隧道洞顶地表冻土冬春后开始融化,冰雪融水下渗软化软弱结构面,致使围岩抗剪强度降低,是该起事故发生的潜在客观因素。

2011年3月29日,业主、设计、施工、监理四方针对这种复杂的地质结构进行了会商,对DK349+060～DK349+040段进行了设计变更,将原设计Ⅲa-2型衬砌支护提升至Ⅲb-2型支护,但由于作业班组未按变更后的Ⅲb-2型衬砌支护进行施工,仍按原设计Ⅲa-2型衬砌支护施工,2011年4月4日4时左右,DK349+035掌子面爆破引起岩体扰动,20分钟后DK349+055～DK349+035段(20m长)左侧顶部塌方,塌方高度0～4m,所幸没有造成人员伤亡。4月4日的初次塌方经业主、设计、施工、监理四方会商认为是施工单位"现场隧道作业班组未按2011年3月29日现场会勘后确定的变更给定的工程措施施工(仍按原设计Ⅲa-2型衬砌支护参数进行开挖及支护),DK349+060～

DK349+040段拱部初期支护180°范围未设置钢筋网及格栅钢架，喷混凝土厚度不够，系统锚杆未完全按设计施做，加之现场施工、监控量测不到位是导致塌方的主要原因"（4月4日四方认可的会商纪要原文）。

4月4日塌方后，业主、设计、施工、监理四方又针对此次塌方再次提出了处理方案，采用全断面钢拱架，挂钢筋网，网喷混凝土加厚至28cm，衬砌结构采用Ⅳb-2型，预留注浆管对塌方的空腔进行压注水泥砂浆回填处理，支护级别实际提升到了Ⅳ级。

4月4日的塌方已经是可能再次发生塌方事故的前兆，此时，隧道上部围岩受力发生了很大变化，岩体已经处在一个极不稳定的临界状态。设计、施工、监理知道围岩结构不好，极不稳定，但没有引起足够的重视，在方案制定时对施工过程中作业人员的安全保障措施不详细，也未严格按照规定程序办理相关审批手续，施工单位按照四方口头商定的处理方案进行处理，对已塌方段施工处理不及时，加之监理单位的监理监督检查不到位，截至4月19日，尚未处置完毕，引起岩体失稳，导致DK349+050～DK349+035段（15m长）发生二次塌方，造成重大人员伤亡。

（一）直接原因

（1）小平羌隧道岩层倾角较陡，节理发育，岩体破碎，岩层的层间结合力较差，加之小平羌隧道洞顶地表冻土冬春后开始融化，冰雪融水下渗软化软弱结构面，致使围岩抗剪强度降低，是该起事故发生的潜在客观因素。

（2）施工单位在4月4日塌方后，依业主、设计、施工、监理四方商定的会议纪要作为技术交底内容，未单独编制塌方处理方案且未向监理报验，已塌方段施工处理缓慢，在4月5—19日仅完成初期支护，未及时对上部空腔进行压注水泥砂浆回填处理，没有形成有效抵抗塌方冲击荷载的结构体系。

（3）由于4月4日塌方处理施工进度缓慢，拱顶空腔围岩临空暴露过久，引起围岩松动、风化，导致上部围岩抗剪强度进一步降低，引起岩体失稳，导致DK349+055～DK349+035段拱顶围岩发生整体坍塌。

（二）间接原因

（1）施工单位安全技术管理混乱，施工人员安全培训不到位，技术资料管理混乱，检验批报检资料滞后，同一时间的施工日志内容与报检内容不符；技术交底制度不落实，交底资料不全，无初喷混凝土安全技术交底和两台阶开挖方法的技术交底资料；特别是针对4月4日塌方，技术交底笼统，仅将会议纪要内容作为交底内容。

（2）监理单位监理基础工作薄弱，履行职责不力，监理制度落实不到位，管理手段弱化；监理日志记录不全面，监理旁站管理不规范，存在未旁站的现象；检验批及隐蔽工程签字审核把关不严，存在工程实体在前，审批签字在后的情况；对重大设计变更未严格履行审批职责；发现施工单位存在未按设计施工的情况，也没有按照规定采取停工整改措施。

（3）设计单位制定的4月4日小平羌隧道出口DK349+055～DK349+035段塌方处理方案不完善，未向施工单位提出施工过程中保障施工人员安全的措施建议。

单元一 地 质 作 用

在地球漫长的演变历史中,地壳的内部结构、物质成分和表面形态不断地发生着变化。一些变化速度快,易被人们感觉到,如地震和火山爆发等;另一些变化则进行得很慢,不易被人们发现,如地壳的缓慢上升、下降以及地块的水平移动等。这种由于自然动力所引起的,促使地壳物质成分、结构及地表形态发生变化的作用称为地质作用。根据地质作用的动力来源,可将其分为外力地质作用和内力地质作用。

一、外力地质作用

外力地质作用主要是由地球以外的能源,如太阳辐射能、日月引力能和陨石碰撞等引起。其中太阳辐射起着最主要的作用,它造成地面温度的变化,产生空气对流、大气环流及各种水流和冰川等。外力地质作用的表现形式有风化作用、剥蚀作用、搬运作用和沉积作用等。外力地质作用往往带来地壳物质成分、内部结构、地表形态的缓慢变化,称为地球的"渐变说",经过漫长的地质年代后,可导致地球面貌的巨大变化。

二、内力地质作用

内力地质作用是由地球内部的能源,如旋转能、重力能、放射性元素衰变产生的热能以及化学能、结晶能等引起的。根据其动力来源和作用方式可分为构造运动、岩浆活动、变质作用和地震等。内力地质作用往往带来地壳物质成分、内部结构、地表形态的突然变化,如岩浆活动、变质作用、地震等,称为地球演变的"灾变说"。

构造运动又称地壳运动,是内力地质作用所引起的地壳岩石发生变形、变位(如弯曲、断裂等)的运动。残留在岩层中的这些变形、变位现象称为地质构造。构造运动在内力地质作用中常起主导作用,它可分为水平运动和垂直运动。

1. 水平运动

水平运动主要表现为地壳岩层的水平位移,结果使岩层相互挤压、弯曲或错开等。它使岩层褶皱、断裂(图2-2),形成裂谷、盆地及褶皱山系,如非洲大陆和美洲大陆的分离以及我国的横断山脉、喜马拉雅山脉、天山等褶皱山系。

2. 垂直运动

垂直运动主要表现为地壳大面积整体缓慢上升或下降,上升形成山岳、高原,下降则形成湖海、盆地,如喜马拉雅山上的大量新生代早期海洋生物化石的存在,反映了五六千万年前,这里曾是汪洋大海,可见垂直运动幅度之大。目前,我国西部总体相对上升,而东部相对下降。

内力地质作用与外力地质作用相互关联,相互矛盾。内力地质作用在地壳演化中起着主导作用,它使地表产生大陆、海洋、山脉、平原等巨型地形起伏。而外力地质作用则进一步加工塑造,起着削高补低的作用,即所谓的"平原化"过程。总之,在内力和外力地质作用下,地壳不断向前发展和变化着。

 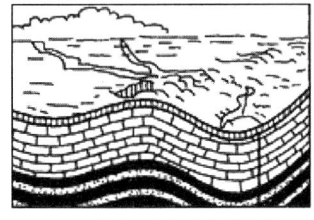 

(a)岩层的原始状态　　　　(b)岩层弯曲产生褶皱构造　　　(c)褶皱进一步发展成断裂构造

图 2-2　褶皱构造与断裂构造形成示意图

单元二　地　质　年　代

地球形成至今已有46亿年，对整个地质历史时期而言，地球的发展演化及地质事件的记录和描述需要有一套相应的时间概念，即地质年代。地质学上以绝对地质年代和相对地质年代两种方法来描述时间。表示地质事件发生距今的实际年数称为绝对年代（实际年龄），而表示地质事件发生的先后顺序称为相对年代。

一、绝对地质年代的确定

绝对地质年代主要是根据保存在岩层中的放射性元素的蜕变速度特征产物来确定。

二、相对地质年代的确定

1. 地层层序法

地层是指在一定地质时期内所形成的层状岩石的总称。未经构造运动改变的岩层大都是水平岩层，且按照下老上新的规律排列[图2-3（a）]；若后期构造运动使某些岩层发生变动（倾斜、直立或倒转），可利用沉积物中的某些构造特征（如斜层理、泥裂、波痕等）来恢复岩层顶面、底面后，再进一步判断岩层之间的相对新老关系[图2-3（b）]。

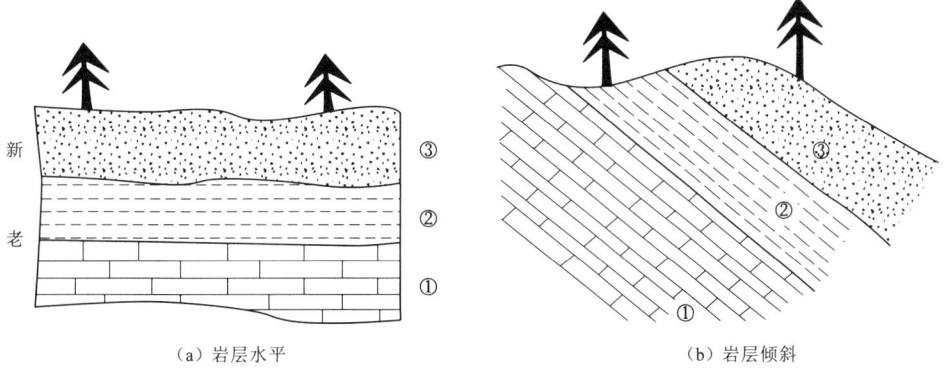

(a)岩层水平　　　　　　　　　　　　(b)岩层倾斜

图 2-3　地层层序法（岩层层序正常时）

（注：①、②、③依次由老到新）

2. 古生物化石法

自然界中的生物是从无到有，由简单到复杂，由低级到高级不断发展、变化着的，而且这种演化是不可逆转的，不同地质时期形成的地层中会保存不同的古生物化石，这样就可以根据岩层中化石的复杂与繁简程度来推断地层的相对新老关系。

3. 岩层接触关系法

不同时期形成的岩层，其分界面特征即互相接触关系，可以反映各种构造运动和古地理环境等在空间和时间上的演变过程，因此，它是确定和划分地层年代的重要依据。岩层接触关系有以下几种类型（图2-4）。

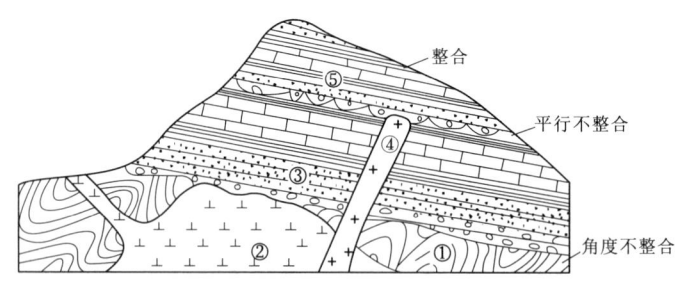

图2-4 岩层接触关系示意图
（注：①、②、③、④、⑤依次由老到新）

（1）整合。指上下两套岩层产状一致，互相平行，连续沉积形成。反映岩层形成期间地壳比较稳定，没有强烈的构造运动，地层自下而上依次由老到新。

（2）平行不整合。它又称假整合，是指上、下两套地层的产状彼此平行一致，但其间缺失某些地质年代的岩层。上、下两套岩层之间的接触面往往起伏不平，常分布一层砾岩（俗称底砾岩），据此可以判断上、下两套岩层的新老关系。

（3）角度不整合。是指上、下两套地层产状不同，彼此呈角度接触，其间缺失某些时代的地层，接触面多起伏不平，也常有底砾岩和风化壳。不整合面的存在标志着地壳曾发生过强烈的地壳运动。与平行不整合相同，据此也可以判断地层之间的新老关系。

上述3种接触类型是沉积岩之间或少量变质岩之间的接触关系。此外，利用岩浆岩和其他围岩之间的接触关系，也可以来判断岩层之间的相对新老关系。

2-1 地质作用与地质年代

不同时代的岩层常被岩浆侵入穿插，侵入者年代新，被侵入者年代老，切割者年代新，被切割者年代老。

单元三 岩层产状

一、岩层产状要素

岩层产状是指岩层在空间的位置，用走向、倾向和倾角表示，地质学上称为岩层产状三要素。

1. 走向

岩层面与水平面的交线称为走向线，如图2-5中的AOB线。走向线两端所指的方向即为岩层的走向。走向有两个方位角数值，且相差180°，如 NW350°和 SE170°。岩层的走向表示岩层的延伸方向。

2. 倾向

岩层面上与走向线垂直并沿倾斜面向下所引的直线称为倾斜线，如图2-5中的 OD 线，倾斜线在水平面上投影，如图2-5中的 OD′ 线，其所指的方向就是岩层的倾向。对于同一岩层面，倾向与走向垂直，且只有一个方向。岩层的倾向表示岩层的倾斜方向。

3. 倾角

倾角是岩层面与水平面所夹的最大锐角（或二面角），如图2-5中的 α。除岩层面外，岩体中其他面（例如节理面、断层面等）的空间位置也可以用岩层产状三要素来表示。岩层

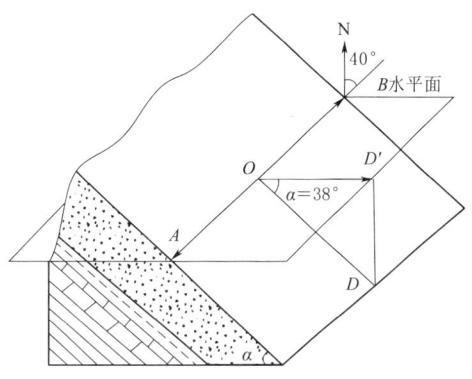

图2-5 岩层产状要素图
AOB—走向线；OD—倾斜线；OD′—倾向线

产状要素需用地质罗盘测量（图2-6），测量方法如图2-7所示。

图2-6 地质罗盘仪

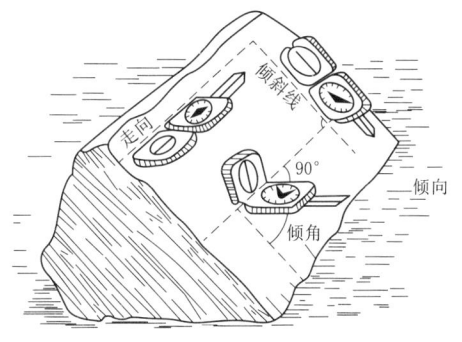

图2-7 岩层产状要素测量

二、岩层产状要素的测量

1. 测走向

将罗盘的长边与岩层面贴触，如罗盘无长边，则取与南北方向平行的边与层面贴触，并使罗盘放水平（水准气泡居中），此时罗盘长边（或 NS 边）与岩层的交线即为走向线，磁针（无论南针或北针）所指的度数即为所求的走向。

2. 测倾向

把罗盘的 N 极指向岩层层面的倾斜方向，同时使罗盘的短边（或与东西方向平行的边）与层面贴触，罗盘放水平，气泡居中，此时北针所指的度数即为所求的倾向。

3. 测倾角

将罗盘侧立，以其长边（即 NS 边）紧贴层面，并与走向线垂直，然后转动罗盘背面的旋钮，使下刻度盘的活动水准气泡居中，倾角指针所指的度数即为倾角大小。若是长方形罗盘，此时桃形指针在倾角刻度盘上所指的度数，即为所测的倾角大小。

4. 岩层产状要素的表示方法

在野外记录或报告中，图 2-5 中岩层的走向、倾向、倾角可写成 NE40°、SE38°。在地质图上，岩层的产状用符号"⊥35°"表示，长线表示走向，短线表示倾向，数字表示倾角。长短线必须按实际方位画在图上。

三、水平构造、倾斜构造和直立构造

1. 水平构造

水平构造岩层产状呈水平（倾角 $\alpha = 0°$）或近似水平（$\alpha < 5°$），如图 2-3（a）和图 2-8 所示。岩层呈水平构造，表明该地区地壳相对稳定。

2. 倾斜构造（单斜构造）

倾斜构造岩层产状的倾角为 $0° < \alpha < 85°$，岩层呈倾斜状，如图 2-3（b）和图 2-9 所示。岩层呈倾斜构造，说明该地区地壳不均匀抬升或受到岩浆作用的影响。

3. 直立构造

直立构造岩层产状的倾角 $\alpha \approx 85° \sim 90°$，岩层呈直立状，如图 2-10 所示。岩层呈直立构造，说明岩层受到强力的挤压。

图 2-8 水平岩层

图 2-9 倾斜岩层

图 2-10 直立岩层

单元四 褶皱构造

岩层受构造应力作用后产生的连续弯曲变形称为褶皱构造。绝大多数褶皱构造是岩层在水平挤压力作用下形成的，如图 2-11 所示。褶皱构造是岩层在地壳中广泛发育的地质

构造之一，它在层状岩石中最为明显，在块状岩体中则很难见到。褶皱构造的每一单个向上或向下的弯曲称为褶曲。褶皱构造的规模大小不一，大者可达几十至几百公里，小者手标本上可见。

一、褶皱要素

褶皱构造的各个组成部分称为褶皱要素（图2-12）。

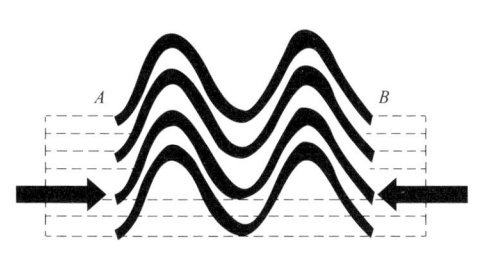

图2-11 褶皱构造

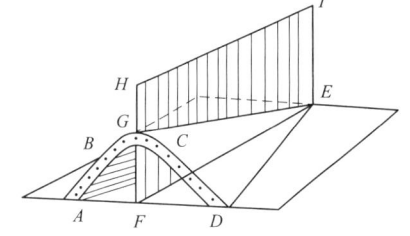

图2-12 褶皱要素示意图

AB—翼；被$ABGCD$包围的内部岩层—核；BGC—转折端；$EFHI$—轴面；EF—轴线；EG—枢纽

1. 核部

褶曲中心部位的岩层。当风化剥蚀后，常把出露在地表最中心的岩层称为核部。

2. 翼部

核部两侧的岩层称翼部。一个褶曲有两个翼。

3. 翼角

翼角是翼部岩层的倾角。

4. 轴面

轴面是对称平分两翼的假想面。轴面可以是平面，也可以是曲面。轴面与水平面的交线称为轴线；轴面与岩层面的交线称为枢纽。

5. 转折端

从一翼转到另一翼的弯曲部分为转折端。在横剖面上，转折端常呈圆弧形。

二、褶皱的基本形态和特征

褶皱的基本形态是背斜和向斜（图2-13）。

1. 背斜

背斜通常岩层向上弯曲，两翼岩层相背倾斜，核部岩层时代较老，两翼岩层依次变新并呈对称分布。

2. 向斜

向斜通常岩层向下弯曲，两翼岩层相向倾斜，核部岩层时代较新，两翼岩层依次变老并呈对称分布。

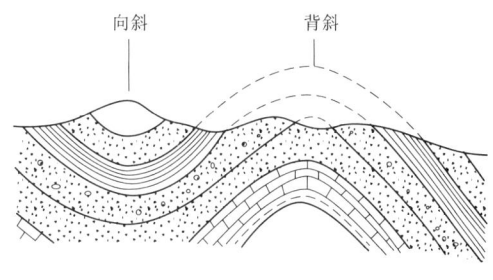

图2-13 背斜和向斜

三、褶皱的类型

根据轴面产状和两翼岩层的特点,将褶皱分为以下 5 种。

1. 直立褶皱

轴面直立,两翼岩层倾向相反,且倾角大小近似相等的褶皱,称为直立褶皱[图 2-14(a)]。

2. 倾斜褶皱

轴面倾斜,两翼岩层倾向相反,倾角大小不等的褶皱,称为倾斜褶皱[图 2-14(b)]。

3. 倒转褶皱

轴面倾斜,两翼岩层向同一方向倾斜,倾角大小不等,其中一翼倒转,老岩层位于新岩层之上,另一翼层序正常的褶皱,称为倒转褶皱[图 2-14(c)]。

4. 平卧褶皱

轴面产状近于水平,一翼岩层层序正常,另一翼则倒转的褶皱,称为平卧褶皱[图 2-14(d)]。

5. 翻卷褶皱

轴面弯曲的平卧褶皱称为翻卷褶皱[图 2-14(e)]。

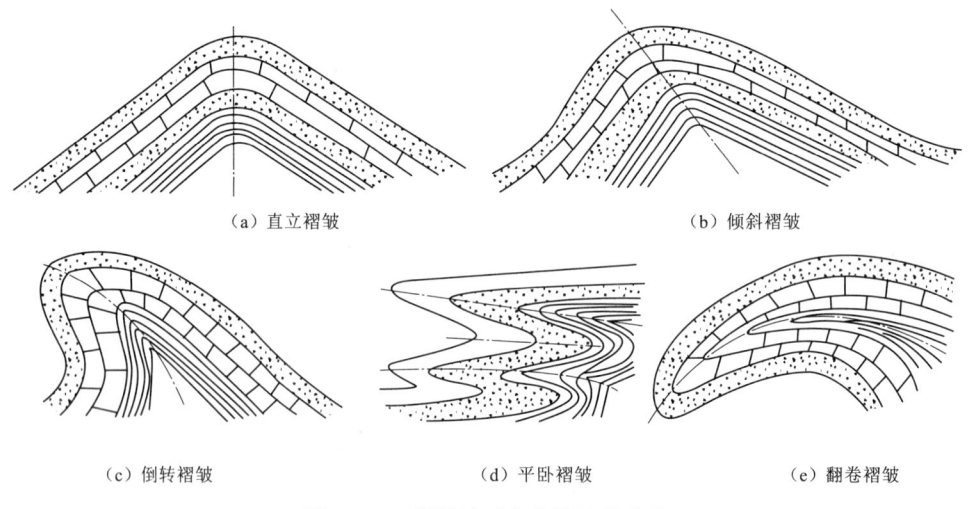

图 2-14 根据轴面产状褶皱的分类

四、褶皱构造的野外识别

首先判断褶皱是否存在并区别背斜和向斜,然后再确定其形态特征。

在少数情况下,沿河谷或公路两侧,岩层的弯曲常直接暴露,背斜或向斜易于识别。而多数情况下,由于岩层遭受风化剥蚀,出露情况不好,无法看到它的完整形态。这时需按下列方法进行分析。

首先,垂直于岩层走向观察,若岩层对称重复出现,便肯定有褶皱构造;否则,没有褶皱构造(图 2-15)。

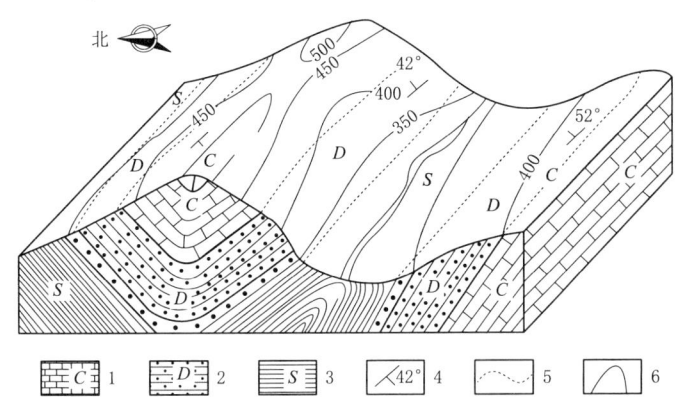

图 2-15 褶皱构造立体图
1—石炭系；2—泥盆系；3—志留系；4—岩层产状；5—岩层界线；6—地形等高线

其次，分析岩层的新老组合关系。若中间是老岩层，两侧是新岩层，则为背斜；若中间是新岩层，两侧是老岩层，则为向斜。

最后，根据两翼岩层产状和轴面产状，对褶皱进行分类和命名。

五、褶皱构造对工程的影响

1. 褶皱核部

褶皱核部岩层由于受水平挤压作用，节理发育、岩石破碎、易于风化、岩石强度低、渗透性强，在石灰岩地区还往往使岩溶较为发育，所以在核部布置各种建筑工程时，必须注意岩层的塌落、漏水及涌水问题。

2. 褶皱翼部

褶皱翼部布置建筑工程时，如果开挖边坡的走向近于平行岩层走向，且边坡倾向与岩层倾向一致，若边坡坡角大于岩层倾角，则容易造成顺层滑动现象。如果边坡与岩层走向的夹角在40°以上；或者两者走向一致，边坡倾向与岩层倾向相反或者两者倾向相同，但岩层倾角更大，则对开挖边坡的稳定较有利。

单元五 断 裂 构 造

岩层受力后产生变形，当作用力超过岩石强度时，岩石的连续性和完整性遭到破坏而发生破裂，形成断裂构造。断裂构造在地壳中广泛存在。毫无疑问，断裂构造的发生，必将对岩体的稳定性、透水性及其工程性质产生较大影响。

根据断裂之后的岩层有无明显位移，将断裂构造分为节理和断层两种形式。

一、节理相关知识

没有明显位移的断裂称为节理（或裂隙）。节理在岩层中广泛分布，且往往成组、成群出现，规模大小不一，可从几厘米到几百米。

节理按成因分为三种类型：第一种为原生节理，指岩石在成岩过程中形成的节理，如地表的岩浆冷凝收缩产生的裂缝；第二种为次生节理，指风化、爆破等原因形成的裂隙，这种节理产状无序，一般局限于地表，规模不大，分布也不规则，通常只称为裂隙而不称为节理；第三种为构造节理，指由构造应力所形成的节理。

上述三种节理中，构造节理分布最广，几乎所有的大型水利水电工程都会遇到，以下重点介绍构造节理。

1. 构造节理的分类

构造节理按照形成的力学性质分为张节理和剪节理。

（1）张节理。由张应力作用产生的节理，多发育在褶皱的轴部。其主要特征为：节理面粗糙不平，无擦痕，节理多开口，一般被其他物质充填；在砾岩或砂岩中的张节理常常绕过砾石或砂粒；张节理一般较稀疏、间距大，而且延伸不远；张节理有时沿先期形成的剪节理发育而成，被称为追踪张节理。

（2）剪节理。由剪应力作用产生的节理。其主要特征为：节理面平直光滑，有时可见擦痕，节理一般是闭合的，没有充填物；在砾岩或砂岩中的剪节理常常切穿砾石或砂粒；剪节理产状较稳定，间距小、延伸较远；发育完整的剪节理呈 X 形。若 X 形节理发育良好，则可将岩石切割成棋盘状（图 2-16）。

2. 节理的统计

节理在岩层中广泛分布，对水利工程的不良影响主要是水库的渗漏和岩体的稳定两方面，但其影响程度取决于节理的成因、产状、数量、大小、连通以及充填等因素。因而，在工程地质勘察中首先要查明这些特征，然后对其分析统计整理，以评价其对工程造成的影响。

图 2-16 X 形剪节理

首先进行资料整理，将测点上所测的节理走向都换成北东和北西象限的角度，按走向方向大小，以 10°为一组统计各组节理条数，见表 2-1。其次，确定作图比例尺，以等长或稍长于按线条比例尺表示最多那一组节理条数的线段长度为半径，画一个上半圆，通过圆心标出东、北、西三个方向，并标出 10°倍数的方向角度量值。然后将表示各组节理条数的点标在相应走向方位角中间的半径上

表 2-1 　　　　　　　　某坝址节理统计表

走向/(°)	条数	走向/(°)	条数	走向/(°)	条数	走向/(°)	条数
0～10	0	51～60	19	271～280	0	321～330	0
11～20	0	61～70	10	281～290	0	331～340	0
21～30	20	71～80	20	291～300	14	341～350	20
31～40	25	81～90	0	301～310	10	351～360	25
41～50	35	…	…	311～320	30	…	…

(图2-17)。如走向北东41°～45°的节理有35条,按比例点在北东45°的半径上。连接相邻组各点即成节理走向玫瑰图。为表示最发育组节理的倾向和倾角,将该组节理走向沿半径延伸出半圆以外,沿径向按比例划分出9个刻度(0°、10°、…、90°)代表倾角,切线方向代表倾向,并按比例取一定长度代表条数,如图2-17所示。图中最发育的一组节理的走向区间为321°～330°,倾向北东的有两组,它们的倾角和条数分别为21°～30°、25条和71°～80°、10条。倾向南西的只有一组,其倾角为51°～60°,条数为15条。

二、断层相关知识

有明显位移的断裂称为断层。断层在岩层中也比较常见,其规模大小不一,可从几厘米到几千米,甚至达上百千米。

1. 断层要素

断层的基本组成部分称为断层要素(图2-18),它包括断层面、断层线、断层带、断盘及断距。

(1) 断层面。岩层断裂后,发生相对位移的破裂面。它的空间位置仍由走向、倾向和倾角表示,它可以是平面,也可以是曲面。

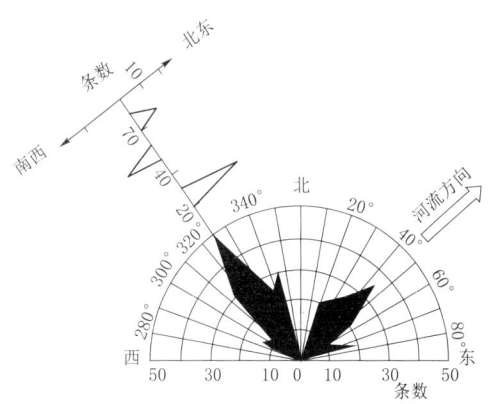

图2-17 某坝址节理走向玫瑰图

(2) 断层线。断层面与地面的交线。其方向表示断层的延伸方向。

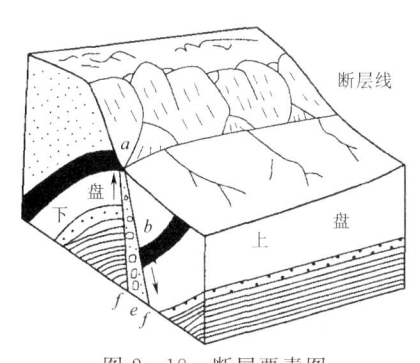

图2-18 断层要素图
ab—断距;e—断层破碎带;f—断层影响带

(3) 断层带。包括断层破碎带和影响带。破碎带是指被断层错动搓碎的部分,常由岩块碎屑、粉末、角砾及黏土颗粒组成,其两侧被断层面所限制,如图2-18中的e。影响带是指靠近破碎带两侧的岩层受断层影响,裂隙发育或发生牵引弯曲的部分,如图2-17中的f。

(4) 断盘。断层面两侧相对位移的岩块称为断盘。其中,断层面之上的称为上盘,断层面之下的称为下盘。

(5) 断距。断层两盘沿断层面相对移动的距离。

2. 断层的基本类型

按照断层两盘相对位移的方向,可将断层分为以下三种类型。

(1) 正断层。上盘相对下降,下盘相对上升的断层[图2-19(a)]。正断层的断层线一般较为平直,破碎带较宽,断层面的倾角多大于45°。

(2) 逆断层。上盘相对上升,下盘相对下降的断层[图2-19(b)]。逆断层的规模一般较大,断层破碎带宽度较小,断层面较为弯曲或波状起伏,常有上、下方向的擦痕。逆断层在构造运动强烈的地区出现较多。按断层面倾角大小又将逆断层分以下几种:

1) 冲断层。断层面倾角大于45°。

2) 逆掩断层。断层面倾角为25°～45°。

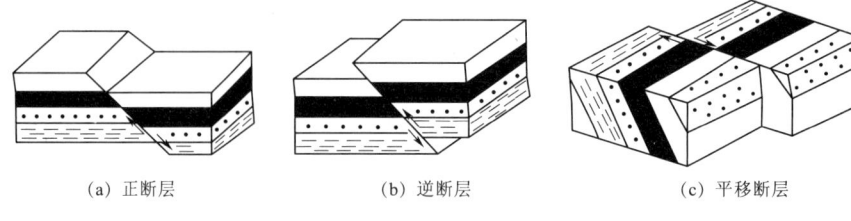

图 2-19 断层类型示意图

3) 辗掩断层。断层面倾角小于25°。

(3) 平移断层。两盘沿断层面作相对水平位移的断层[图2-19 (c)]。平移断层的断层面较陡、甚至直立,且平直光滑。

3. 断层的组合形式

在自然界中,有时断层不是单独存在的,而是呈组合形式存在(图2-20),常见的组合形式有以下四种。

(1) 阶梯状断层。由多个断层面倾向相同(或相近)而又相互平行的正断层组合而成,在剖面上各个断层的上盘依次下降呈阶梯状。

(2) 地堑。由两条以上正断层组合而成,两边岩层沿断层面相对上升,中间岩层相对下降。

(3) 地垒。由两条以上正断层组合而成,与地堑相反,断层面之间的岩层相对上升,两边岩层相对下降。

(4) 叠瓦式构造。由一系列产状平行的冲断层或逆掩断层组合而成(图2-21)。各断层的上盘依次逆冲形成像瓦片般的叠覆。

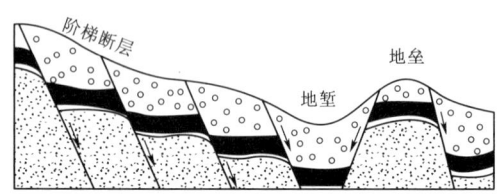

图 2-20 阶梯状断层、地堑及地垒

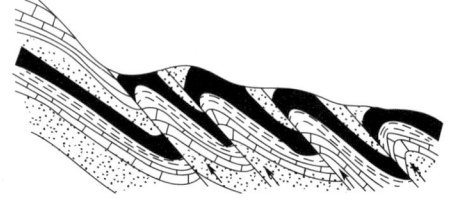

图 2-21 叠瓦式断层

4. 断层的野外识别

断层的发生,必然会在地貌、地层及构造等方面得到反映,这就形成了所谓的断层标志,也是识别断层的主要依据。

(1) 地貌标志。也是最直观的标志之一。

1) 断层崖。由于断层两盘的相对运动,常使断层的上升盘形成陡崖,称为断层崖。如东非大裂谷形成的断层崖(图2-22);太行山前断裂带使太行山拔地而起,成为华北

图 2-22 东非大裂谷形成的断层崖

平原的西部屏障等。

2) 断层三角面。断层崖受到与崖面垂直方向的水流侵蚀切割，便可形成沿断层走向分布的一系列三角形陡崖，称为断层三角面（图 2-23）。

图 2-23 断层三角面

3) 错断的山脊。错断的山脊往往是断层两盘相对平移等运动的结果。

4) 串珠状湖泊洼地。这种洼地往往是大断层存在的标志。这些湖泊洼地主要是由断层引起的断陷或破碎带形成的。

5) 泉水的带状分布。泉水呈带状分布往往也是断层存在的标志。因为断层破碎带是地下水的良好通道。

(2) 地层标志。它是识别断层的可靠证据之一。

1) 岩层沿走向突然中断，而和另一岩层相接触，则说明有断层发生（图 2-24）。

2) 垂直岩层走向，若发现地层出现不对称的重复或缺失，则可判定有断层发生（图 2-25）。

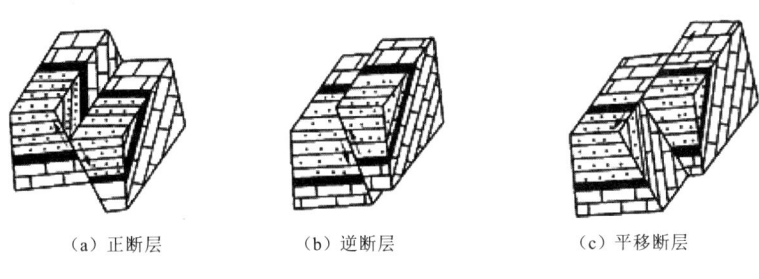

(a) 正断层　　　(b) 逆断层　　　(c) 平移断层

图 2-24 断层造成岩层中断

(3) 构造标志。由于构造应力的作用，沿断层面或断层破碎带及其两侧，常常出现一些伴生的构造变动现象。这些现象是识别和确定断层性质的又一重要标志。常见的这些现象有擦痕、阶步、牵引褶皱及构造岩等。

1) 擦痕和阶步。断层两盘相互错动时，在断层面上留下的摩擦痕迹称为擦痕。有时在断层面上存在有垂直于擦痕方向的小台阶，称为阶步（图 2-26）。

2) 牵引褶皱。断层两盘相对错动时，断层附近的岩层因受摩擦力的作用而发生弧形弯曲形成的拖拽现象，称为断层的牵引褶皱（图 2-27）。

3) 构造岩。构造岩是指断层发生时，由于构造应力的作用，使断层带中岩石的矿物成分、构造等发生强烈变化，甚至变质形成新的岩石，主要有断层角砾岩、断层泥、糜棱岩等。

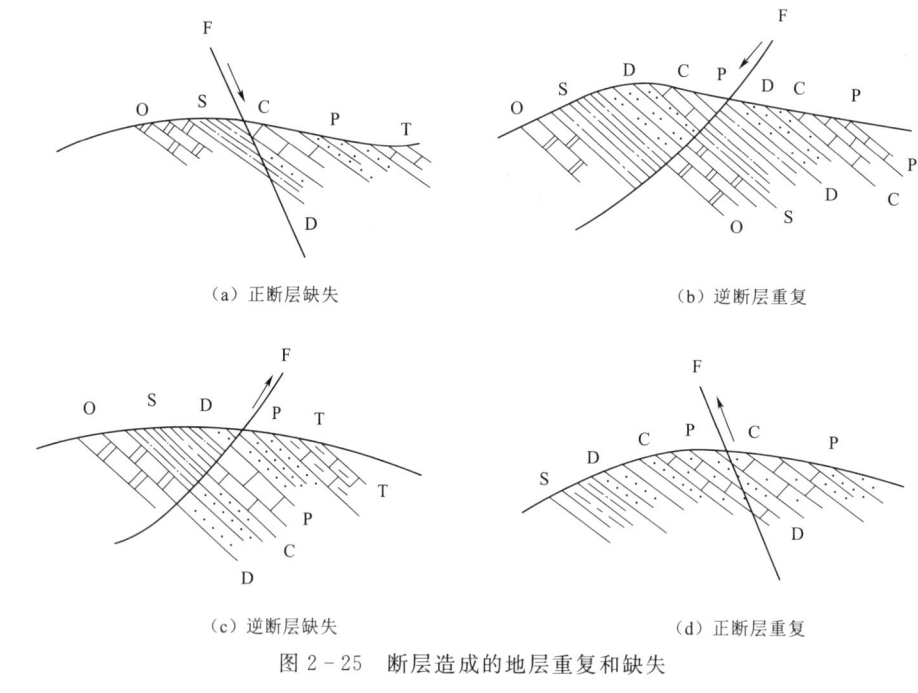

(a) 正断层缺失　　　　　　　　　　　(b) 逆断层重复

(c) 逆断层缺失　　　　　　　　　　　(d) 正断层重复

图 2-25　断层造成的地层重复和缺失

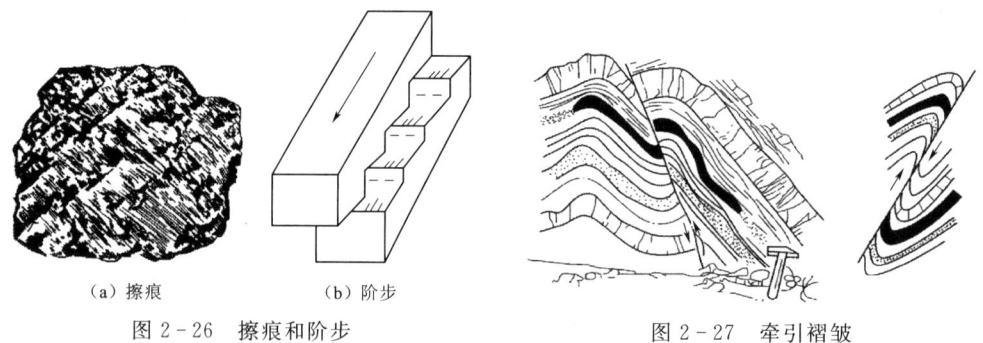

(a) 擦痕　　　(b) 阶步

图 2-26　擦痕和阶步

图 2-27　牵引褶皱

这里需要说明的是，并非每一条断层都具有上述特征，而且有些特征也并非断层独有的。所以在野外认识断层时，应多方面综合考察，才能得出可靠的结论。

（4）断层性质的判断。在判断出断层存在的前提下，需要根据两盘相对运动的方向来判断断层的性质。其方法如下：

1）根据擦痕判断。擦痕表现为一端粗而深，一端细而浅。由粗而深端向细而浅端指示另一盘的运动方向。另外，用手指顺擦痕轻轻抚摸，常常可以感觉顺一个方向比较光滑，而相反方向比较粗糙，感觉光滑的方向表示另一盘的运动方向。

2）根据阶步判断。阶步的陡坎面指向另一盘的运动方向（图 2-26）。

3）根据牵引褶皱判断。牵引褶皱弧形弯曲突出的方向指示本盘的运动方向（图 2-27）。

三、断裂构造对工程的影响

断裂构造的存在，破坏了岩体的完整性，降低了岩体强度，增大了岩体的透水性，加速了风化作用、地下水的活动及岩溶的发育，可能对工程建筑产生影响。

（1）断层破碎带力学强度低、压缩性大，建于其上的建筑物地基易产生较大的沉陷，还会使水工建筑物产生集中渗漏。

（2）跨越断裂构造带的建筑物，由于断裂带及其两侧上、下盘的岩体均可能不同，易产生不均匀沉降，从而使建筑物造成断裂和倾斜。

（3）断裂构造带在新的地壳运动影响下，可能发生新的移动，从而进一步影响建筑物的稳定。

2-3 褶皱与断裂构造

思 考 与 练 习

一、思考题

1. 简述不同的构造形态和不同的构造部位对工程建设的影响。
2. 什么是地质作用？地质作用的基本类型有哪些？
3. 何为岩层产状要素？怎样测定？
4. 背斜和向斜的主要区别是什么？在野外如何识别褶皱？
5. 张节理和剪节理有何特征？
6. 断层的基本类型有哪些？各有何特征？野外如何识别断层？

二、选择题

1. 地壳运动促使组成地壳的物质变位，从而产生地质构造，所以地壳运动也称为（　　）。
   A. 构造运动　　　B. 造山运动　　　C. 造陆运动　　　D. 造海运动

2. 两侧岩层向外相背倾斜，中心部分岩层时代较老，两侧岩层依次变新，并且两边对称出现的是（　　）。
   A. 向斜　　　　　B. 节理　　　　　C. 背斜　　　　　D. 断层

3. 侵入岩先形成，其上沉积了较新的沉积岩层，则岩浆岩与沉积岩之间为（　　）。
   A. 沉积接触　　　B. 整合接触　　　C. 侵入接触　　　D. 不整合接触

4. 下列节理不属于按节理成因分类的是（　　）。
   A. 构造节理　　　B. 原生节理　　　C. 风化节理　　　D. 剪节理

5. 上盘相对下移，下盘相对上移的断层是（　　）。
   A. 正断层　　　　B. 平移断层　　　C. 走向断层　　　D. 逆断层

6. 地壳运动的基本形式有（　　）。
   A. 垂直运动　　　B. 水平运动　　　C. 扭转运动　　　D. 翻转运动

7. 活断层区的建筑原则有（　　）。

A. 建筑物场址一般应避开活动断裂带

B. 线路工程必须跨越活断层时，尽量使其大角度相交，并尽量避开主断层，同时要对几个相互比较的场址进行断层相对活动性评价

C. 必须在活断层地区兴建的建筑物，应尽可能地选择相对稳定地块——"安全岛"，尽量将重大建筑物布置在断层的下盘

D. 在活断层区兴建工程，应采用适当的抗震结构和建筑型式

项目三

常见地质灾害

【学习目标】

1. 知识目标

(1) 了解常见地质灾害的类型、成因及判别方法。

(2) 掌握崩塌、滑坡、泥石流、地震的形成条件、类型、工程危害。

(3) 了解常见地质灾害产生的工程地质问题,并提出预防和防治措施。

2. 能力目标

(1) 学会在工作和日常生活中预防地质灾害以及地震后的逃生方法。

(2) 学会筛选网络资源,正确合理地利用网络资源。

(3) 学会制作图文并茂的展示课件。

3. 素质目标

(1) 学生走上"讲台",提高学生的沟通能力和团队合作精神。

(2) 减少对生态的破坏,多进行生态规划,营造可持续发展、人与自然和谐共处的新环境。

(3) 学习北斗全球卫星导航系统科研队伍表现出来的"自主创新、开放融合、万众一心、追求卓越"的新时代北斗精神。

【案例一】 观看纪录片《解密:5·12大地震》(集体观看)

5·12大地震后,特别邀请到加拿大蒙特利尔工学院地质学教授嵇少丞、四川省区域地质调查队总工程师范晓,历时半年时间,全面深入5·12地震各重灾区,以科学求真严谨务实的态度,对此次大地震的成因、能量大小、建筑受损原因、地震预防、自救逃生的方法,以及震源深浅与水库诱发地震之间的关系等问题,逐一详细进行解答与探讨。作品以另一种科学记录、另一种理性记忆的方式,努力探索此次5·12大地震背后的科学奥秘,给人启迪,发人深省。

【案例二】 滑坡治理工程

贵州省×××基地内,存在一处滑坡,该边坡以岩质边坡为主,高度13~45m,坡度在70°~90°,一旦破坏,后果十分严重。治理本工程,将边坡划分为7段,采用垂直切坡,如图3-1所示,"超前竖肋桩+预应力锚索"支护进行治理,"上部垂直切坡+超前竖肋桩+预应力锚索"支护,并在889.00m高程以上处形成一级景观平台,平台以下则采用1级放坡＋坡底固脚桩（考虑岩体竖向应力变形），放坡坡比1:0.4，坡高13m，马道宽2.0m。坡面采用挂网喷混凝土防护＋藤蔓植物加以绿化，对不同区域的滑坡采用不同的综合治理方案，提高了滑坡治理工程的施工质量，有效地降低滑坡对周围建筑和人们的危害性，实现了社会效益和经济效益的双丰收。

图3-1　上部垂直切坡＋超前竖肋桩＋预应力锚索，挂网喷混凝土防护＋藤蔓植物

单元一　概　　述

一、地质灾害类型

地质灾害是指由自然地质作用和人类活动造成的恶化地质环境，降低环境质量，直接或间接危害人类安全，并给社会和经济建设造成损失的地质事件。地质灾害的种类很多，就其成因而论，分为自然地质灾害和人为地质灾害。自然地质灾害指由自然地质作用引起的灾害，如由降雨、融雪、地震等自然变异导致的地质灾害；人为地质灾害是由于人类工程活动使周围地质环境发生恶化而诱发的地质灾害，如由工程开挖、堆载、爆破、弃土等人为作用引发的地质灾害。

常见的地质灾害主要有山体崩塌、滑坡、泥石流、地面塌陷、地裂缝、地面沉降、地震等。

二、地质灾害规模

按危害程度和规模大小分为特大型、大型、中型、小型地质灾害险情和地质灾害灾情四级。

(1) 特大型地质灾害险情：指受灾害威胁，需搬迁转移人数在1000人以上，或潜在可能造成的经济损失1亿元以上的地质灾害险情。特大型地质灾害灾情：指因灾死亡30人以上，或因灾造成直接经济损失1000万元以上的地质灾害灾情。

(2) 大型地质灾害险情：指受灾害威胁，需搬迁转移人数在500人以上、1000人以下，或潜在经济损失 5000 万元以上、1 亿元以下的地质灾害险情。大型地质灾害灾情：指因灾死亡 10 人以上、30 人以下，或因灾造成直接经济损失 500 万元以上、1000 万元以下的地质灾害灾情。

(3) 中型地质灾害险情：指受灾害威胁，需搬迁转移人数在 100 人以上、500 人以下，或潜在经济损失 500 万元以上、5000 万元以下的地质灾害险情。中型地质灾害灾情：指因灾死亡 3 人以上、10 人以下，或因灾造成直接经济损失 100 万元以上、500 万元以下的地质灾害灾情。小型地质灾害险情：指受灾害威胁，需搬迁转移人数在 100 人以下，或潜在经济损失 500 万元以下的地质灾害险情。

(4) 小型地质灾害灾情：指因灾死亡 3 人以下，或因灾造成直接经济损失 100 万元以下的地质灾害灾情。

三、地质灾害评估

地质灾害危险性评估又称地质灾害灾情评估，是对地质灾害活动程度及破坏损失情况进行评定估算。在地质灾害易发区内进行工程建设，必须在可行性研究阶段进行地质灾害危险性评估；在地质灾害易发区内进行城市总体规划、村庄和集镇规划时，必须对规划区进行地质灾害危险性评估，并且必须对建设工程遭受地质灾害的可能性和该工程建设中、建成后引发地质灾害的可能性作出评价，提出具体的预防治理措施。

地质灾害危险性评估的主要内容有：阐明工程建设区和规划区的地质环境条件基本特征；分析论证工程建设区和规划区各种地质灾害的危险性，进行现状评估、预测评估和综合评估；提出防治地质灾害措施与建议，并作出建设场地适宜性评价结论。

(1) 地质灾害危险性现状评估。基本查明评估区已发生的崩塌、滑坡、泥石流、地面塌陷（含岩溶塌陷和矿山采空塌陷入地裂缝和地面沉降）等灾害形成的地质环境条件、分布、类型、规模、变形活动特征、主要诱发因素与形成机制，对其稳定性进行初步评价，在此基础上对其危险性和对工程危害的范围与程度作出评估。

(2) 地质灾害危险性预测评估。是对工程建设场地及可能危及工程建设安全的邻近地区可能引发或加剧的和工程本身可能遭受的地质灾害的危险性作出评估。

地质灾害的发生是各种地质环境因素相互影响、不等量共同作用的结果。预测评估必须在对地质环境因素系统分析的基础上，判断在降水或人类活动因素等激发下，某一个或多个可调节的地质环境因素的变化，导致灾害体处于不稳定状态，预测评估地质灾害的范围、危险性和危害程度。

地质灾害危险性预测评估的内容包括：

1) 对工程建设中、建成后可能引发或加剧崩塌、滑坡、泥石流、地面塌陷、地裂缝和不稳定的高陡边坡变形等的可能性、危险性和危害程度作出预测评估。

2) 对建设工程自身可能遭受已存在的崩塌、滑坡、泥石流、地面塌陷、地裂缝、地面沉降等隐患和潜在不稳定斜坡变形的可能性、危险性和危害程度作出预测评估。

3) 对各种地质灾害危险性预测评估可采用工程地质比拟法、成因历史分析法、层次分析法、数字统计法等定性、半定量的评估方法进行。

(3) 地质灾害危险性综合评估。依据地质灾害危险性现状评估和预测评估结果，充分考虑评估区的地质环境条件的差异和潜在的地质灾害隐患点的分布、危险程度，确定判别区段危险性的量化指标，根据"区内相似，区际相异"的原则，采用定性、半定量分析法，进行工程建设区和规划区地质灾害危险性等级分区（段）。并依据地质灾害危险性、防治难度和防治效益，对建设场地的适宜性作出评估，提出防治地质灾害的措施和建议。

1）地质灾害危险性综合评估，危险性划分为大、中等、小三级。

2）地质灾害危险性小，基本不设计防治工程的，土地适宜性为适宜；地质灾害危险性中等，防治工程简单的，土地适宜性为基本适宜；地质灾害危险性大，防治工程复杂的，土地适宜性为适宜性差。

3）地质灾害危险性综合评估应根据各区（段）存在的和可能引发的灾种多少、规模、稳定性和承灾对象社会经济属性等，综合判定建设工程和规划区地质灾害危险性的等级区（段）。

4）分区（段）评估结果，应列表说明各区（段）的工程地质条件、存在和可能诱发的地质灾害种类、规模、稳定状态、对建设项目危害情况并提出防治要求。

地质灾害危险性评估工作，必须在充分收集利用已有的遥感影像、区域地质、矿产地质、水文地质、工程地质、环境地质和气象水文等资料基础上，进行地面调查，必要时可适当进行物探、坑槽探与取样测试。

地质灾害危险性评估结果由省级以上国土资源行政主管部门认定。不符合条件的，国土资源行政主管部门不予办理建设用地审批手续。

四、地质灾害在我国的分布

我国地质灾害种类齐全，按致灾地质作用的性质和发生处所进行划分，共有12类，具体如下：

（1）地壳活动灾害，如地震、火山喷发、断层错动等。

（2）斜坡岩土体运动灾害，如崩塌、滑坡、泥石流等。

（3）地面变形灾害，如地面塌陷、地面沉降、地面开裂（地裂缝）等。

（4）矿山与地下工程灾害，如煤层自燃、洞井塌方、冒顶、偏帮、鼓底、岩爆、高温、突水、瓦斯爆炸等。

（5）城市地质灾害，如建筑地基与基坑变形、垃圾堆积等。

（6）河、湖、水库灾害，如塌岸、淤积、渗漏、浸没、溃决等。

（7）海岸带灾害，如海平面升降、海水入侵、海岸侵蚀、海港淤积、风暴潮等。

（8）海洋地质灾害，如水下滑坡、潮流沙坝、浅层气害等。

（9）特殊岩土灾害，如黄土湿陷、膨胀土胀缩、冻土冻融、沙土液化、淤泥触变等。

（10）土地退化灾害，如水土流失、土地沙漠化、土地盐碱化、土地潜育化、土地沼泽化等。

（11）水土污染与地球化学异常灾害，如地下水质污染、农田土地污染、地方病等。

（12）水源枯竭灾害，如河水漏失、泉水干涸、地下含水层疏干（地下水位超常下降）等。

全国共发育有较大型崩塌3000多处、滑坡2000多处、泥石流2000多处，中小规模的崩塌、滑坡、泥石流则多达数十万处。全国有350多个县的上万个村庄、100余座大型工厂、55座大型矿山、3000多km铁路线受崩塌、滑坡、泥石流的严重危害。除北京、天津、上海、河南、甘肃、宁夏、新疆外的24个省（自治区、直辖市）都发现岩溶塌陷灾害。全国岩溶塌陷总数近3000处，塌陷坑3万多个，塌陷面积300多km^2。

据不完全统计，在全国20个省（自治区、直辖市）内，共发生采空塌陷180处以上，塌陷面积大于$1000km^2$。全国共有上海、天津、江苏、浙江、陕西等16个省（自治区、直辖市）的46个城市出现了地面沉降问题。地裂缝出现在陕西、河北、山东、广东、河南等17个省（自治区、直辖市），共400多处、1000多条。据统计，20世纪80年代末至90年代初，每年因地质灾害造成300～400人死亡，经济损失100多亿元，20世纪90年代中期以来，每年造成1000人死亡，经济损失高达200多亿元。一些地区和县（市）的地质灾害已成为制约地方社会经济发展的重要因素，全国经济的可持续发展受到了严重影响。

地质灾害的发育分布及其危害程度与地质环境背景条件（包括地形地貌、地质构造格局和新构造运动的强度与方式，岩土体工程地质类型、水文地质条件等）、气象水文及植被条件、人类经济工程活动及其强度等有着极为密切的关系。

中国位于亚洲大陆东部，濒临太平洋，季风气候显著，具有较明显的纬度和经度分带特征，加上疆域辽阔、地形复杂，具有多种多样的气候类型，因此如暴雨、洪水、干旱、冰雹、霜冻及温差等不良气候因素常常成为各种地质灾害的诱发因素。在西北、华北和东北部分地区，气候干旱少雨，年内温差悬殊，风蚀作用剧烈，土地沙漠化、风沙化、土地冻融等灾害发育严重。而在温暖湿润的东部、南部地区，以及西南山区，降雨多且集中，崩塌、滑坡、泥石流灾害频繁发生。在东部平原地区，土地盐渍化、沼泽化、冷浸田等地质灾害广泛分布。

中国是世界上人口最多的国家之一，几千年来的人文活动，历史上连绵不断的战乱，特别是近几十年来经济的高速发展和人口的过速增长，对自然的索取不断加重，对自然环境的干扰也越来越强烈。不合理的人类经济工程活动也使得地质灾害的发育日趋加剧。在东部、中部地区，由于大量抽取地下水和大规模开采矿产资源（包括油气资源），导致地下水资源平衡条件破坏和岩土构造应力状态发生变化，诱发并加剧了地面沉降、地面塌陷、地裂缝、土地盐渍、沼泽化、崩塌、滑坡、泥石流、矿山灾害等地质灾害的发育和危害。在西部地区，由于超量开发土地、草原、森林和水资源，加速了水土流失、土地沙化等灾害的发展，崩塌、滑坡、泥石流等灾害也随之增多。

在所有的地质灾害中，除地震灾害外，崩塌、滑坡、泥石流灾害是最为严重的，其以分布广、突发性和破坏性强，具有隐蔽性及容易链状成灾为特点，每年都造成巨大的经济损失和人员伤亡。另外，土地沙（漠）化、地面沉降和水土流失等缓变型地质灾害发展迅速，危害越来越大，成为令人担忧的地质灾害。

总而言之，由于自然地理、地质环境和人类活动的差异，不同地区地质灾害的类型、组合特征和发育、危害程度各不相同，具有较明显的地域特征和区域变化规律。今后随着全球环境的变化和我国经济建设的大规模发展，我国大部分地区地质灾害的发育程度和破坏程度可能会不断增强。因此，地质灾害的勘察、研究以及防治工作对于我国有着特别重大的意义。

单元二 地 震

地震灾害是全球性的重大自然灾害,危害列众多灾害之首。我国地处两大地震带,是地震多发国家,多为浅源地震(东部10~25km、西部31~70km)。据统计,21世纪以来,在我国境内(包括中国台湾及邻近海域)发生大于或等于8级的地震共有9次;而2001年全球8级地震进入了一个新的活跃阶段,共发生了14次8级以上地震。

一、概述

地震是地球内部积聚的应力突然释放所引起的地球表层的快速振动。地震的破坏力极强,对人们的生产生活及工程建设带来极大的影响,甚至毁灭性的灾害。如1976年7月28日,唐山发生7.8级地震,造成24万人死亡,16万人受伤;2004年12月26日,印尼苏门答腊岛附近发生里氏7.9级地震,引发了波及印度洋沿岸十几个国家的巨大海啸,造成20余万人死亡或失踪;2008年5月12日,四川省汶川发生8.0级地震,造成近9万人死亡。

地震一般由地质构造所引起,极少数是由火山喷发、地面塌陷及人工活动造成的。

地震发源于地下某一点,该点称为震源,震源在地面上的垂直投影称为震中,震源至震中的垂直距离称为震源深度,震中至观测点的水平距离称震中距(图3-2)。

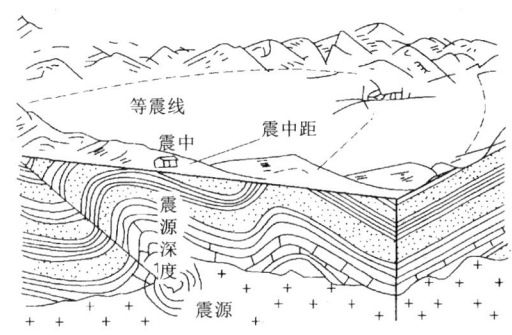

图3-2 震源、震中及震源深度示意图

地震按照震源深度不同可分为:浅源地震(0~70km)、中源地震(70~300km)和深源地震(300~700km)。

二、分类

地震按照成因可分为以下类型。

1. 构造地震

因地下深处岩层错动、破裂所造成的地震,称为构造地震。这类地震发生的次数最多,破坏力也最大,约占全世界地震的90%以上。

2. 火山地震

由于火山喷发而引起附近地区发生的地震,称为火山地震。只有在火山活动区才可能发生火山地震,这类地震只占全世界地震的7%左右。

3. 塌陷地震

因地下岩洞或矿井顶部塌陷而引起的地震,称为塌陷地震。这类地震的规模比较小,次数也很少,即使有也往往发生在溶洞密布的石灰岩地区或大规模地下开采的矿区。

4. 诱发地震

因水库蓄水、油田注水等活动而引发的地震,称为诱发地震。这类地震仅仅在某些特定的水库库区或油田地区发生。

5. 人工地震

地下核爆炸、炸药爆破等人为因素引起的地面振动,称为人工地震。

三、震级和烈度

地球上的地震有强有弱,用来衡量地震强度大小的尺子有两把:一把是地震震级;另一把是地震烈度。

1. 地震震级

震级是指一次地震时,释放出的能量大小。震级用"里氏震级"表示,按 0~9 划分为 10 个等级。地震释放的能量越多,震级就越高。迄今为止,世界上记录到最大的地震震级为 8.9 级,是 1960 年发生在南美洲的智利地震。一般 7 级以上的浅源地震称为大地震;5 级和 6 级的地震称为强震或中震;3 级和 4 级的地震称为弱震或小震;3 级以下的地震称为微震。每一次地震只有一个震级。

2. 地震烈度

烈度是指地震时,地面及房屋等建筑物受到的影响和破坏程度。烈度用"度"表示,按Ⅰ~Ⅻ共分为 12 个等级。

Ⅰ~Ⅲ度:震动微弱,少有人察觉。

Ⅳ~Ⅵ度:震动显著,有轻微破坏,但不引起灾害。

Ⅶ~Ⅸ度:震动强烈,有破坏性,引起灾害。

Ⅹ~Ⅻ度:严重破坏性地震,引起巨大灾害。

对于同一次地震,不同地区,烈度大小是不一样的。距离震源近,破坏就大,烈度就高;反之,距离震源远,破坏就小,烈度就低。

由上可见,Ⅵ度以下的地震一般不会对建筑物造成破坏,无需设防;Ⅹ度及其以上地震造成的破坏是毁灭性的,难以有效预防。因此,对建筑物设防的重点是Ⅶ、Ⅷ、Ⅸ度地震。在进行工程设计时,常用的地震烈度有基本烈度和设计烈度。

(1) 基本烈度。基本烈度是指某地区在今后 100 年内,在一般场地条件下可能遭遇的最大烈度。基本烈度所指的地区,并非一个具体的工程建筑物地区,而是指一个较大范围(如一个县、区或 1 万 km^2)的地区。一般场地条件是指在上述地区范围内普遍分布的地层岩性、地形地貌、地质构造和地下水条件等。在我国,基本烈度由国家地震局编绘的《中国地震烈度区划图》及各省分地震烈度区划图圈定。

(2) 设计烈度。根据建筑物的重要性和等级,针对不同的建筑物,将基本烈度加以调整,作为抗震设防的依据,也是建筑物设计的标准。水工建筑物已有专门的抗震设计规范 DL 5073—2000《水工建筑物抗震设计规范》,设计部门根据此规范确定设计烈度,并依据该规范对水工建筑物做防震设计。

3. 震级与烈度的关系

地震震级与地震烈度既有区别,又有内在联系,它们是一个问题的两个方面。一次地震中，只有一个震级，而地震烈度却在不同地区有不同烈度。一般认为：当环境条件相同时，震级越高，震源越浅，震中距越小，地震烈度越高。

四、对工程的影响及防治措施

1. 地震对水利工程的影响

强震会毁坏堤坝，或引起巨大的山崩和滑坡，使水利工程的边坡破坏，河流改道，河道堵塞，并且一旦溃决，宣泄的洪水将冲毁下游地区。地震还可以引起区域性的砂土液化，使坝址区有可能发生管涌和流土。此外，强震还破坏交通，给工程建设带来困难。

2. 防震措施

（1）工程选址应避开大的断层破碎带，特别是活断层带。

（2）尽可能避免将建筑物放置在一部分为基岩、另一部分为软弱土层的地基上。

（3）避开可能产生地震液化的砂层，避开岩溶塌陷区及地下采空区。

（4）边坡稳定安全系数、地基承载力等相应地要提高，岸坡建筑物尤应保证稳定，同时要尽量远离过陡、过高、不稳定斜坡地段。

（5）正确确定设计烈度，以便从建筑物结构等方面进行抗震设防。

3-1 地震灾害

单元三　崩塌和滑坡

崩塌和滑坡地质作用通常发生在具有一定坡度的斜坡地段。斜坡在一定的自然条件和重力作用下，常使在其上的部分岩体发生变形和破坏，给各种建筑物（如水坝、隧洞、渠道、铁路、公路等）的建造和使用带来极大的困难和危害，有时甚至造成巨大的灾难。

一、概述

斜坡岩体变形实际上在斜坡形成过程中即已发生，表现为卸荷回弹和蠕变两种主要方式；斜坡破坏分类方法有很多，按破坏物质的运动方式分为崩塌和滑坡。

1. 卸荷回弹

卸荷回弹是斜坡岩体内积存的弹性应变能释放产生的，在高地应力区的岩质斜坡中尤为明显。成坡过程中斜坡岩体向临空方向回弹膨胀。

2. 蠕变

斜坡上挤压紧密的岩石，在重力作用下发生长期缓慢变形及松动的现象，称为蠕变。

3. 崩塌

在斜坡的陡峻地段，大块岩体在重力作用下，突然迅速倾倒崩落，沿山坡翻滚撞击而坠落坡下的破坏现象，称为崩塌（图3-3）。

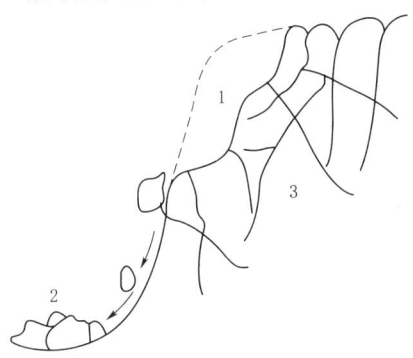

图3-3　崩塌示意图
1—崩塌体；2—堆积块石；3—被裂隙切割的斜坡基岩

4. 滑坡

斜坡上的岩体，在重力作用下，沿斜坡内一个或几个滑动面整体向下滑动的现象，称为滑坡。大的滑坡规模可达几千立方米，甚至数亿立方米，常掩埋村镇，中断堵塞交通，给工程带来重大危害。所以，在工程建设中必须对滑坡进行详细勘察，研究其发生原因及发展规律，提出合理有效的防治措施。

二、崩塌

崩塌是陡坡上的岩体或土体在重力作用下开裂并向临空面方向倾倒，产生断裂，向下坠落、翻滚的现象。崩塌的岩体（或土体）顺坡猛烈地跳跃、滚动、相互撞击，最后堆积于坡脚。其特点是速度快（一般为 5～200m/s），规模差异大（从小于 1m³ 到上亿 m³）。

崩塌下落后，崩塌体各部分相对位置完全打乱，大小混杂，形成较大石块翻滚与较远的倒石堆现象。

在自然界中，斜坡上已经出现变形、开裂，但尚未崩落的岩土体，也对人们的生产、生活构成了威胁，常被称为危崖。

崩塌是斜坡破坏的一种形式，它对房屋、道路、水利等建筑物常带来威胁，造成人身安全事故。尤其对交通线路的危害最严重，我国宝成铁路、成昆铁路、襄渝铁路和川藏公路沿线崩塌灾害常影响线路正常运营。

1. 崩塌的类型

崩塌分类方法很多，可按岩土体成分分类，也可按规模分类。大小不等、零乱无序的岩块（土块）呈锥状堆积在坡脚的堆积物，称为崩积物，也可称为岩堆或倒石堆。

（1）根据坡地物质组成划分。根据岩土体成分，崩塌可分为岩崩和土崩两大类，具体的有如下分类：

1）崩积物崩塌。山堆上已有的崩塌岩屑和沙土等物质，由于它们的质地很松散，当有雨水浸湿或受地震震动时，可再一次形成崩塌。

2）表层风化物崩塌。在地下水沿风化层下部的基岩面流动时，引起风化层沿基岩面崩塌。

3）沉积物崩塌。有些由厚层的冰积物、冲积物或火山碎屑物组成的陡坡，由于结构松散，形成崩塌。

4）基岩崩塌。在基岩山坡面上，常沿节理面、地层面或断层面等发生崩塌。前三者产生在土体中，称土崩，后面一种产生在岩体中，称岩崩。

（2）按照崩塌体的规模、范围、大小可以分为剥落、坠石和崩落等类型。

1）剥落的块度较小，块度大于 0.5m 者占 25% 以下，产生剥落的岩石山坡一般为 30°～40°。

2）坠石的块度较大，块度大于 0.5m 者占 50%～70%，山坡角为 30°～40°。

3）崩落的块度更大，块度大于 0.5m 者占 75% 以上，山坡角多大于 40°。

当岩崩的规模巨大，涉及山体者，又俗称山崩。当崩塌产生在河流、湖泊或海岸时，称为岸崩。

（3）根据崩塌体的移动形式和速度划分。

1）散落型崩塌。在节理或断层发育的陡坡，或是软硬岩层相间的陡坡，或是由松散沉积物组成的陡坡，常形成散落型崩塌。

2）滑动型崩塌。沿某一滑动面发生崩塌，有时崩塌体保持了整体形态，和滑坡很相似，但垂直移动距离往往大于水平移动距离。

3）流动型崩塌。松散岩屑、砂、黏土，受水浸湿后产生流动崩塌。这种类型的崩塌和泥石流很相似，称为崩塌型泥石流。

2. 崩塌的形成条件和影响因素

崩塌的形成条件和影响因素很多，主要有地形地貌条件、岩性条件、地质构造条件，以及风化作用的影响、降雨和地下水的影响、地震的影响等。

（1）地形地貌条件。

1）崩塌一般发生在江河湖海、冲沟岸坡、高陡的山坡和人工斜坡上，地形坡度往往大于45°，尤其是大于60°的陡坡。

2）峡谷陡坡是崩塌密集发生的地段，因为峡谷岸坡陡峻，卸荷裂隙发育，易于崩塌。

3）山区河谷凹岸也是崩塌较集中分布的地段，因河曲凹岸遭受侵蚀，易于造成崩塌。

4）冲沟岸坡和山坡陡崖岩体直立，不稳定岩体较多，时有崩塌发生。

5）丘陵和分水岭地段崩塌较少，原因是地形相对平缓，高差较小，如果开挖高边坡也会产生崩塌。

（2）岩性条件。崩塌多发生在厚层坚硬脆性岩体中。石灰岩、砂岩、石英岩等厚层硬脆性岩石易形成高陡斜坡，其前缘由于卸荷裂隙的发育，形成陡而深的张裂缝，并与其他结构面组合，逐渐发展贯通，在触发因素作用下发生崩塌（图3-4）。由缓倾角软硬相间岩层组合而成的陡坡，软弱岩层风化剥蚀而内凹，坚硬岩层抗风化能力强而凸出，失去支撑的部分常发生崩塌（图3-5）。岩浆岩构成的坡体常常被多组节理、裂隙、片理所切割，或被后期的岩墙、岩脉所穿插，容易发生崩塌。变质岩构成的坡体往往节理、劈理极为发育，容易发生崩塌。

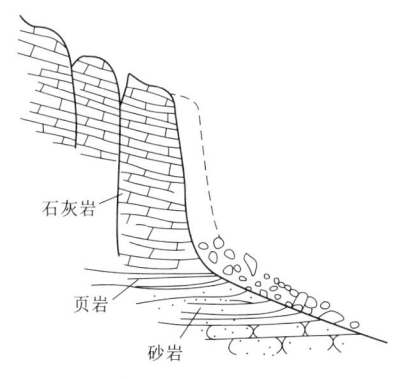

图3-4 坚硬岩层高陡斜坡卸荷裂隙导致崩塌

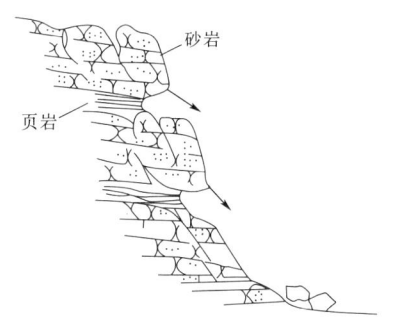

图3-5 软硬岩层互层陡坡崩塌

（3）地质构造条件。

1）构造节理和成岩节理对崩塌的形成影响很大。硬脆性岩体中往往发育两组或两组以上的陡倾节理，其中与坡面平行的一组节理常演化为拉张裂缝。裂缝的切割密度对崩塌块体的大小起着控制作用。坡体岩石被稀疏但贯通性较好的裂隙切割时，常能形成较大规模的崩塌，具有更大的危险性。岩石裂隙密集而极度破碎时，仅能形成小岩块，在坡脚形成倒石堆。

2）褶皱核部由于岩层强烈弯曲，岩石破碎，地表水深入，易于产生崩塌，其规模主要取决于褶皱轴向与临空面走向的夹角。

3）当建筑物的延伸方向和区域构造线一致，而且采用深挖方案时，崩塌较多。

其余还有风化作用、水的作用、地震及人类活动对崩塌的影响。

3. 崩塌堆积物

崩塌产物堆在山坡底部呈不规则的堆石坝状，称为倒石堆。倒石堆由未经分选的崩塌堆积物组成。它包括巨大的崩塌岩块，图3-6所示为汶川地震形成的"天崩石"；岩块碰撞及压砸而形成的碎石及岩粉；以及斜坡上的其他松散堆积物等。其岩性成分与组成斜坡的岩性一致，碎屑呈角砾状，分选性极差。

图3-6 汶川地震崩塌岩块

撒落即小崩小塌，是斜坡上的岩体在强烈的机械风化作用下，不断地产生碎块及岩屑，它们在重力作用下向坡下坠落或滚动的现象。撒落形成于坡度为30°～70°的斜坡地带，在沿坡地带，风化岩屑以较崩塌为缓慢的速度逐渐地、均匀地撒落于坡下，并形成倒石锥。有时沿坡麓形成倒石锥群。撒落堆积物的岩块和岩屑由于经过滚动，棱角遭受磨蚀。较大石块滚动速度快，多停留于坡脚，造成具有下粗上细的粗略分选。稳定的倒石锥坡面常常长满植物，岩块的空隙由细粒物质充填压密，有时被地下水中所含钙质充填。

三、滑坡

滑坡是指斜坡上的土体或者岩体，受各种因素影响，在重力作用下，沿着一定的软弱面或者软弱带，整体地或者分散地顺坡向下滑动的自然现象，俗称"走山""垮山""地滑""土溜"等。

1. 滑坡的组成要素及形态

如图3-7所示，滑坡一般由以下几部分组成：

(1) 滑坡体。与原岩分离并向下滑动的岩体、土体称滑坡体，简称滑体。

(2) 滑坡周界。指滑坡体和周围不动的岩体、土体在平面上的分界线。

(3) 滑坡壁。滑坡体下滑后，其后缘的滑动面在地表出现陡壁，称滑坡壁。

(4) 滑坡台阶。由于滑坡体上各段的滑动速度不同或由于几个滑动面滑动的时间不同，可在滑坡体中出现阶梯状地面，称滑坡台阶。

(5) 滑动面。指滑坡体与滑坡床之间的分界面，一个滑坡可有一个或数个滑动面，动面的形状有直线、折线或圆弧等。

(6) 滑动带。滑坡体与滑坡床之间受揉皱及剪切的破碎分界地带，称滑动带、简滑带。

(7) 滑坡舌。滑坡体前缘伸出部分称滑坡舌，简称滑舌。

(8) 滑坡洼地。由于滑坡体的滑落，在滑坡台阶后部形成半圆形凹地，称滑坡洼地，有时可积水形成滑坡泉或滑坡湖。

(9) 滑坡裂缝。滑坡活动时在滑体及其边缘所产生的一系列裂缝，称为滑坡裂缝。位于滑坡体上（后）部，多呈弧形展布者称拉张裂缝；位于滑体中部两侧，滑动体与不滑动体分界处者称剪切裂缝；剪切裂缝两侧又常伴有羽毛状排列的裂缝，称羽状裂缝；因受推移挤压，滑坡体前缘因滑动受阻而隆起的张裂缝称鼓张裂隙；位于滑坡体中前部，尤其在滑舌部位呈放射状展布者，称扇形裂缝。

(10) 滑坡鼓丘。指滑坡体前缘因受阻力而隆起的小丘。

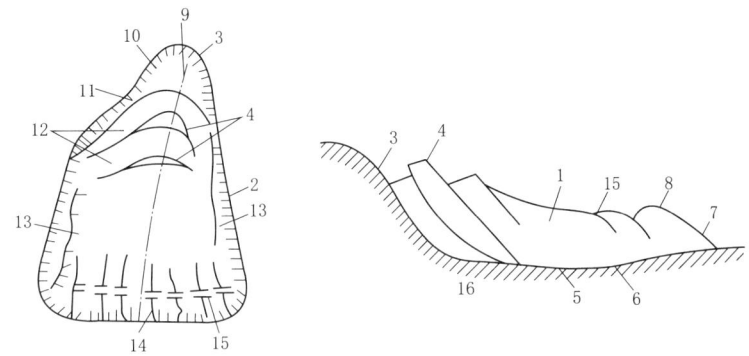

图 3-7 滑坡要素及滑坡形态特征示意图

1—滑坡体；2—滑坡周界；3—滑坡壁；4—滑坡台阶；5—滑动面；6—滑动带；7—滑坡舌；8—滑动鼓丘；
9—滑动轴；10—破裂缘；11—滑坡封闭洼地；12—拉张裂隙；13—剪切裂隙；14—扇形裂隙；
15—鼓张裂隙；16—滑坡床

(11) 滑坡床。指在滑动面之下未滑动的稳定岩体，简称滑床。滑坡体上常可见到树木倾斜倒歪的"醉汉林"和"马刀树"。

以上滑坡诸要素只有在发育完全的新生滑坡才同时具备，并非任一滑坡都具有。

2. 滑坡的类型

(1) 按滑坡体的物质组成和滑坡与地质构造关系划分。

1) 覆盖层滑坡。本类滑坡有黏性土滑坡、黄土滑坡、碎石滑坡、风化壳滑坡。

2) 基岩滑坡。本类滑坡与地质结构的关系可分为均质滑坡、顺层滑坡、切层滑坡。

3) 特殊滑坡。本类滑坡有融冻滑坡、陷落滑坡等。

(2) 按滑坡发生时代划分。可将滑坡划分为新滑坡、老滑坡、古滑坡三种类型。

(3) 按力学条件划分。

1) 推动式滑坡。始滑部位位于滑坡的后缘［图3-8 (a)］。这类滑坡的发生，主要是由坡顶堆载重物或进行建筑等引起坡顶部不稳所致。

2) 牵引式滑坡。始滑部位位于滑坡的前缘［图3-8 (b)］。这类滑坡的发生，主要是由于坡脚受河流冲刷或人工开挖，以致坡脚部位应力集中过大。

3）混合式滑坡。始滑部位前、后缘均有［图3-8（c）］。这种情况比较多。

4）平移式滑坡。始滑部位分布于滑动面的许多部位，同时局部滑移，然后贯通为整体滑移［图3-8（d）］。

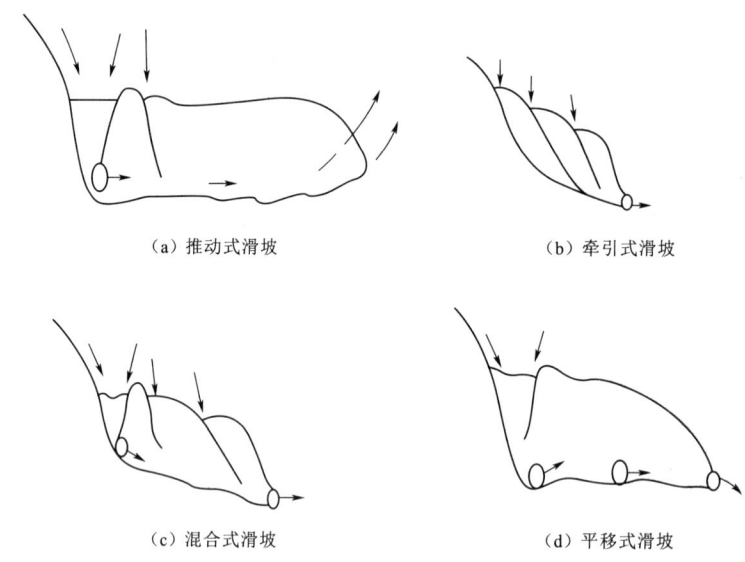

图3-8 按力学条件的滑坡分类

（4）按滑动面和层面关系，可分为均质滑坡、顺层滑坡和切层滑坡（图3-9）。

1）均质滑坡。发生于均质岩层，如黏土、黄土、强风化的岩浆岩中的滑坡［图3-9（a）］。

2）顺层滑坡。滑动面为岩层层面或不整合面的滑坡［图3-9（b）］。

3）切层滑坡。滑动面切割多层岩层层面的滑坡［图3-9（c）］。

（5）按滑坡体规模、大小划分。反映滑坡体规模大小的主要指标是滑坡体积，可划分为：

1）微型滑坡。体积小于1万 m^3。

2）小型滑坡。体积为1万~10万 m^3。

3）中型滑坡。体积为10万~100万 m^3。

4）大型滑坡。体积为100万~1000万 m^3。

5）特大型滑坡。体积为1000万~1亿 m^3。

6）巨型滑坡。体积大于1亿 m^3。

（6）按滑坡埋藏深度分类。

1）表层滑坡：滑面埋深小于3m，极易施工。

2）浅层滑坡：滑面埋深小于6m，容易施工。

3）中层滑坡：滑面埋深6~20m，可以施工。

4）深层滑坡：滑面埋深20~50m，施工有困难。

5）超深层滑坡：滑面埋深大于50m，很难施工。

除此之外，还可按滑坡的运动速度分为：蠕动型滑坡（滑速小于0.1m/s）、慢速滑坡（滑速0.1~1.0m/s）、中速滑坡（滑速1.0~5.0m/s）、高速滑坡（滑速5.0~20m/s）和

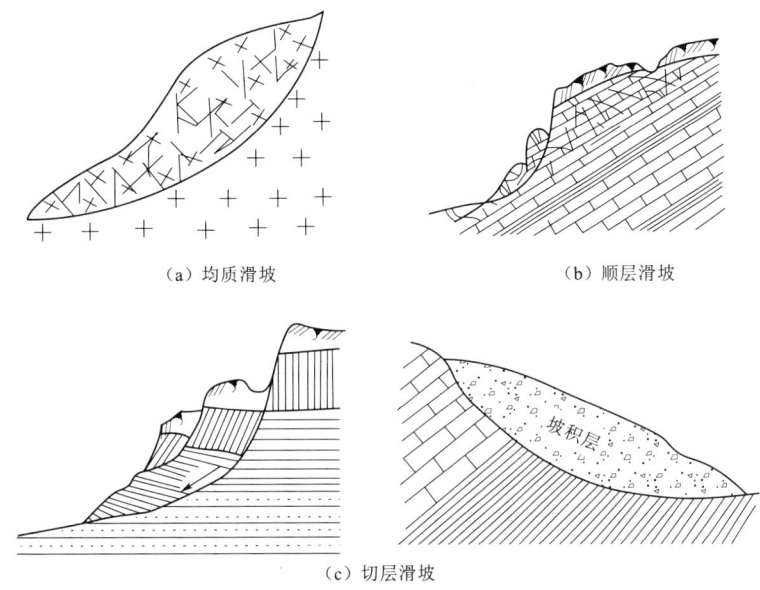

(a) 均质滑坡　　(b) 顺层滑坡

(c) 切层滑坡

图 3-9　滑坡类型

剧冲型滑坡（滑速大于 20m/s）。

四、滑坡和崩塌的关系

滑坡和崩塌常相伴而生，产生于相同的地质构造环境中和相同的地层岩性构造条件下，且有着相同的触发因素，容易产生滑坡的地带也是崩塌的易发区。例如宝成铁路宝鸡—绵阳段，是滑坡和崩塌多发区。

（1）崩塌可转化为滑坡。一个地方长期不断地发生崩塌，其积累的大量崩塌堆积体在一定条件下可生成滑坡；有时崩塌在运动过程中直接转化为滑坡运动，且这种转化是比较常见的。有时岩土体的重力运动形式介于崩塌式运动和滑坡式运动之间，人们无法区别此运动是崩塌还是滑坡。因此地质科学工作者称此为滑坡式崩塌或崩塌型滑坡。

（2）崩塌、滑坡在一定条件下可互相诱发、互相转化。崩塌体击落在老滑坡体或松散不稳定堆积体上部，在崩塌的重力冲击下，有时可使老滑坡复活或产生新滑坡。滑坡在向下滑动过程中若地形突然变陡，滑体就会由滑动转为坠落，即滑坡转化为崩塌。有时，由于滑坡后缘产生了许多裂缝，因而滑坡发生后其高陡的后壁会不断地发生崩塌。

另外，滑坡和崩塌也有着相同的次生灾害和相似的发生前兆。

五、影响斜坡稳定的因素

影响斜坡稳定的因素分两方面：一是内在因素，如地质条件（岩性、地质构造）与地貌条件；二是内外营力（动力）和人为作用的影响，也称为诱发因素。在现今地壳运动的地区和人类工程活动的频繁地区是滑坡多发区，外界因素和作用，可以使产生滑坡的基本条件发生变化，从而诱发滑坡。主要的诱发因素有：地震、降雨、融雪、地表水的冲刷、浸泡、河流等地表水体对斜坡坡脚的不断冲刷；不合理的人类工程活动，如开挖坡脚、坡体上部堆载、爆破、水库蓄（泄）水、矿山开采等；还有如海啸、风暴潮、冻融作用等。

1. 地形地貌

一般深切的金沙江、雅砻江及其支流等河谷地区边坡岩体松动破裂、蠕动、崩塌、滑坡等现象十分普遍。通常地形坡度越大、坡高越大，对边坡稳定越不利。

只有处于一定的地貌部位，具备一定坡度的斜坡，才可能发生滑坡。一般江、河、湖（水库）、海、沟的斜坡，前缘开阔的山坡、铁路、公路和工程建筑物的边坡等都是易发生滑坡的地貌部位。坡度为 $10°\sim45°$，下陡中缓上陡、上部成环状的坡形是产生滑坡的有利地形。

2. 岩石性质

岩性直接影响斜坡岩体的稳定及其变形破坏形式。由坚硬块状及厚层状岩石（如花岗岩、石英岩、石灰岩等）构成的斜坡，一般稳定性程度较高，变形破坏形式以崩塌为主；由软弱岩土体（如松散覆盖层、黄土、红黏土、煤系地层、页岩、泥岩、片岩、千枚岩、板岩及火山凝灰岩等）构成的斜坡，岩石易风化且抗剪强度低，在产状较陡地段，易产生蠕动变形现象；当岩层层面（或片理面、裂隙面等）倾向与坡面的坡向一致，岩层倾角小于坡角且在坡面出露时，极易形成顺层滑坡。

黄土具有垂直节理，疏松透水，在干燥时，黄土斜坡直立陡峻；浸水后易崩解湿陷，产生崩塌或塌滑现象。如三门峡水库岸边的黄土地带，水库蓄水 4 天后，岸坡坍塌范围约 200km。

3. 地质构造

在褶皱、断裂发育地区，岩层倾角较大，节理、断层纵横交错，是产生崩塌、滑坡的有利因素。在新构造运动强烈上升区，由于侵蚀切割，往往形成高山峡谷地形，斜坡岩体中广泛发育有各种变形和破坏现象。

组成斜坡的岩体、土体只有被各种构造面切割分离成不连续状态时，才有可能向下滑动。同时，构造面又为降雨等水流进入斜坡提供了通道，故各种节理、裂隙、层面、断层发育的斜坡，特别是当平行和垂直斜坡的陡倾角构造面及顺坡缓倾的构造面发育时，最易发生滑坡。

4. 水的作用

地面水的侵蚀冲刷作用，可改变斜坡外形，造成坡脚掏空，影响斜坡岩体的稳定性。如河岸发生的塌岸和滑坡多在受流水侵蚀的岸边。

地面水的入渗和地下水的渗流，对斜坡岩体的稳定性影响很大。它的作用主要表现在：地下水不仅增加了斜坡岩体的重量，产生了静水压力和渗透压力，还使渗流面上的岩石软化或泥化，降低了其抗剪强度，潜蚀岩土，对透水岩层产生浮托力等，尤其是对滑面（带）的软化作用和降低强度的作用最突出，导致岩体变形或滑动破坏。

水的作用还体现在降雨对滑坡的影响很大。降雨对滑坡的作用主要表现在：雨水的大量下渗，边坡中的地下水流量大大增加，地下水和雨水联合作用，导致斜坡上的土石层饱和，甚至在斜坡下部的隔水层上积水，从而增加了滑体的重量，降低土石层的抗剪强度，更进一步促进了崩塌滑坡的发生。据统计，有 80% 的斜坡失稳发生在雨季，特别是雨中和雨后不久；连续降雨时间越长，暴雨强度越大，崩塌次数就越多；阴雨连绵天气比短促的暴雨天气崩塌次数多；长期大雨比连绵细雨崩塌次数多，不少滑坡具有"大雨大滑、小雨小滑、无雨不滑"的特点。

5. 风化作用

风化作用会对斜坡岩体稳定产生较大影响。如物理风化作用使边坡岩体产生裂隙或使斜坡前缘各种成因的裂隙加深、加宽，黏聚力遭到破坏，促使边坡变形破坏；如在干旱、半干旱气候区，由于物理风化强烈，导致演示机械破碎而发生斜坡失稳。高寒山区的冰劈作用也有利于崩塌的形成。生物风化作用使边坡岩体遭受机械破坏（如裂隙中树根生长，促使边坡岩体崩塌），或岩体被分解腐蚀而破坏。岩体风化程度不同，边坡的稳定性差异也很大，如微风化岩石，常可保持较陡的自然边坡，而强风化及全风化岩石，难以保持较陡的边坡，常需处理。

6. 地震

发生地震时，地震波引起的地震力是推动边坡滑移的重要因素。此外，在地震的作用下可使边坡岩体的结构发生破坏，出现新的结构面或使原有结构面张裂松弛，在地震力的反复作用下，边坡岩体易沿结构面发生位移变形，加上地下水也有较大变化，特别是地下水位的突然升高或降低对斜坡稳定是很不利的。在砂土边坡中，易形成振动液化，边坡失稳。另外，一次强烈地震的发生往往伴随着许多余震，在地震力的反复振动冲击下，斜坡土石体就更容易发生变形，最后就会发展成滑坡。汶川地震就诱发了大量崩塌和滑坡，毁坏了房屋和公路。

7. 人为因素

人类活动对边坡稳定性的影响越来越严重，主要表现在人类修建各种工程建筑使边坡岩体承受工程荷载作用，在这些荷载作用下边坡会变形破坏。例如，边坡坡肩附近修建大型工程建筑或废弃的土石堆积，使坡顶超载而导致边坡变形或破坏等。又如，人工开挖边坡，从底部向上开挖，会引起边坡失稳，造成人身事故。还有不合理的爆破工程，也会导致岩体松动，边坡失稳；水渠和水池的漫溢和渗漏，工业生产用水和废水的排放、农业灌溉等；在山坡上乱砍滥伐，使坡体失去保护，利于雨水等水体的入渗从而诱发滑坡等。以上现象在施工中应特别注意。

六、崩塌和滑坡的防治措施

1. 防治原则

斜坡变形的防治原则是以防为主，及时治理，经济可靠。

（1）以防为主就是要在建筑物场地选择、边坡处理等前期工作上尽量做到防患于未然。

（2）及时治理就是要针对斜坡已出现的变形破坏情况，及时采取必要的增强稳定性的措施。

（3）考虑工程重要性是制定整治方案必须遵守的经济原则。

2. 防治措施

（1）防渗与排水。排水包括排除地表水和地下水，这是目前整治不稳定边坡效果良好的方法。首先要拦截流入不稳定边坡区的地表水（包括泉水、雨水），一般在不稳定边坡（如滑坡区）外围设置环形排水沟槽，将地表水排走或抽走。设排水沟槽时，应注意充分利用自然沟谷，并布置成树枝状排水系统（图3-10），还要整平夯实坡面，利于排水。疏导地下水，一般采用排水廊道和钻孔排水方法降低地下水位或排走已渗入坡体内的水（图3-11）。

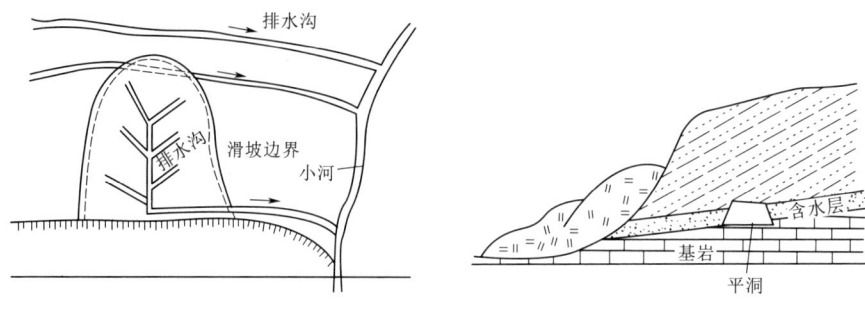

图3-10 排水沟示意图

图3-11 排水廊道示意图

（2）削坡、减重、反压。此法主要是将较陡的边坡减缓或将其上部岩体削去一部分（图3-12），并把削减下来的土石堆于滑体前缘的阻滑部位，使之起到降低下滑力、增加抗滑力的作用，以增加边坡稳定性。

（3）修建支挡建筑物。在不稳定边坡岩体下部修建挡墙或支撑墙，靠挡墙本身的重量克服滑移体的剩余下滑力（图3-13和图3-14）。挡墙的主要形式有浆砌石挡墙、混凝土

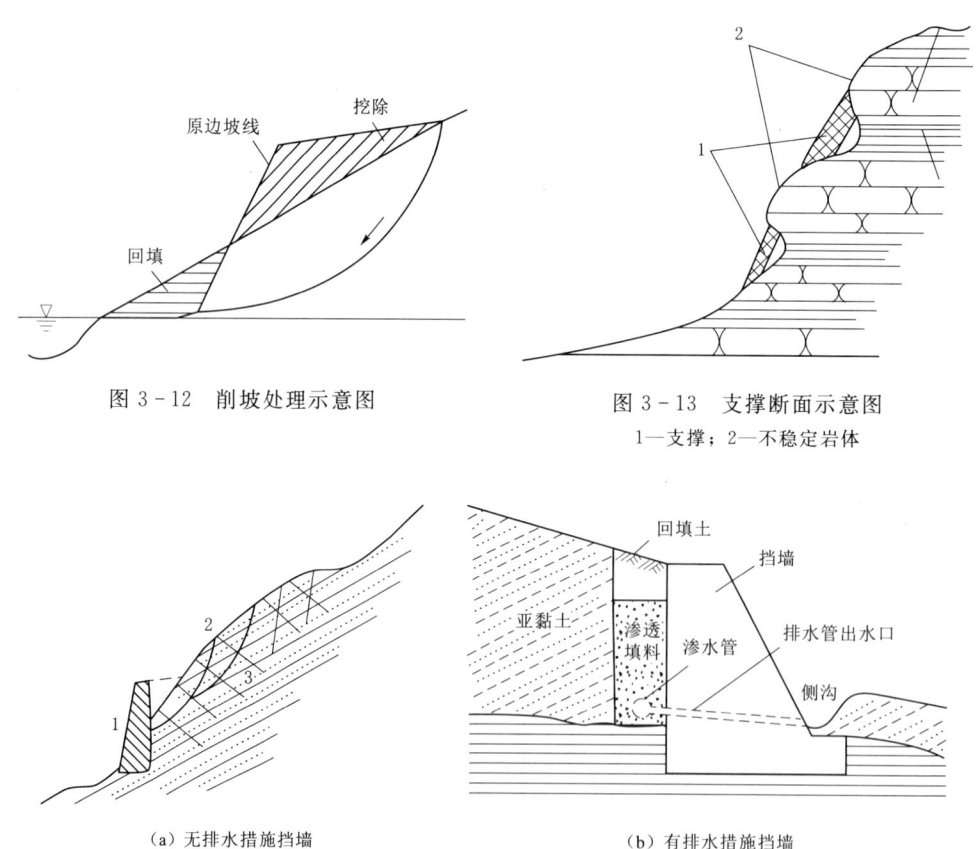

图3-12 削坡处理示意图

图3-13 支撑断面示意图
1—支撑；2—不稳定岩体

（a）无排水措施挡墙　　（b）有排水措施挡墙

图3-14 挡墙示意图
1—挡墙；2—不稳定体；3—滑动面

或钢筋混凝土挡墙等。修建支挡建筑物时需要注意，其基础必须砌置在最低滑动面之下，一般插入完整基岩中不少于0.5m，完整土层中不少于2m。此外，还要考虑排水措施。

（4）锚固措施。利用预应力钢筋或钢索锚固不稳定边坡岩体（图3-15），是一种有效防治滑坡和崩塌的措施。具体做法是，先在不稳定岩体上部布置钻孔，钻孔深度达到滑动面以下坚硬完整岩体中，然后在孔中放入钢筋或钢索，将下端固定，上端拉紧，常和混凝土墩、梁，或配合以挡墙将其固定。

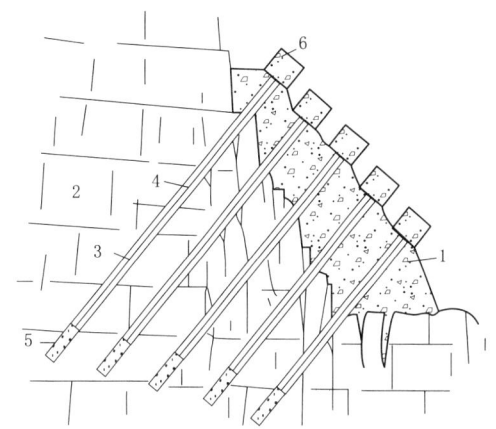

图3-15 某坝右岸岸坡锚固示意图
1—混凝土挡墙；2—裂隙灰岩；3—预应力1000t的锚索；4—锚固孔；5—锚索的锚固端；6—混凝土锚墩

（5）其他措施。除上述防治措施外，岩质边坡还可以采用水泥护面、抗滑桩、灌浆等，土质边坡可采用电化学加固法、焙烧法、冷冻法等措施，这些方法一般成本高，只有在特殊需要时使用。

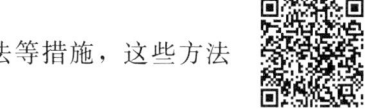

3-2 滑坡

单元四 泥 石 流

3-3 崩塌

一、概述

含有大量泥砂、石块等固体物质，突然爆发的，具有很大破坏力的特殊洪流称为泥石流。

泥石流常常是突然爆发的，历时短暂，来势凶猛。爆发时山谷雷鸣，地面振动，巨量的水体携带着几十万甚至几百万立方米的砂石，依仗着陡峻的山势，沿着峡谷深涧，前推后拥，猛冲而来，在很短时间内将大量的泥砂石块冲出沟外，横冲直撞、漫流堆积，破坏性极大。它常冲毁交通线路和耕地、堵塞河道，大的泥石流甚至掩埋村庄、摧毁城镇，破坏沿途一切工程建筑物，给人民生命财产和国民经济建设带来严重危害（图3-16）。

我国是世界上泥石流最发育的国家之一，主要集中分布在西南、西北、华北山区，如云南，四川的西部和北部，西藏东部和南部，秦岭，甘肃东南部，青海东部，祁连山、昆仑山、天山、太行山等地区，在华东、中南及东北部分山区也有零星分布。

图3-16 汶川地震引发泥石流

二、泥石流形成条件

泥石流与一般洪流的不同之处在于它含有大量的固体物质。泥石流的形成必须具备丰富的松散固体物质、足够的突发性水源和陡峻的地形三个基本条件。另外，某些人为因素对泥石流的形成也有不可忽视的影响。

1. 松散固体物质（地质条件）在形成区内有大量易于被水流侵蚀冲刷的疏松土石堆积物，是泥石流形成的最重要的条件。地质条件决定了这些松散固体物质的来源。若形成区的物质供应区内有大量松散堆积物质且分布广、厚度大；或岩石风化剧烈，构造活动频繁，断裂节理发育，岩石遭受剧烈切割破碎，从而产生大量滑坡、崩塌等现象；或人类活动造成大量松散物质，如废泥土或石渣等，给泥石流发生提供了丰富的物质资源。

2. 地形条件

形成泥石流的地形条件要求大气降水能迅速汇聚，并拥有巨大动能，为此，沟上游应有一个汇水面积较大，地形、沟床坡度比较陡的区域。

标准型泥石流具有明显的三个区段：形成区、流通区和堆积区。形成区多崩塌、滑坡等地质灾害，地面坡度陡峻；流通区较稳定，沟谷断面多呈V形；沉积区一般呈现扇形，沉积物棱角明显。此类泥石流破坏能力强，规模较大，如图3-17所示。

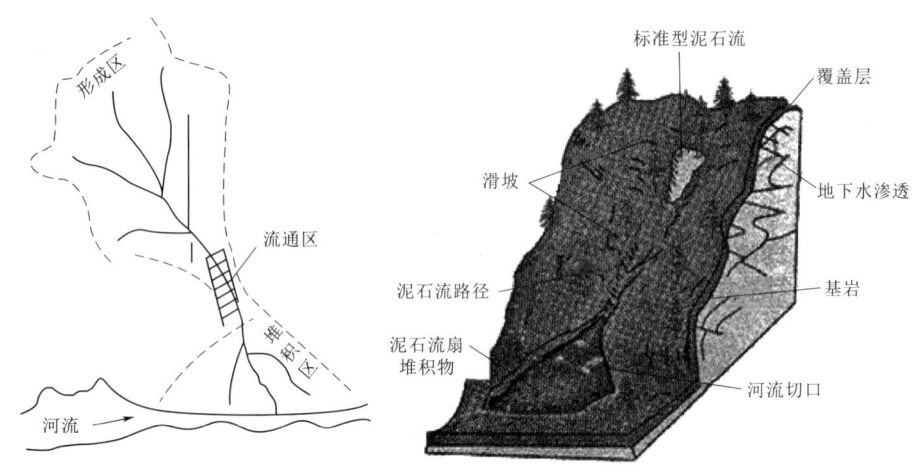

图3-17 标准型泥石流

（1）形成区。一般位于泥石流沟的上游、中游。该区多为三面环山、一面出口的半圆形宽阔地段，周围山坡陡峻（大多30°～60°），沟谷纵坡降可达30°以上。斜坡常被冲沟切割，且崩塌、滑坡发育；坡体光秃，无植被覆盖，这样的地形有利于汇集周围山坡上的水流和固体物质。

（2）流通区。该区是泥石流搬运通过的地段，多为狭窄而深切的峡谷或冲沟，谷壁陡峻而纵坡降较大，常出现陡坎和跌水，所以泥石流物质进入本区后具极强的冲刷能力。流通区形似颈状或喇叭状。非典型的泥石流沟可能没有明显的流通区。

（3）堆积区。该区是泥石流物质的停积场所。一般位于山口外或山间盆地的边缘，地形较平缓。泥石流至此速度急剧变小，最终堆积下来，形成扇形、锥状堆积体，有的堆积区还直接为河漫滩或阶地。

3. 水源条件

泥石流形成必须有强烈的地表径流，地表径流是暴发泥石流的动力条件。泥石流的地表径流来源于暴雨、高山冰雪强烈融化或水库溃决等。因此，在时间上多发生在降雨集中的雨季或高山冰雪消融季节，主要是在夏季。

4. 人为因素

人类不当的工程活动可促进泥石流的发生、发展、复活或加重其危害程度。山区滥伐森林、不合理开垦土地，破坏植被和生态平衡，造成水土流失，并产生大面积山体崩塌和滑坡；开矿采石，筑路中任意堆放弃渣等都直接或间接地为泥石流提供了固体物质来源和地表流水迅速汇聚的条件。

三、泥石流的类型

泥石流产生的地形地质条件有差别，故泥石流的性质、物质组成、流域特征及其危害程度等，也随地形地质的不同而变化。因此，对泥石流类型的划分目前尚未统一，仍处于探索中。

1. 按所含固体物质成分分类（图 3-18）

（1）泥流。以黏性土为主，含少量砂粒、石块，黏度大，呈稠泥状的称为泥流。我国主要分布于甘肃天水、兰州及青海西宁等黄土高原山区和黄河的各大支流，如渭河、湟水、洛河、泾河等地区。

(a) 泥流　　　　　　　　(b) 泥石流　　　　　　　　(c) 水石流

图 3-18　泥石流类型一

（2）泥石流。由大量黏性土和粒径不等的砂粒、石块组成的称为泥石流。基岩裸露剥蚀强烈的山区产生的泥石流多属此类。我国主要发生在西藏波密、四川西昌、云南东川、贵州遵义等地区。

（3）水石流。由水和大小不等的砂粒、石块组成的称为水石流。水石流主要分布于石灰岩、石英岩、大理岩、白云岩、玄武岩及坚硬的砂岩地区，如陕西华山、山西太行山、北京西山、辽宁东部山区的泥石流多属此类。

2. 按其地貌特征分类

（1）山坡型泥石流。沟小流短，沟坡与山坡基本一致，没有明显的流通区，形成区直接与堆积区相连。洪积扇坡陡而小，沉积物棱角分明；冲击力大，淤积速度较快，但规模较小，如图 3-19（a）所示。

(2)沟谷型泥石流。流域呈狭长形,形成区则分散在河谷的中、上游;固体来源分散,其补给区远离堆积区,沿河谷既有堆积又有冲刷;沉积物棱角不明显。此类泥石流破坏能力较强、周期较长、规模较大,如图3-19(b)所示。

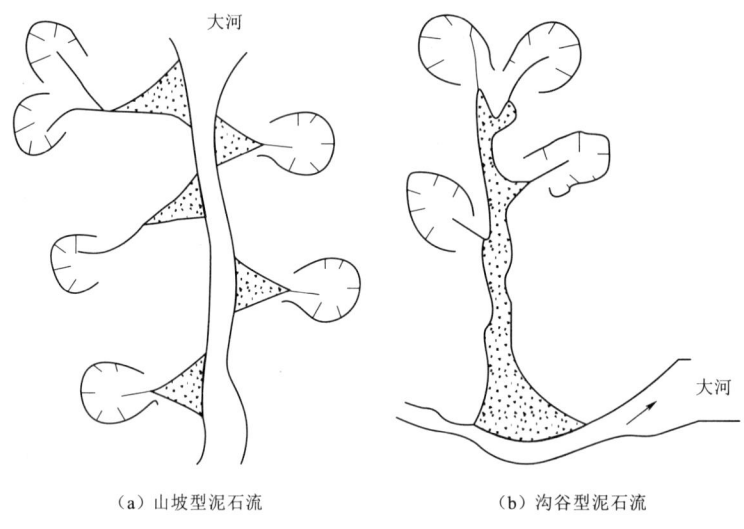

(a)山坡型泥石流　　　　(b)沟谷型泥石流

图3-19　泥石流类型二

3. 按流体性质分类

(1)黏性泥石流。含黏性土的泥石流或泥流,其特征:一是黏性大,固体物质占40%~60%,最高达80%,水不是搬运介质,而是组成物质;二是稠度大,石块呈悬浮状态,突然暴发,持续时间短,破坏力大。

(2)稀性泥石流。以水为主要成分,黏性土含量少,固体物质占11%~40%,有很大的分散性。水为搬运介质,石块以滚动或跳跃方式前进,具有强烈的下切作用。其堆积物在堆积区呈扇状散流,沉积后似"石海"。

以上分类是我国泥石流最常见的几种分类方法,除此之外还有多种分类方法。如按泥石流的成因分类有:冰川型泥石流、降雨型泥石流;按泥石流流域大小分类有:大型泥石流、中型泥石流和小型泥石流;按泥石流发展阶段分类有:发展期泥石流、旺盛期泥石流和衰退期泥石流等。

四、泥石流的防治

水利工程涉及道路建设,山区道路选线一般都是利用山坡坡脚至河岸间的坡地或阶地沿河前进,因此穿越泥石流地区是难以避免的。如何合理地选择交通线路的位置就成为一个十分重要的问题,如果选线不当,轻则可能造成很多泥石流病害工点,重则整段线路无法正常使用,为此付出的代价是无法估量的。从根本上讲,掌握泥石流的特征及其发生发展规律,选择好线路的位置是防治泥石流最有效的措施。

一般来说,铁路、公路通过泥石流区,应遵循以下原则:

(1)绕避处于发育旺盛期的特大型、大型泥石流或泥石流群,以及淤积严重的泥石流沟。

(2) 远离泥石流堵河严重地段的河岸。

(3) 线路高程应考虑泥石流发展趋势。

(4) 峡谷河段以高桥大跨通过。

(5) 宽谷河段，线路位置及高程应根据主河床与泥石流沟淤积率、主河摆动趋势确定。

(6) 线路跨越泥石流沟时，应避开河床纵坡由陡变缓的位置和平面上的急弯部位；不宜压缩沟床断面，改沟并桥或沟中设墩；桥下应留足净空。

(7) 严禁在泥石流扇上挖沟设桥或做路堑。

目前泥石流的防治措施很多，归纳起来，有绕避、工程措施、生物措施等方法。若严重发育地段且属大型的泥石流，一般绕避为好，在工程布设上广泛采用。万一无法绕避的，在调查泥石流活动规律后，选择有利部位，采用适宜的建筑物通过。泥石流的整治是在研究了泥石流的发生条件、发展阶段、流域特征、规模及其活动规律以及对工程建筑物的影响程度的基础上，因地制宜，采用各种不同的有效方法进行处理。

1. 工程措施

泥石流防治的工程措施是在泥石流的形成区、流通区、堆积区内，相应地采取蓄水、引水工程，拦挡、支护工程，排导、引渡工程，清淤工程及改土护坡工程等治理措施，以控制泥石流的发生和危害。泥石流防治的工程措施通常适用于泥石流规模大，暴发不是很频繁，松散固体物质补给及水动力条件相对集中，保护对象重要，防治要求标准高、见效快、一次性解决问题等情况。

(1) 穿过工程。修隧道、明洞和渡槽，从泥石流沟下方通过，另外还可修建用于排放泥石流的护路廊道。穿过工程是铁路和公路通过泥石流地区的又一主要工程型式。

(2) 跨越工程。修建桥梁、涵洞，从泥石流沟上方跨越通过，让泥石流在其下方排泄，用以避防泥石流。跨越工程是铁道部门和公路交通部门为了保障交通安全常用的措施。

(3) 防护工程。对泥石流地区的桥梁、隧道、路基，泥石流集中的山区变迁型河流的沿河线路或其他重要工程设施，作一定的防护建筑物，用以抵御或消除泥石流对主体建筑物的冲刷、冲击、侧蚀和淤埋等危害。防护工程主要有护坡、挡墙、丁坝等。

(4) 排导工程。主要用于下游的洪积扇上，目的是防止泥石流漫流改道，使泥石流按设计意图顺利排泄，减小冲刷和淤积的破坏。保护附近的居民点、工矿点和交通线路。排导工程包括排导沟、导流堤、排洪道（图3-20）、渡槽、急流槽、束流堤等。

图3-20 泥石流治理之排洪道

(5) 拦挡工程。主要用于上游形成区的后缘，用以控制泥石流的固体物质和雨洪径流，削弱泥石流的流量、下泄总量和能量，以减少泥石流对下游的冲刷、撞击和淤埋等危害的工程设施。主要的拦挡措施有：拦石网（图3-21）、拦砂坝（图3-22）、储淤场、支挡工程、截洪工程等，前四类起拦碴、滞流、固坡作用，控制泥石流的固体物质供给；截洪工程的作用在于控制雨洪径流，总的目的是削弱泥石流的能量。

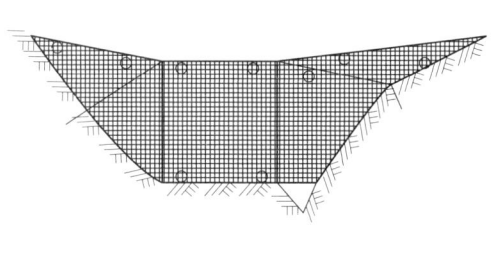

图3-21　防治泥石流的拦石网

图3-22　防治泥石流的拦砂坝

2. 生物措施

生物措施是进行水土保持，维持较优化的生态平衡的措施，包括恢复植被和合理耕牧。一般采用乔、灌、草等植物进行科学的配置营造，充分发挥其滞留降水、保持水土、调节径流等功能，从而达到预防和制止泥石流发生或减小泥石流规模，减轻其危害程度的目的。生物措施一般需要在泥石流沟的全流域实施，对适宜植树造林的荒坡更需采取此种措施。但要正确地解决好农、林、牧、渔之间的矛盾，如果管理不善很难收到预期的效果。

与泥石流工程防治措施相比较，生物防治措施具有应用范围广、投资省、风险小，能促进生态平衡，改善自然环境条件，有生产效益以及防治作用持续时间长等特点。生物措施一般需长时间方能见效，在一些滑坡、崩塌等重力侵蚀现象严重地段，单独依靠生物措施不能解决问题，还需与工程措施相结合才能产生明显的防治效能。

泥石流的防治是一项艰难而持久的工作，根据被整治对象的具体情况，考虑泥石流的形成条件、具体特征、发生危害规模及其类型差别等多种因素，因地制宜地选用上述防治措施中的几项或多项，对泥石流进行综合治理，才能够有效地防治泥石流造成的工程危害。一般来说，在以坡面侵蚀及沟谷侵蚀为主的泥石流地区，应以生物措施为主，辅以工程措施；在崩塌、滑坡强烈活动的泥石流形成区，应以工程措施为主，兼用生物措施；而在坡面侵蚀和重力侵蚀兼有的泥石流地区，则以综合治理效果最佳。

滑坡、崩塌、泥石流三者是不同的地质灾害类型，具有不同的特征，但它们往往是相互联系、相互转化的，具有不可分割的密切关系。泥石流与滑坡、崩塌有着许多相同的触发因素。易发生滑坡、崩塌的区域也易发生泥石流，只不过泥石流的暴发多了一项必不可少的水源条件。崩塌和滑坡形成的破碎物质常常是泥石流重要的固体物质来源，在充足的水源条件下就会生成泥石流，因而有些泥石流是滑坡和崩塌的次生灾害。另外，滑坡、崩塌还常在运动过程中直接转化为泥石流，或者滑坡、崩塌发生一段时间后，其堆积物在一定的水源条件下生成泥石流。

3-4 泥石流

思 考 与 练 习

一、思考题

1. 什么是地质灾害？主要有哪些类型？
2. 地震烈度在工程设计中的应用？
3. 影响斜坡稳定性的因素有哪些？
4. 简述地震震级与地震烈度的联系和区别。
5. 简述地震形成条件及主要防治措施。
6. 崩塌产生的条件是什么？
7. 试述滑坡的形成条件、防治原则及主要防治工程措施。
8. 试述泥石流的形成条件及主要防治措施。

二、选择题

1. 诱发地质灾害的因素主要有（　　）。
   A. 采掘矿产资源不规范，预留矿柱少，造成采空坍塌、山体开裂，继而发生滑坡
   B. 开挖边坡，指公路、依山建房等建设中，形成人工高陡边坡，造成滑坡
   C. 山区水库与渠道渗漏，增加了浸润和软化作用导致滑坡、泥石流发生
   D. 其他破坏土质环境的活动，如采石放炮、堆填加载、乱砍滥伐，也是导致发生地质灾害的致灾作用

2. 我国自然灾害发生的主要特点是（　　）。
   A. 灾害种类多　　　B. 发生频率高　　　C. 分布地域广　　　D. 造成损失大

3. 下列自然灾害中，可能由人为因素诱发的是（　　）。
   ① 滑坡、泥石流　② 洪涝　③ 火山喷发　④ 台风　⑤ 地震　⑥ 寒潮
   A. ①④⑥　　　　B. ①②⑤　　　　C. ②④⑥　　　　D. ③④⑤

4. 地震震级大小取决于（　　）。
   A. 震源深浅　　　　　　　　　B. 释放能量多少
   C. 破坏程度大小　　　　　　　D. 震中距远近

5. 关于地震的叙述正确的是（　　）。
   A. 地震发生时，破坏最严重的地点为震源
   B. 同一次地震不同地点测到的震级不同，说明一次地震有多个震级
   C. 地震无论大小都有一定的破坏性
   D. 大部分地震的发生与地质构造有关

6. 震级和烈度是衡量地震的两把尺子。震级指地震释放能量的大小,烈度是指地震破坏的程度。一次地震有（   ）。
   A. 一个震级一个烈度　　　　　　　　B. 一个震级多个烈度
   C. 多个震级一个烈度　　　　　　　　D. 多个震级多个烈度
7. 可能诱发崩塌的因素有（   ）。
   A. 地震　　　　B. 气候　　　　C. 地表水　　　　D. 地下水
8. 某场地内存在有"醉汉林""马刀树"等地貌特征,则表明该场地发生过（   ）。
   A. 崩塌　　　　B. 泥石流　　　C. 断裂　　　　D. 滑坡
9. 下面关于滑坡的特征表现说法正确的是（   ）。
   A. 发生变形破坏的岩土体以垂直位移为主
   B. 滑坡体上各部分的相对位置在滑动前后变化较大
   C. 岩土体中各种成因的结构面均有可能成为滑动面
   D. 滑坡的滑动过程都是在瞬间完成的
10. 下列不是泥石流特性的是（   ）。
    A. 固体含量高　　　　　　　　　　B. 能量大,突发性强
    C. 历时长　　　　　　　　　　　　D. 对环境破坏严重,往往是不可逆的
11. 下列常常是触发滑坡、崩塌、泥石流等地质灾害的首要因素的是（   ）。
    A. 降雨　　　　B. 爆破振动　　　C. 开挖切坡　　　D. 堆渣弃土
12. 露天边坡失稳破坏的预防措施（   ）。
    A. 边坡坡角的合理确定　　　　　　B. 边坡维护与加固
    C. 滑坡防治　　　　　　　　　　　D. 严禁车辆行人路过此地

项目四

水利工程常见的地质问题

【学习目标】

1. 知识目标

(1) 水库的工程地质问题及防治措施。

(2) 坝的工程地质问题及防治措施。

(3) 泄水、输水建筑物的工程地质问题及防治措施。

2. 能力目标

(1) 掌握水工建筑的类型和作用。

(2) 掌握几种重要的水工建筑物的工程地质问题。

(3) 掌握各种工程地质问题的防治措施。

3. 素质目标

(1) 王家坝精神是"舍小家为大家"的顾全大局精神。

(2) 体会"南水北调工程功在当代,利在千秋"的持续性、大格局,感悟到我国社会主义制度的优越性。

【案例一】 王家坝顾全大局的精神

安徽省地理位置十分特殊,为了确保两淮能源基地安全、京九和京沪交通大动脉安全、长江和淮河沿线大中城市安全,安徽省无私地承担起了泄洪区的重任。全国有98个泄洪区,安徽省就占了24个。安徽省最典型的泄洪区是王家坝,自1953年建闸以来,王家坝共开闸泄洪了16次,安徽人为此付出了巨大代价。以2020年为例,2020年王家坝开闸泄洪,安徽95个县被淹,直接损失达591.6亿元。67年间,16次被淹,16次离乡背井,或许安徽人的骨子里早已刻进"舍小家为大家"的王家坝精神。

【案例二】 南水北调工程

南水北调工程是一项沟通长江、淮河、黄河、海河,旨在将南方富余的水输送至北方以解决北方缺水问题的浩大工程。

"南方水多,北方水少,如可能,借点水来也是可以的。"早在1952年,毛泽东在视察黄河时提出南水北调的战略构想。20年后,中国政府投资在长江最长的支流——汉江上游,兴建了丹江口水库,为南水北调中线工程的水源开发打下了基础。

按规划,南水北调工程分东、中、西三条调水线路。建成后与长江、淮河、黄河、海

图 4-1　王家坝

河相互联接，将构成我国水资源"四横三纵、南北调配、东西互济"的总体格局。

南水北调工程东、中线一期工程项目分别于 2002 年 12 月 27 日和 2003 年 12 月 30 日正式动工，标志着举世瞩目的南水北调工程除西线工程外，已经从宏伟构想进入实施阶段。2005 年 9 月 26 日，南水北调的标志性工程——中线水源地丹江口水库大坝加高工程正式开工，意味着中国实施跨流域、大规模调水的尝试进入全面建设阶段。

1. 南水北调工程的有利因素

(1) 解除了汉水中下游的洪涝灾害。

(2) 全面缓解北方 10 多个省（自治区、直辖市）的用水危机。

(3) 大大增加了供水防洪的经济效益。

2. 不利因素

南水北调的调水规划相当于一条黄河的水量，总体投资是三峡工程投资的两倍多，无可争议地成为全世界最大的水利工程。"凡事有利有弊"。调水对生态环境产生的有利影响集中在干旱缺水的受水区，不利影响主要集中在调水区。主要不利影响体现在：

(1) 水源地的生态环保要求和压力增大。

(2) 汉江中下游两岸的灌溉、航运产生不利影响。

(3) 工程涉及高原脆弱生态环境，森林植被面积减少，植被涵养水能力减弱，干旱、沙漠、荒漠化的面积扩大。使汉江中下游水环境容量减少，汉江中下游水体产生富营养化问题，给汉江中下游水生生物与鱼类资源带来不利影响，造成长江口盐水入侵问题。

单元一　水库的工程地质问题

水利工程中常见的水工建筑物，如闸、坝、水库、渠道、隧洞等，都修建在地壳表层上，它们的安全可靠性和经济合理性，在很大程度上取决于建筑地区的工程地质条件。所谓工程地质条件，是指建筑地区的地形地貌、地层岩性、地质构造、物理地质作用、水文地质及天然建筑材料等，这些条件决定了工程兴建位置和兴建后可能出现的工程地质问题。水库的工程地质问题表现为渗漏、浸没、塌岸、淤积等。

一、库区渗漏

库区渗漏包括暂时性渗漏和永久性渗漏两类。前者是指在水库蓄水初期，为使水位以下岩土空隙饱和而出现的库水损失，这部分水的损失是不可避免的，对水库影响不大；后者系指库水通过库岸的分水岭向邻谷低地或经库底向远处洼地渗漏，这种长期的渗漏影响水库效益，还可能造成邻区和下游的浸没。

判断库区是否渗漏，应从下述几个方面综合考虑。

1. 地形条件

山区水库，地形分水岭（或称河间地块）单薄，邻谷谷底高程低于水库正常水位［图 4-2（a）］，则库水有可能外渗入邻谷。邻谷切割越深，与库水位高程相差越大，渗漏的水量也越大。相反，若河间分水岭宽厚，或邻谷谷底高于水库正常高水位，库水则不可能向邻谷渗漏［图 4-2（b）］。

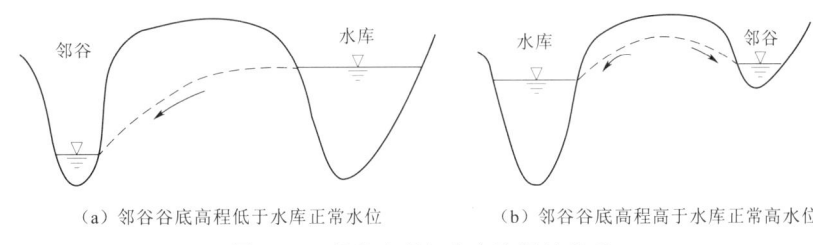

(a) 邻谷谷底高程低于水库正常水位　　　(b) 邻谷谷底高程高于水库正常高水位

图 4-2　邻谷高程与水库渗漏的关系

当山区水库位于河湾处时，若河湾间山脊较薄，且又位于垭口、冲沟地段，则库水可能外渗（图 4-3）。

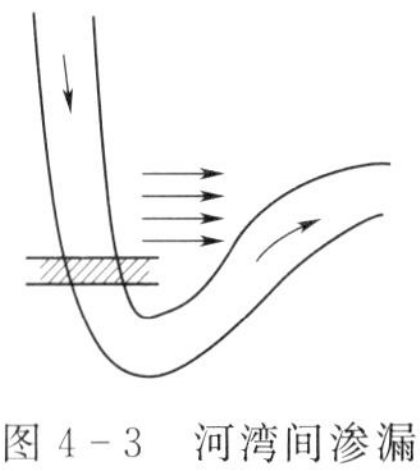

平原区水库一般不易向邻近河道渗漏，但在河曲地段有古河道沟通下游时，则有渗漏可能。

2. 地层岩性和地质构造条件

当河间分水岭岩性由强透水岩层组成，如断层破碎带［图 4-4（a）］、岩溶通道［图 4-4（b）］、卵砾石层［图 4-4（c）］，且这些岩层及通道又低于库区的正常水位时，必将引起强烈漏水。

图 4-3　河湾间渗漏途径示意图

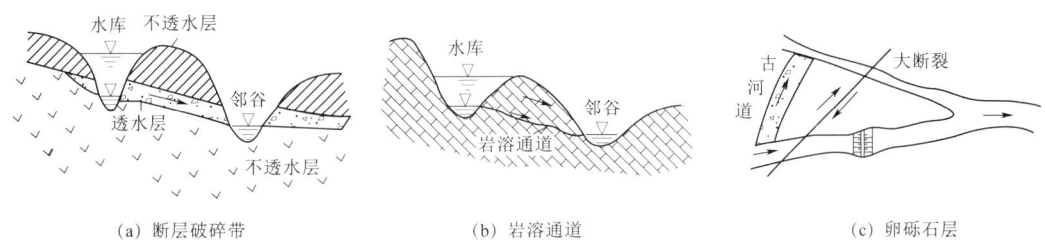

(a) 断层破碎带　　　　　(b) 岩溶通道　　　　　(c) 卵砾石层

图 4-4　适宜于库水向邻谷渗漏的岩性及地质构造条件

二、水库浸没

水库蓄水后，水库周围地区的地下水位受库水顶托作用而相应抬高（即壅水），上升后的地下水位可能接近或高过地面，导致水库周围地区的土壤盐渍化和沼泽化，以及使建筑物地基软化，出现矿坑充水等现象，称为水库浸没（图 4-5）。

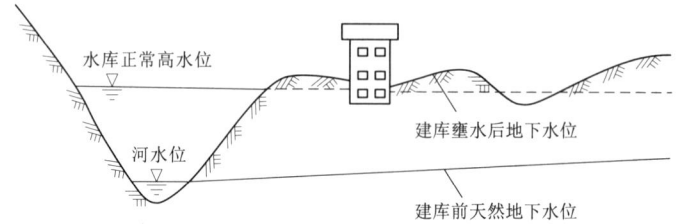

图 4-5 水库边岸地带浸没示意图

水库浸没的可能性主要取决于水库岸边正常水位变化范围内的地貌、岩性及水文地质条件。对于山区水库，水库边岸地势陡峻，多由不透水岩石组成，地下水埋藏较深，一般下存在浸没问题。但对山间谷地和山前平原中的水库，周围地势平坦，易发生浸没，而且影响范围也较大。

三、水库坍塌

当水库蓄水后，岸边的岩石或土体为饱和状态，强度降低，加之库水波浪的冲击、淘刷，引起库岸发生坍塌后退的现象，称为塌岸。塌岸将使库岸扩展后退，对岸边的建筑物、道路、农田等造成威胁、破坏，且使塌落的土石体又淤积库中，减少有效库容。还可能使分水岭变得单薄，导致水库外渗。

影响塌岸的主要因素有库岸地形、岩性、地质构造以及水文气象条件等。塌岸一般在平原水库比较严重，往往在蓄水两三年内发展较快，以后逐趋稳定。

四、水库淤积

水库建成后，上游河水携带大量泥沙及塌岸物质和两岸山坡地的冲刷物质，堆积于库底的现象，称为水库淤积。水库淤积必将减小水库的有效库容，缩短水库寿命。在多泥沙河流上修建水库，淤积问题尤为严重。如三门峡水库由于黄河带来大量泥沙，从而使淤积十分强烈。

从工程地质角度研究水库淤积问题，主要是查明淤积物的来源、范围、岩性及其风化程度和斜坡稳定性等，为论证水库的运行方式及使用寿命等提供资料。

单元二 坝的工程地质问题

水工建筑物主要由挡水建筑物（坝、闸等）、取水和输水建筑物（隧道、引水渠等）及泄水建筑物（溢洪道、泄洪洞等）三大部分组成。作为水利枢纽主体建筑物的拦河大坝，它的安全稳定常是决定水利工程成败的关键。由于坝区岩体中存在的某些地质缺陷，则可能导致坝体产生工程地质问题。常见的主要工程地质问题有坝基稳定问题和坝区渗漏问题。

一、坝基稳定

对于修建在岩基上的土坝，由于其坝身断面较大，且为柔性基础，所以地基稳定问题容易得到满足。但对于建在松散沉积层上的土坝，应查明在坝基中是否存在软土（如淤泥和淤泥质土）。重力坝、拱坝对地基要求较高，本节主要针对重力坝分析其稳定问题。坝基的稳定问题包括沉降稳定、抗滑稳定和渗透稳定三个方面。

1. 坝基的沉降稳定

坝基的沉降稳定是指坝基岩体在建筑物自重及其他荷载作用下产生的压缩变形大小及不均匀沉降量。显然坝基沉降量过大，特别是不均匀沉降量超过容限限度时，将会导致坝体的破坏而影响正常使用。

（1）影响坝基沉降稳定的因素。坝基岩体的压缩变形量除与建筑物类型和规模有关外，还受坝基岩体的性质、构造因素影响。

由坚硬岩石构成的坝基，强度高、压缩性低，不会产生过大的沉降。但当坝基岩体中存在软弱夹层、断层破碎带和较厚的强风化岩层时，则有可能产生较大的沉降或不均匀沉降（图4-6），甚至导致坝基破坏。

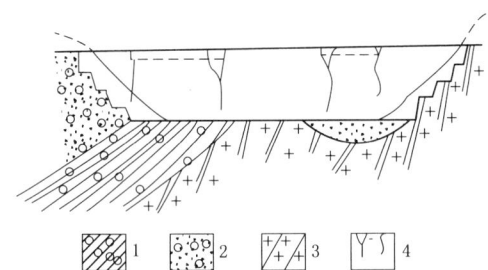

图4-6 坝体因不均匀沉降而产生断裂
1—含砾石黏土；2—砂砾石；3—花岗片麻岩；4—沉降与裂缝

影响沉降的因素，除岩性和地质构造外，还要考虑软弱夹层的存在位置和产状，如图4-7所示，当软弱夹层在坝基中呈水平时，有可能产生沉降变形［图4-7（a）］；若位于坝的上游坝踵处，沉降影响较小［图4-7（b）］；当位于下游坝趾处时，则易使坝体向下游倾覆［图4-7（c）］。

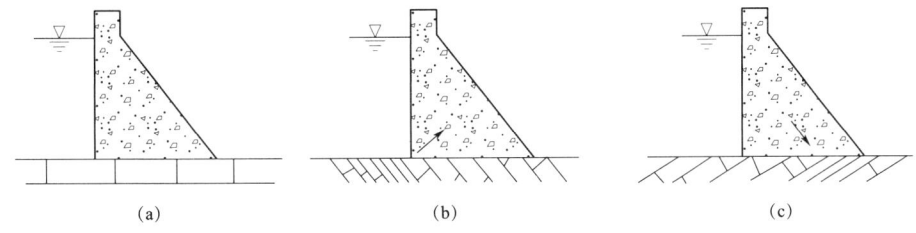

图4-7 软弱夹层与坝基稳定示意图

选择坝址时应尽量避开软弱夹层、强风化层、断层破碎带等，当不能避开时，应采取工程措施予以加固。

（2）岩基容许承载力的确定。岩基的稳定性用"容许承载力"的指标来评价。岩基的容许承载力是指岩基在荷载作用下不产生过大的变形、破裂所能承受的最大压强，一般用单块岩石的极限抗压强度除以折减系数得出，即

$$[P] = \frac{R_g}{K} \tag{4-1}$$

式中　　$[P]$——岩基容许承载力，kPa；
　　　　R_g——岩石的饱和极限抗压强度，kPa；
　　　　K——折减系数。

折减系数 K 的含义，就一般而言，单块岩石容许承载力要远高于岩体的抗压强度，而用岩石的饱和极限抗压强度去评价被各种结构面切割的岩体时，必须除以折减系数，才能评价岩体的容许承载力。很显然，在选取 K 值时，对越是坚硬的岩体取值应越大。

2. 坝基的抗滑稳定

坝基岩体在大坝重量及水压力的共同作用下产生的滑动破坏，是重力坝破坏的主要形式。坝基的抗滑稳定分析是大坝设计中的一个重要因素。

坝基岩体受力状态是复杂的，既承受垂直方向的作用力，还承受各种侧向的渗透压力和地震力等。坝基岩体的抗滑稳定除取决于上述各力的综合作用外，还取决于岩体本身的性质，即岩体主要受软弱结构面及其性质控制。分析抗滑稳定，首先要着重进行地质条件分析，因为滑动总是沿着软弱结构面发生的，通过对各种软弱结构面的分析来确定坝基岩体的边界条件，然后再通过试验，结合地质条件等因素来确定抗滑稳定的计算参数。

(1) 坝基滑动的破坏形式。按滑动面的位置可分为表层滑动、浅层滑动和深层滑动三种形式（图 4-8）。

1) 表层滑动。指坝体沿基岩表面（混凝土和岩石的接触面）滑动的形式。主要发生在坝基岩体坚硬完整、不具有可能发生滑动的软弱结构面。这是由于岩体强度远大于混凝土强度，或者是因施工质量差造成的。一般情况下，这种破坏形式较为少见。

2) 浅层滑动。指坝基岩体软弱，或坚硬岩石表部的风化破碎层没有清除干净，以至于造成岩体强度低于坝体混凝土强度时，滑动面可能产生在浅部岩体之内，从而造成浅层滑动。浅层滑动面往往参差不齐，多发生在因工程清基不彻底的中小型坝体中。

3) 深层滑动。发生在坝基岩体的较深部位，主要是沿着各种软弱结构面发生滑动的。滑动面常由两组或更多的软弱面组合而成。

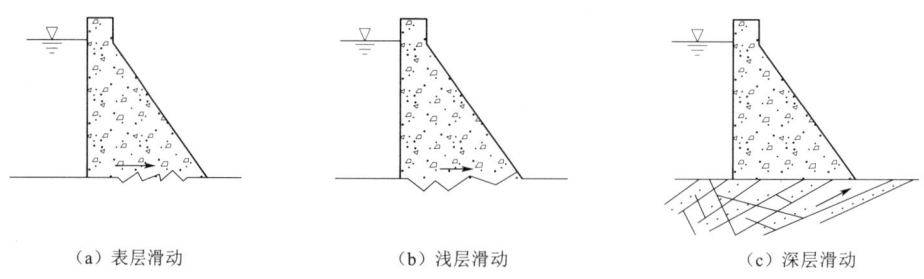

(a) 表层滑动　　　　　　(b) 浅层滑动　　　　　　(c) 深层滑动

图 4-8　坝基滑动的破坏形式

(2) 坝基滑动的边界条件分析。坝基岩体的深层滑动，除必须存在可能成为滑动面的软弱结构面外，还需具备将岩体切割分离成为不稳定滑移体的其他结构面，同时下游应有可供滑出的自由空间，这样才能形成滑动破坏。即岩体滑动的边界条件应具有三种边界面（图 4-9）。

1) 滑动面。指坝基岩体发生滑动破坏时，滑移体沿之滑动的结构面（图 4-9 中的

$ABCD$ 面）。通常构成滑动面的有断层、泥化夹层、裂隙和层面等软弱结构面。

2）切割面。指将岩体切割开来，形成不连续块体的结构面。可分沿滑移方向的纵向图切割面（图4-9中的 ADE 面和 BCF 面）和垂直滑移方向的横向切割面（图4-9中的 $ABFE$ 面），通常是由倾角较陡、甚至直立的结构面构成。

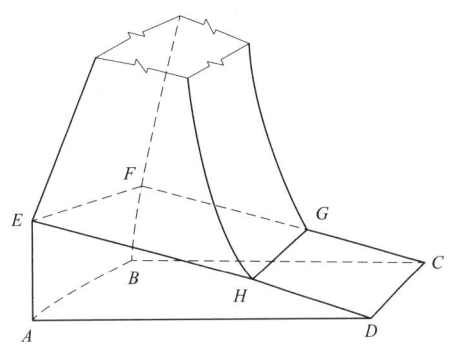

图4-9 坝基滑动边界条件分析图

3）临空面。指滑移体与变形空间相临的面，而变形空间一般指滑移体向其滑动不受阻力或阻力很小的自由空间。临空面可分为两类：一类是水平临空面，如下游河床地面（图4-9中的 $CDHG$ 面）；另一类是陡立临空面，如下游河床的深潭、深槽等构成的临空面。

滑动面、切割面、临空面构成了坝基岩体滑动的边界条件，它们可以组成各种形状，常见的有楔形体、棱形体、锥形体、板状体四类（图4-10）。

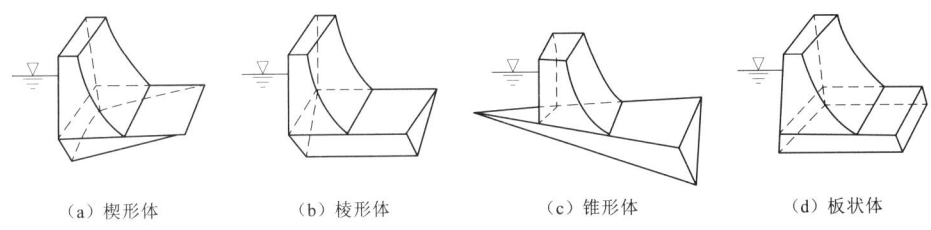

（a）楔形体　　（b）棱形体　　（c）锥形体　　（d）板状体

图4-10 坝基滑动体类型

分析坝基岩体滑动的边界条件，也就是对坝基岩体稳定的定性评价。如果不存在滑动的边界条件，则坝基岩体是稳定的；如果边界条件不完全，都可认为岩体基本稳定。只有滑动边界的三个条件具备，岩体才有可能产生滑动，这时要进一步通过力学分析作出评价。

（3）坝基抗滑稳定计算公式。在坝基抗滑稳定验算中，目前常采用下列两种类型的公式进行计算（假设滑动面为水平），如图4-11所示。

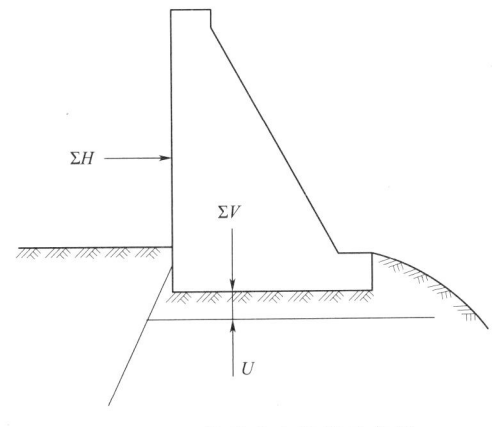

图4-11 抗滑稳定计算示意图

$$K_S = \frac{抗滑力}{滑动力} = \frac{f(\sum V - U)}{\sum H} \quad (4-2)$$

$$K'_S = \frac{f(\sum V - U) + cA}{\sum H} \quad (4-3)$$

式中　K_S、K'_S——抗滑稳定安全系数，一般 K_S 取值为1.0～1.1，K'_S 取值应大于2.5；

ΣV——作用在滑动面上的各种垂直压力之和，kN；
ΣH——作用在滑动面以上的水平力之和，kN；
U——作用在滑动面上的扬压力，kN；
c——滑动面的黏聚力，kPa；
A——滑动面的面积，m²；
f——摩擦系数。

式（4-2）和式（4-3）的区别在于是否考虑黏聚力 c 的作用。式（4-3）考虑了 c 值，认为滑动面处于胶结状态，适用于混凝土与基岩的胶结面及较完整的基岩。

（4）抗滑稳定计算中主要参数的确定。从式（4-2）和式（4-3）中可以看出，f、c 值的大小对岩体稳定性影响很大。如果选值偏大，则坝基稳定性没有保证；反之则会造成工程上的浪费。

一般对 f、c 值的确定，常采用以下两种方法：

1）试验法。通过室内和现场试验确定。

2）经验数据法。参照已有工程试验数据和选值经验，结合拟建工程的工程地质条件分析对比来选取值。

3. 处理坝基，增强抗渗能力

在任何地区，都很难找到十分新鲜完整、没有任何地质缺陷的基岩来作为大坝的地基。为保证大坝建成后能长期安全的运行，均需作一定的坝基处理。坝基经处理后，一般应达到：有足够的承载力，以承受坝体的压力；具有整体性、均匀性，不致产生过大的不均匀沉陷；增强坝体与基岩接触面及各类软弱结构面的抗剪强度，防止坝体滑动；增强抗渗能力，维持渗透稳定；增强两岸山体稳定，防止塌方或滑坡危及大坝安全。

常用的处理措施如下：

（1）清基。坝基岩体表层松散软弱、风化破碎的岩层以及浅部的软弱夹层等应开挖清除，使基础位于较新鲜的岩体之上。对于土石坝的清基要求，要较混凝土坝低。因为。它可以以松散沉积层为坝基，所以清基时只需将表层的腐殖土、淤积土、高塑性软土、流砂层等压缩性大、抗剪强度很低的岩土层清除掉即可。

对于风化速度较快的岩层，当基坑暴露时间较长时，应预留保护层或采取其他保护措施。此外，坝基面应略有起伏并尽可能向上游倾斜。

（2）岩体加固。为提高坝基岩体的强度和减少压缩变形及基坑开挖量，常采用以下措施予以加固。

1）固结灌浆。通过在基岩中的钻孔，将适宜的具有胶结性的浆液（大多为水泥浆）压入到基岩的裂隙或孔隙中，使破碎岩体胶结成整体以增加基岩的强度。

2）锚固。当地基岩体中发育有控制岩体滑移的软弱面时，为增强岩体的抗滑稳定性，也采用预应力锚杆（或钢缆）进行加固处理。

3）槽、井、洞挖回填混凝土。当坝基下存在有规模较大的软弱破碎带时，如断层破碎带、软弱夹层、泥化层、囊状风化带、裂隙密集带等，则需要进行特殊的处理。

高倾角软弱破碎带主要处理方法有混凝土塞、混凝土梁、混凝土拱等。混凝土塞是将软弱破碎带挖除至一定深度后回填混凝土，以提高地基的强度［图 4-12（a）］。当软弱破碎带岩性疏松软弱，强度很低且宽度较大时，则可采用混凝土梁或拱的结构形式，将荷载传至两侧坚硬完整岩体上［图4-12（b）］。

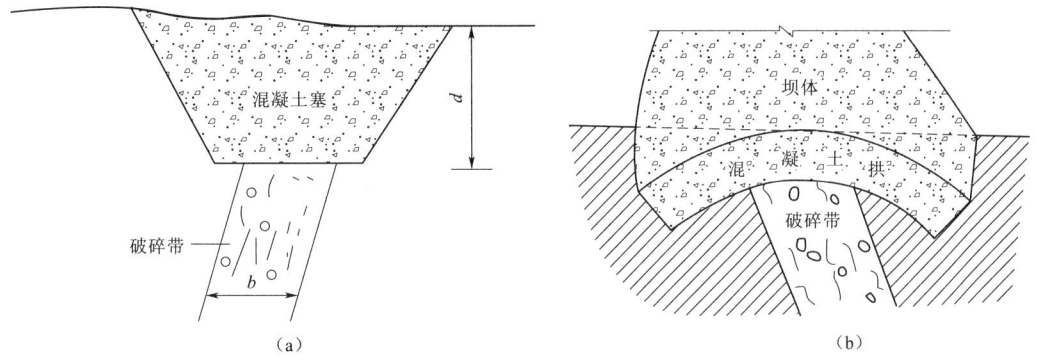

图4-12 坝基处理混凝土塞、拱示意图

缓倾角软弱破碎带埋深较浅时可全部挖除，回填混凝土［图4-13（a）］，这样做最安全可靠。若埋藏较深时则需采用洞挖（平洞或斜洞），深部开挖可配以竖井［图4-13（b）］。当软弱破碎带倾向下游或上游时，可沿其走向每隔一定距离挖平洞，洞的顶部和底部均嵌入坚硬完整的岩层中，然后回填混凝土，形成混凝土键［图4-13（c）］以提高其抗滑能力。

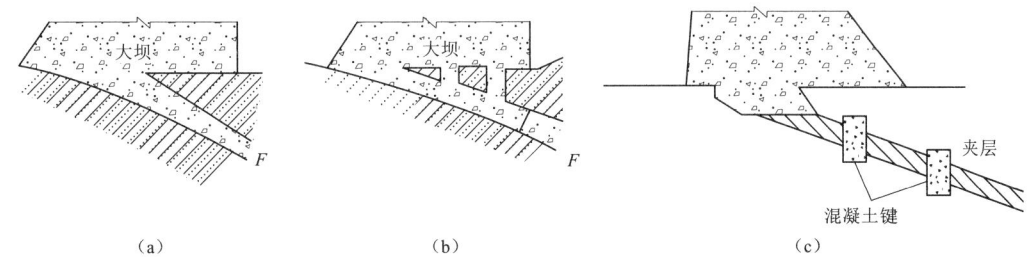

图4-13 缓倾角软弱破碎带的处理（剖面图）

（3）防渗和排水措施。大坝地基的防渗与排水措施十分重要，它是地基渗透变形和降低扬压力的重要手段。一般原则是：在大坝迎水面或其上游部位设置防渗措施，如灌浆帷幕等，尽量降低坝基的渗透水流。而在迎水面下游（即防渗帷幕后面）的坝基部分则设置排水措施，如排水井、孔等，以便降低渗透压力。

二、坝区渗漏

库水通过坝基岩体向下游的渗漏称为坝基渗漏，通过两边坝肩岩体渗漏称为绕坝渗漏，这两种渗漏统称为坝区渗漏。坝区渗漏和水库渗漏一样，主要沿透水层（如砂砾石）和透水带（如断层带）进行。坝区渗漏不但减少库容，影响水库正常效益发挥，而且强大的渗流会在坝基中产生管涌和流砂现象，降低坝基岩体的稳定性并危及大坝安全。下面仅以地质条件对坝区渗漏作简要分析。

1. 松散沉积物地区的渗漏分析

在松散沉积物分布地区，坝区渗漏主要是通过古河道、河床和阶地内的砂卵砾石层进行。因沉积物颗粒粗细变化较大，出露条件各异，所以渗漏量的大小也不同。如果砂卵石层上有足够厚度、稳定分布的黏土层时，就等于是天然铺盖，可起防渗作用。在山区河谷区两岸分布的岩堆、坡积物和洪积物，当其颗粒较粗时，也常成为渗漏通道。

2. 基岩地区的渗漏分析

岩浆岩（包括变质岩中的片麻岩、石英岩）区的坝基一般较为理想，对基岩来说，可能渗漏的通道主要是断层破碎带、岩脉裂隙发育带和连通的裂隙密集带以及表层风化裂隙组成的透水带。只要这些渗漏通道从库区穿过坝基，就有可能导致渗漏。

喷出岩区的渗漏主要是通过互相串通的原生节理、气孔以及多次喷发的间歇面渗漏。

沉积岩地区除上述断层破碎带和裂隙发育带构成的渗漏通道外，最常见的是透水层（砂、砾石和不整合面）漏水，只要它们穿过坝基，就可成为漏水通道。在岩溶地区，一定要查明岩溶的分布规律和发育程度，因为岩溶区一旦发生渗漏，就会使水库严重漏水，甚至干涸。

单元三　输水建筑物的工程地质问题

输水建筑物是线型水工建筑物，一般由渠道、输水隧洞、渡槽、闸等组成，本单元介绍工程地质问题较多的渠道和水工隧洞。

一、渠道的工程地质问题

渠道的工程地质问题主要有渗漏、边坡稳定等，以下主要介绍有关渠道的选线和渗漏问题。

1. 渠道选线的工程地质条件

渠道线路的选择，要根据地形、地质及施工条件等综合考虑。渠道按通过的地貌单元不同，可分为平原线、谷底线、坡麓线、山腹线、岭脊线。因渠道为线型建筑物，路线长，穿越的地貌、岩性、构造及水文地质条件类型多，变化复杂。为使渠道水流畅通又不致水头损失过大，应有一个合理的纵坡降，以保证渠道不冲、不淤和最小渗漏损失。故在选线时，首先应绕避高山、深谷和地形切割强烈的丘陵山区。渠线应在工程地质条件较好的岩土体中通过，尽量避开不良地质条件地段，如大断层破碎带、强地震区、土层沉陷很大的地区、强透水层分布区、岩溶分布区以及影响边坡稳定的地段。

2. 渠道渗漏的地质条件分析

傍山渠道多位于基岩区，渠道渗漏一般是不严重的，但应注意断层破碎带、裂隙密集带以及岩溶发育带等强水带的分布。平原线及谷底线渠道通过地段以第四纪松散沉积物居多，沿途不同成因类型的沉积物均可遇到。如渠道穿越山前洪积扇，由砂砾石等透水性强的沉积物组成时，渠道渗漏严重；而通过的沉积物为黏性土时，则很少渗漏。

渠道渗漏还受地下水位的影响，地下水位高于渠水位，不会发生渗漏，而且还能得到地下水的补给。反之，则可能发生渗漏，且地下水埋深越大，渗漏量也越大。

3. 渠道渗漏的防治

（1）绕避。在渠道选线时尽可能绕避强透水地段、断层破碎带和岩溶发育地段。

（2）防渗。采用不透水材料护面防渗，如黏土、三合土、浆砌石、混凝土、塑料薄膜等。

（3）灌浆、硅化加固等。

二、隧洞的工程地质问题

隧洞的优点是线路短，水头损失小，便于管理养护，还能避开一些不良地质地段。由于隧洞修建在地下岩体中，所以地质条件对隧洞的影响很大，隧洞的主要工程地质问题是洞身围岩（即洞的周围岩体）的稳定性和围岩作用于支撑、衬砌上的山岩压力，以及地下水对围岩稳定的影响。

1. 隧洞选线的工程地质条件

（1）地形条件。地形上要求山体完整，洞室周围包括洞顶及傍山侧应有足够的山体厚度。

隧洞进出口地段的边坡应下陡上缓，无滑坡、崩塌等现象存在。洞口岩石应直接出露或坡积层薄，岩层最好倾向山里以保证洞口坡的安全。

（2）岩性条件。洞室应尽量选在坚硬完整岩石中，坚硬岩石岩性均匀致密，抗风化能力强，一般在坚硬完整岩层中掘进，围岩稳定，日进尺快，无需衬砌或衬砌工作量较小，造价低。而在软弱、破碎、松散岩层中掘进，由于这类岩石强度低，易风化和软化，顶板易坍塌，边墙及底板易产生鼓胀挤出变形等，需边掘进、边支护或超前支护，工期长、造价高。岩层厚度与围岩稳定也有很大关系。厚度很大的块状岩体，岩性均一，稳定性好，如岩浆岩和片麻岩、石英岩等，适合修建大型的地下工程。而薄层的沉积岩和变质岩中的片岩、板岩、千枚岩、黏土岩以及胶结不好的砂砾岩等，由于层次多，稳定性较差，特别是软硬岩相间的岩石以及松散破碎岩石，选址时应尽量避开。

（3）地质构造条件。在褶皱核部，由于裂隙发育、岩石破碎，且可蓄存大量地下水（如向斜轴部），对围岩稳定不利（图 4-14），所以洞线应该避开核部。洞线穿过断层破碎带易造成大规模塌方，还可能有大量地下水的涌水，是影响围岩稳定的关键。单斜岩层的走向线与洞线之间的夹角及岩层倾角的大小，也影响围岩的稳定，其夹角与倾角越小，越不稳定。所以在单斜岩层中开挖的洞轴线尽量与岩层走向垂直。在水平或缓倾斜岩层中，应尽量使洞室位于厚层均质岩层中（图 4-15）。

（4）岩体结构特征。隧洞围岩岩体的各种结构面，可以组合成各种形式的岩块，

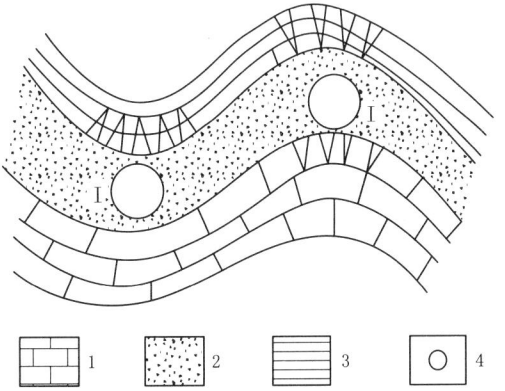

图 4-14　位于褶皱核部的隧洞示意图
1—石灰岩；2—砂岩；3—页岩；4—隧洞

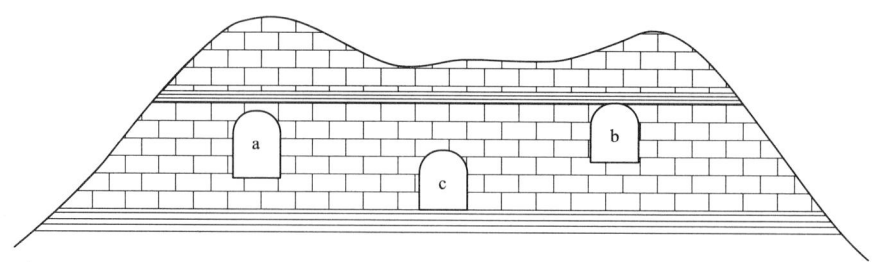

图 4-15　布置在水平岩层中的隧洞
a—位于坚硬岩层中；b—顶板有软弱夹层；c—底板为软弱的黏土岩

如楔形体、锥形体、方块体、棱形体等，由于它们在所处洞身围岩中的位置、形态和存放方式不同，它们的稳定程度也不相同，如围岩中有陡立的泥质结构面存在时，对围岩的稳定极为不利。

(5) 其他因素。如有地下水存在，将对围岩产生静水压力、动水压力及软化、泥化作用。地下工程施工中的塌方或冒顶事故，常和地下水的活动有关，最好选在地下水位以上的干燥岩体内，或地下水水量不大、无高压含水层的岩体内。

此外，人为因素如施工方法和施工质量不当，都会对围岩稳定产生不利影响。

2. 山岩压力

由于隧洞的开挖，破坏了围岩原有的应力平衡条件，引起围岩中一定范围内的岩体向洞内松动或坍塌，因而就必须尽快支撑和衬砌，以抵抗围岩的松动或破坏，这时围岩作用于支撑和衬砌上的压力称为山岩压力。显然，山岩压力是隧洞设计的主要荷载，若山岩压力很小或没有，可认为隧洞是稳定的，可以不支撑；当山岩压力很大时，则必须考虑衬砌和支撑，所以正确估计山岩压力的大小，将会直接影响隧洞稳定安全和经济效益。

山岩压力主要有松动山压和变形山压两种基本类型。目前对变形山岩压力研究的较少，在设计中主要考虑松动山岩压力。松动山岩压力主要来源于洞室开挖后，由于应力重新分布而引起一部分围岩松弛、滑塌，其数值一般等于塌落体的重量。山岩压力的大小不仅与围岩的应力状态有关，还与岩石性质、洞形、支撑或衬砌的刚度、施工方法、衬砌的早晚等多种因素有关。此外，由于围岩的变形和破坏有一个逐次发展的过程，因此山岩压力也是随时间变化的。

目前多采用岩体结构结合力学分析的方法确定山岩压力。该方法首先分析围岩中各种结构面组合而成的、具有滑动边界的滑动体或塌落体。如果没有这样的塌落体，山岩压力等于零。如果存在不稳定塌落体，则该塌落体的重量即为山岩压力。当塌落体沿某结构面下滑时，还应考虑其抗滑力的影响，将塌落体的滑动力减去抗滑力即为山岩压力。

由于山岩压力受很多复杂因素的制约，所以，尽管人们长期以来对其进行过大量的试验研究，但至今仍未得到圆满解决。

3. 围岩的弹性抗力

岩体的弹性抗力是指在有压隧洞的内水压力作用下向外扩张，引起围岩发生压缩变形后所产生的反力。围岩的弹性抗力与围岩的性质、隧洞的断面尺寸及形状等有关。

三、防治措施

1. 支撑与衬砌

（1）支撑。它是在洞室开挖过程中，用以稳定围岩用的临时性措施。按照选用材料的不同，有木支撑、钢支撑及混凝土支撑等。在不太稳定的岩体中开挖时，需及时支撑以防止围岩早期松动。

（2）衬砌。衬砌是加固围岩的永久性工程结构。衬砌的作用主要是承受围岩压力及内水压力，在坚硬完整的岩体中，围岩的自稳能力高，也可以不衬砌。衬砌有单层混凝土及钢筋混凝土衬砌，也可以用浆砌条石衬砌。双层的联合衬砌，一般内环用钢筋混凝土或钢板，外环用混凝土，多用于岩体破碎、水头高的隧道。

2. 喷锚支护

近几十年来，喷锚支护在国内外的地下工程中获得了广泛的应用，它是稳定围岩的一种有效的工程措施。当地下洞室开挖后，围岩总是逐渐地向洞内变形。喷锚支护就是在洞室开挖后，及时地向围岩表面喷薄层混凝土（一般厚度为 5~20cm），有时再增加一些锚杆，从而部分地阻止围岩洞内变形，以达到支护的目的。

思 考 与 练 习

一、思考题

1. 工程地质条件有哪些？水利工程中常见的工程地质问题是什么？
2. 水库的工程地质问题有哪些？何谓永久渗漏和暂时渗漏？
3. 何谓山岩压力和弹性抗力？
4. 坝基岩体稳定一般有哪几个问题？产生这些问题的地质条件是什么？
5. 试述岩体滑动的边界条件。
6. 坝基处理的工程措施有哪些？
7. 渠道选线时应注意哪些工程地质条件？
8. 影响隧洞围岩稳定的主要因素有哪些？

二、选择题

1. 在其他地质条件相同的情况下，洞室应选在（　　）。
   A. 背斜核部　　B. 向斜核部　　C. 褶皱翼部　　D. 裂隙发育部位
2. 对水库蓄水有利的构造是（　　）。
   A. 背斜　　B. 向斜　　C. 节理　　D. 断层
3. 地下水对围岩产生的作用主要是（　　）。
   A. 静水压力　　B. 动水压力　　C. 冻胀作用　　D. 软化作用
4. 水库的工程地质问题主要包括（　　）。
   A. 渗漏　　B. 塌岸　　C. 淤积　　D. 浸没

项目五

土的物理性质及工程分类

【学习目标】

1. 知识目标

(1) 掌握土的物理指标概念、公式。

(2) 掌握土的物理状态指标、塑性指数与液性指数的基本知识。

(3) 掌握土的击实仪器设备、击实原理，确定土的最大干密度和最优含水率。

(4) 掌握土的工程分类方法。

2. 能力目标

(1) 掌握土的物理指标计算，培养学生计算能力。

(2) 掌握黏性土界限含水率测定方法；培养学生的实际应用能力。

(3) 掌握土的击实试验操作；并能独立完成土的击实试验数据的记录与计算，培养学生的计算能力；能规范地填写土的检测报告的能力；培养学生查阅规范、应用规范的能力。

(4) 给定工程地质勘察资料，能够独立完成土的工程命名，培养学生独立完成工作的能力。

3. 素质目标

(1) 弘扬严谨科学的水利精神。

(2) 培养学生的劳动精神。

(3) 培养学生认真负责的工作态度、弘扬"工匠精神"。

(4) 具有刻苦学习、钻研精神。

单元一 土 的 三 相 组 成

一、土的三相组成

地球表面 30~80km 厚的范围称为地壳，地壳中原来是整体坚硬的岩石，经风化、剥蚀、搬运、沉积，形成固体矿物、水和气体的集合体称为土。不同的风化作用，形成不同性质的土。

土由固体颗粒、液体水和气体三部分组成，称为土的三相组成。土体的固体颗粒构成骨架，骨架之间贯穿着孔隙，孔隙中充填着水和空气。同一地点的土体，它的三相组成是不同的。随着环境的变化，例如天气的晴雨、季节变化、温度高低、地下水的升降，以及建造建筑物施加的荷重等，都会引起土体三相比例的变化。土体三相比例不同，土的状态和工程性质也不相同。例如：

固体＋气体（液体＝0）为干土，干黏土坚硬，干砂松散。

固体＋液体＋气体为湿土，湿的黏土多为可塑状态。

固体＋液体（气体＝0）为饱和土，饱和粉细砂受震动可能产生液化；饱和黏土地基沉降需很长时间才能稳定。

二、土中固体颗粒

土的三相组成中，土的固体颗粒是决定土的工程性质的主要成分。

（一）土粒的矿物成分

(1) 原生矿物：由岩石经物理风化而成，其成分与母岩相同。常见的原生矿物，如石英、长石、云母、角闪石与辉石；漂石、卵石与砾石等。

(2) 次生矿物：岩屑经化学风化而成，其成分与母岩不同，为一种新矿物，颗粒细。主要的是黏土矿物，其粒径很细，$d<0.005$mm，肉眼看不清，用电子显微镜观察为鳞片状。主要代表矿物有蒙脱石、伊利石、高岭石等，次生矿物还有次生二氧化硅、难溶盐等。

(3) 腐殖质：土中腐殖质含量多，使土的压缩性增大。对有机质含量大于3%～5%的土，应加注明，不宜作为填筑材料。

（二）粒组的划分

自然界的土都是由大小不同的土粒所组成，土的粒径发生变化，其主要性质也相应发生变化。例如土的粒径从大到小，则可塑性从无到有；黏性从无到有；透水性从大到小；毛细水从无到有。工程上将各种不同的粒径按其粒径范围，划分为若干粒组，见表5-1。

表 5-1 土 粒 粒 组 的 划 分

粒组统称	粒组名称		粒径范围/mm	一 般 特 性
巨粒	漂石（块石）粒		$d>200$	透水性很大，无黏性，无毛细水
	卵石（碎石）粒		$60<d\leqslant200$	
粗粒	砾粒	粗粒	$20<d\leqslant60$	透水性大，无黏性，毛细水上升高度不超过粒径大小
		细粒	$2<d\leqslant20$	
	砂粒		$0.075<d\leqslant2$	易透水，无黏性，遇水不膨胀，干燥时松散，毛细水上升高度不大
细粒	粉粒		$0.005<d\leqslant0.075$	透水性小，湿时稍有黏性，遇水膨胀小，干时稍有收缩，毛细水上升高度较大，易冻胀
	黏粒		$d\leqslant0.005$	透水性很小，湿时有黏性、可塑性，遇水膨胀大，干时收缩显著，毛细水上升高度大，但速度慢

土的颗粒级配是指大小土粒的搭配情况，通常以土中各个粒组的相对含量（即各粒组占土粒总量的百分数）来表示。

天然土常常是不同粒组的混合物,其性质主要取决于不同粒组的相对含量。为了了解其颗粒级配情况,就需进行颗粒分析试验,工程上常用的方法有筛分法和密度计法两种。《土的工程分类标准》(GB/T 50145—2007)规定:筛分法适用于粒径在 0.075～60mm 的土。它用一套孔径不同的标准筛,按从上至下筛孔逐渐减小放置,将称过重量的烘干土样放入,经筛析机振动将土粒分开,称出留在各筛上的土重,即可求出占土粒总重的百分数;密度计法适用于粒径小于 0.075mm 的土,根据粒径不同,在水中下沉的速度也不同的特性,用密度计进行测定分析。

将试验结果绘制颗粒级配曲线如图 5-1 所示。图中纵坐标表示小于(或大于)某粒径的土粒含量百分比;横坐标表示土粒的粒径,由于土体中粒径往往相差很大,将粒径坐标取为对数坐标表示。

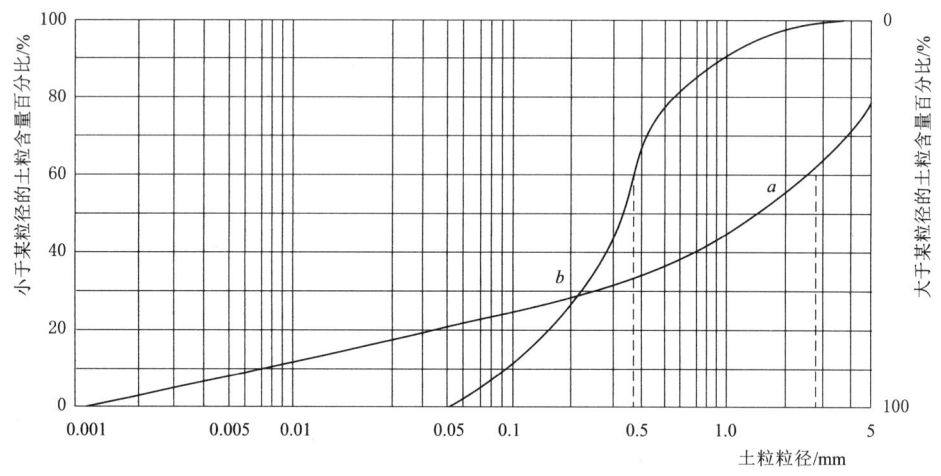

图 5-1 颗粒级配曲线

从级配曲线 a 和 b 可看出,曲线 a 所代表的土样所含土粒粒径范围广,粒径大小相差悬殊,曲线较平缓;而曲线 b 所代表的土样所含土粒粒径范围窄,粒径较均匀,曲线较陡。当土粒粒径大小相差悬殊时,较大颗粒间孔隙被较小的颗粒所填充,土的密度较好,称为级配良好的土,粒径相差不大,较均匀时称为级配不良的土。

工程上常用两个级配指标来描述土的级配特征:

不均匀系数 $$C_u = \frac{d_{60}}{d_{10}} \tag{5-1}$$

曲率系数 $$C_c = \frac{d_{30}^2}{d_{10} d_{60}} \tag{5-2}$$

式中 d_{10}——有效粒径,小于某粒径的土粒质量占总质量的 10% 时相应的粒径;

d_{60}——限定粒径,小于某粒径的土粒质量占总质量的 60% 时相应的粒径;

d_{30}——小于某粒径的土粒质量占总质量的 30% 时相应的粒径。

不均匀系数 C_u 反映大小不同粒组的分布情况,C_u 越大,表示土粒分布越不均匀,土的级配良好。曲率系数 C_c 则是反映级配曲线的整体形状，反映颗粒间的搭配情况。一般认为 $C_u<5$ 的土视为级配不好；$C_u>10$，同时 $C_c=1\sim3$ 时为级配良好的土。

三、土中的水

土的孔隙中有水，由大量试验证明，土粒表面带负电荷，在土粒周围形成电场，吸引水分子带正电荷的氢原子一端，使其定向排列，形成结合水膜。土中的水可分为结合水和自由水，如图 5-2 所示。

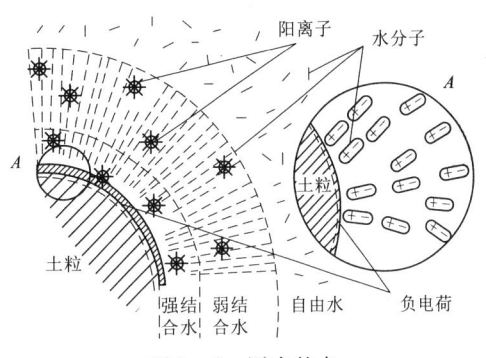

图 5-2 图中的水

（一）结合水

(1) 强结合水（吸着水），紧靠土粒表面，厚度只有几个水分子厚，$<0.003\mu m$。强结合水性质接近固体，不传递静水压力，100℃不蒸发，密度为 $12\sim24kN/m^3$，具有很大的黏滞性、弹性和抗剪强度。黏土只含强结合水时，呈固体坚硬状态；砂土只含强结水时，呈散粒状态。

(2) 弱结合水（薄膜水），厚度远小于 $0.05\mu m$，（$1\mu m=0.001mm$）。密度为 $10\sim17kN/m^3$，不传递静水压力，呈黏滞体状态。此部分水对黏性土影响最大。

（二）自由水

离土粒较远，在电场作用以外的水分子自由排列，称为自由水。

(1) 重力水。位于地下水位以下，受重力作用而运动，有浮力作用。

(2) 毛细水。位于地下水位以上，受毛细作用而上升，粉土毛细水上升高。在寒冷地区要注意基础因毛细水上升产生的冻胀，地下室要采取防潮措施。

(3) 气态水。气态水即水汽，对土的性质影响不大。

(4) 固态水。当气温降至 0℃以下时，液态水结冰为固态水。由于水的密度在 4℃时最大，低于 0℃的冰，体积膨胀，使基础产生冻胀。寒冷地区基础埋置深度要注意冻胀问题。

四、土中的气体

(1) 自由气体。自由气体指上孔隙中的气体与大气连通的气体。通常在土层受力压缩时逸出，对工程无影响。

(2) 封闭气泡。封闭气泡与大气隔绝，存在黏性土中。当土层受荷载作用时，封闭气泡缩小。土中封闭气泡多时增加土的压缩性，减小土的渗透性。

单元二　土的结构和构造

一、土的结构

土颗粒之间的相互排列和联结形式称为土的结构，其有下列三种。

5-1 土的三相组成

1. 单粒结构

粗颗粒土，如卵石、砂等，在沉积过程中，每一个颗粒在自重作用下，单独下沉，达到稳定状态，如图5-3（a）、（b）所示。松散的单粒结构是不稳定的，在荷载作用下变形较大；密实的单粒结构是良好的天然地基。

2. 蜂窝结构

当土颗粒较细（粒径在0.02～0.002mm范围），在水中单个下沉，碰到已沉积的土粒，由于土粒之间的分子引力大于颗粒自重，则下沉土粒被吸引不再下沉，形成很大孔隙的蜂窝状结构，如图5-3（c）所示。

3. 絮状结构

粒径小于0.005mm的黏土颗粒，在水中长期悬浮并在水中运动时，形成小链环状的土集粒而下沉。这种小链环碰到另一小链环被吸引，形成大链环状的絮状结构。此种结构在海积黏土中常有，如图5-3（d）所示。

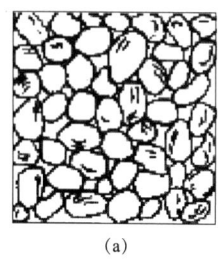 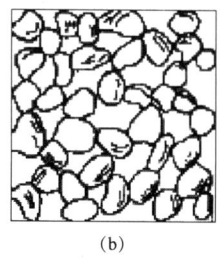 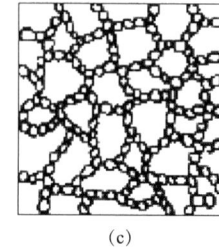 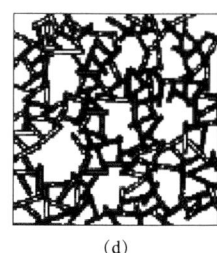

（a）　　　　　（b）　　　　　（c）　　　　　（d）

图5-3　土的结构

上述三种结构中，以密实的单粒结构的土的工程性质最好，蜂窝结构其次，絮状结构最差。后两种结构土，如因扰动破坏天然结构，则强度低、压缩性大，不可用作天然地基。

二、土的构造

同一土层中，土颗粒之间相互关系的特征称为土的构造，常见的有下列几种。

1. 层状构造

土层由不同颜色、不同粒径的土组成层理。平原地区的层理通常为水平方向。层状构造是细粒土的一个重要特征。

2. 分散构造

土层中土粒分布均匀，性质相近，如砂、卵石层为分散构造。

3. 结核状构造

在细粒土中掺有粗颗粒或各种结核，如含礓石的亚黏土、含砾石的冰渍等均属结核状构造，其工程性质取决于细粒土部分。

4. 裂隙状构造

土体中有很多不连续的小裂隙，硬塑状态与坚硬状态的黏土为此种构造。裂隙强度低、渗透性高、工程性质差。

单元三 土的物理性质指标

自然界中的土体结构组成十分复杂，为了方便地分析问题，将其看成是三相，简化成一般的物理模型进行分析。表示土的三相组成部分的质量、体积之间的比例关系指标，称为土的三相比例指标。土的三相指标随着土体所处的条件的变化而改变，如地下水位的升高或降低，土中水的含量也相应增大或减小；密实的土，其气相和液相占据的孔隙体积少。土的三相数量变化都可以通过相应指标的数值反映出来。

5-2 土的物理性质指标

土的三相比例指标是其物理性质的反映，但与其力学性质有内在联系。显然，固相成分的比例越高，其压缩性越小，抗剪强度越大，承载力越高。

土是由固体颗粒、水和气体组成的三相分散体系，三相的相对含量不同，对土的工程性质有重要的影响。将土中原本相互分散交错的固体颗粒、气体和水分别集中起来，绘制出土的三相图。土的三相图分别按体积和质量表示了土中气体、水、固体颗粒间的比例关系，如图 5-4 所示。它是影响土的物理性质指标的主要原因，用它可计算土的各项基本物理性能指标。

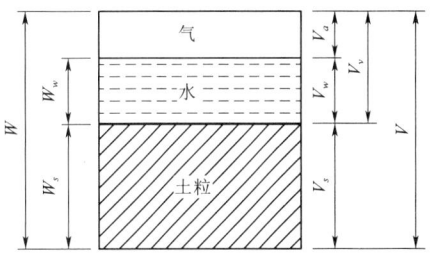

图 5-4 土的三相图

V_a—土中气体体积；V_w—土中水体积；
V_v—土中孔隙体 $V_v = V_a + V_w$；
V_s—土中颗粒体积；V—土的
总体积；$V = V_s + V_a + V_w$；
W_w—土中水重量；W_s—土
中颗粒重量；W—土的总
重量 $W = W_w + W_s$

一、基本指标

土的物理性质指标中：土的天然密度（土的天然重度）、土的含水率、土粒比重三项基本物理性质指标由室内实验直接测定，故称为基本指标，也称实测指标。

1. 土的重度 γ

土在天然状态下，即保持土原来的成分、结构和含水量不变的情况下，单位体积内土的重量称为土的天然重度，即：

$$\gamma = \frac{W}{V} \quad (5-3)$$

$$W = mg$$

式中 γ——土的重度，kN/m^3；

W——土的重量，kN；

m——土的质量，g 或 kg；

g——重力加速度，$g = 9.8 m/s^2$，实用计算时取 $g = 10 m/s^2$。

土的重度取决于土粒的重量，孔隙体积的大小和孔隙中水的重量，反映了土的组成和结构特征。若土的结构越疏松，孔隙体积越大，重度值将越小。当土的结构不发生变化时，则重度随孔隙中含水数量的增加而增大。

天然状态下土的重度变化范围较大。一般黏性土 $\gamma=18\sim20\text{kN/m}^3$；砂土 $\gamma=16\sim20\text{kN/m}^3$；腐殖土 $\gamma=15\sim17\text{kN/m}^3$。

土的重度一般用"环刀法"测定，用一圆环刀（刀刃向下）放在削平的原状土样面上，徐徐削去环刀外围的土，边削边压，使保持天然状态的土样压满环刀内，称得环刀内土样重量，求得它与环刀容积之比值即为其重度。

5-3 土的密度实验 ▶

2. 土的含水量 ω

土中水的重量与土粒重量之比，称为土的含水量 ω，通常以百分比表示，即：

$$\omega=\frac{W_w}{W_s}\times100\% \tag{5-4}$$

土的含水量通常用烘干法测定，亦可近似采用酒精燃烧法快速测定。

土的含水量反映土的干湿程度。含水量越大，说明土越湿，一般说来也就越软。天然状态下土的含水量变化范围较大，一般砂土 $0\sim40\%$，黏性土 $20\%\sim60\%$，甚至更高。

5-4 含水率测定 ▶

3. 土粒相对密度 G_s

土粒重量与同体积的 $4℃$ 时水的重量之比，称为土粒相对密度（比重）G_s，即：

$$G_s=\frac{W_s}{V_s\gamma_w} \tag{5-5}$$

式中　γ_w——纯水在 $4℃$ 时的重度，$\gamma_w=9.8\text{kN/m}^3$，实际上近似取 $\gamma_w=10\text{kN/m}^3$。

土粒比重取决于土的矿物成分，它的数值一般为 $2.6\sim2.8$；有机质土为 $2.4\sim2.5$；泥炭土为 $1.5\sim1.8$。同一种类的土，其比重变化幅度很小。

土粒比重在试验室内采用比重瓶测定。将置于比重瓶内的土样在 $105\sim110℃$ 下烘干后冷却至室温并用精密天平测其重量，用排水法测得土粒体积，并求得同体积 $4℃$ 纯水的重量，土粒重量与其比值就是土粒比重。由于比重变化的幅度不大，通常可按经验数值选用。

二、换算指标

土的物理性质指标中，如土的孔隙比、空隙率、饱和度等指标可以通过实测指标换算得到的指标，称为换算指标，也称其他指标。

1. 反映土的密实程度的指标

（1）土的孔隙比 e。土中孔隙体积与土粒体积之比称为土的孔隙比 e，即：

$$e=\frac{V_v}{V_s} \tag{5-6}$$

常见值：砂土 $0.5\sim1.0$，黏性土 $0.5\sim1.2$。

土的孔隙比可用来评价天然土层的密实程度。一般砂土 $e<0.6$ 的土是密实的低压缩性土，为良好地基；黏性土 $e>1.0$ 为软弱地基。

（2）土的孔隙率 n。土中孔隙体积与总体积之比称为土的孔隙率 n，即：

$$n = \frac{V_v}{V} \times 100\% \qquad (5-7)$$

土的孔隙率亦用来反映土的密实程度,一般粗粒土的孔隙率比细粒土的小,黏性土的孔隙率为30%~60%,无黏性土为25%~45%。

2. 反映土中含水程度的指标——土的饱和度 S_r

土中水的体积与孔隙体积之比称为土的饱和度,通常用百分数表示,即:

$$S_r = \frac{V_w}{V_v} \times 100\% \qquad (5-8)$$

常见值:0%~100%。土的饱和度反映土中孔隙被水充满的程度。当土处于完全干燥状态时 $S_r=0$,当土处于完全饱和状态时 $S_r=100\%$。

3. 反映几种不同状态下的重度

(1) 干重度 γ_d。土体单位体积中土粒的重量称为土的干重度 γ_d,即:

$$\gamma_d = \frac{W_s}{V} \qquad (5-9)$$

常见值:13~20kN/m³。

干重度常用作填方工程中土体压实质量控制的标准。γ_d 越大,土体越密实,工程质量越好,但花费的压实费用也越大。根据工程的重要程度和当地土的性质,设计一个合理的 γ_d 数值。

(2) 饱和重度 γ_{sat}。土孔隙中全部充满水时单位体积的重量称为土的饱和重度。即:

$$\gamma_{sat} = \frac{W_s + V_v \gamma_w}{V} \qquad (5-10)$$

常见值:18~23kN/m³。

(3) 有效重度 γ'。地下水位以下,土体受水的浮力作用时单位体积的重力。即:

$$\gamma' = \frac{W_s - V_s \gamma_w}{V} \qquad (5-11)$$

常见值:8~13kN/m³。

上述共九个物理性质指标,不是各自独立,互不相关的。通常由实验室测定 γ、d_s 和 ω 后,其余六个物理性质指标可以通过三相草图换算而得。

用三相草图计算物理性质指标的方法,由已知三个指标的数值和各物理性质指标的定义进行计算,把草图上三相的重量和体积逐个计算出来,填满草图,就可得到需要的各指标值。因为三相之间是相对的比例关系,为计算方便,可以设其中一个部分为1,例如 $V=1$cm³,则简便得多。

三、土的物理性质指标之间的换算

土的物理性质指标间的换算关系见表5-2。

表 5-2　　　　　　　　　　　　土的三相比例指标换算公式

指标名称	符号	表达式	单位	换算公式	备注
重度	γ	$\gamma = \dfrac{W}{V}$	kN/m³	$\gamma = \dfrac{d_s + s_r e}{1+e}$ $\gamma = \dfrac{d_s(1+\omega)\gamma_w}{1+e}$	试验测定
土粒相对密度	d_s	$d_s = \dfrac{W_s}{V_s} \cdot \dfrac{1}{\gamma_w}$		$d_s = \dfrac{s_r e}{\omega}$	试验测定
含水量	ω	$\omega = \dfrac{W_w}{W_s} \times 100\%$		$\omega = \dfrac{s_r e}{d_s} \times 100\%$ $= \left(\dfrac{\gamma}{\gamma_d} - 1\right) \times 100\%$	试验测定
孔隙比	e	$e = \dfrac{V_v}{V_s}$		$e = \dfrac{d_s \gamma_w (1+\omega)}{\gamma} - 1$	
孔隙率	n	$n = \dfrac{V_v}{V} \times 100\%$		$n = \dfrac{e}{1+e} \times 100\%$	
饱和度	S_r	$S_r = \dfrac{V_w}{V_v} \times 100\%$		$S_r = \dfrac{\omega d_s}{e} = \dfrac{\omega \gamma_d}{n \gamma_w}$	
干重度	γ_d	$\gamma_d = \dfrac{W_s}{V}$	kN/m³	$\gamma_d = \dfrac{\gamma}{1+\omega}$	
饱和重度	γ_{sat}	$\gamma_{sat} = \dfrac{W_s + V_v \gamma_w}{V}$	kN/m³	$\gamma_{sat} = \dfrac{d_s + e}{1+e} \gamma_w$	
浮重度	γ'	$\gamma' = \dfrac{W_s - V_s \gamma_w}{V}$	kN/m³	$\gamma' = \gamma_{sat} - \gamma_w = \dfrac{(d_s - 1)\gamma_w}{1+e}$	

【例 5-1】 某土样测得重量为 1.87N，体积为 10cm³，烘干后重量为 1.67N，已知土粒的相对密度 $d_s = 2.66$，试求：γ、ω、e、S_r、γ、γ_d、γ_{sat}、γ'。

【解】
$$\gamma = \frac{W}{V} = \frac{1.87 \times 10^{-3}}{100 \times 10^{-6}} = 18.7 \text{kN/m}^3$$

$$\omega = \frac{W_w}{W_s} \times 100\% = \frac{1.87 - 1.67}{1.67} \times 100\% = 11.98\%$$

$$e = \frac{d_r \gamma_w (1+\omega)}{\gamma} - 1 = \frac{2.66 \times 10 (1 + 0.1198)}{18.7} - 1 = 0.593$$

$$S_r = \frac{\omega d_s}{e} = \frac{0.1198 \times 2.66}{0.593} = 0.537 = 53.74\%$$

$$\gamma_d = \frac{\gamma}{1+\omega} = \frac{18.7}{1 + 0.1198} = 16.7 \text{kN/m}^3$$

$$\gamma_{sat} = \frac{d_s + e}{1 + e} \gamma_w = \frac{2.66 + 0.593}{1 + 0.593} \times 10 = 20.4 \text{kN/m}^3$$

$$\gamma' = \gamma_{sat} - \gamma_w = 20.4 - 10 = 10.4 \text{kN/m}^3$$

单元四 土的物理状态指标

土的物理状态，对于粗粒土是指土的密实程度，对于细粒土则是指土的软硬程度或称为黏性土的稠度。了解土的三相的组成及比例关系和判别土的松密和软硬，就需要掌握土的物理性质指标。对于砂、卵石等无黏性土是单粒结构，属于单粒结构的土，其物理状态指标是土的密实度。天然状态下的砂、碎石的物理状态不同。其密实状态不同，力学性质也不同。当砂土、碎石处于密实状态时，强度较大，变形小，可作为良好的天然地基；处于松散状态时，则是不良地基。

一、粗粒土的密实度

1. 碎石土的密实度

碎石土的颗粒较粗，试验时不易取得原状土样，规范根据重型圆锥动力触探锤击数 $N_{63.5}$ 将碎石土的密实度划分为松散、稍密、中密和密实（表 5-3），也可根据野外鉴别方法（表 5-4）确定其密实度。

表 5-3　　　　　　　　　　　　碎石土的密实度

重型圆锥动力触探锤击数 $N_{63.5}$	密实度	重型圆锥动力触探锤击数 $N_{63.5}$	密实度
$N_{63.5} \leqslant 5$	松散	$10 < N_{63.5} \leqslant 20$	中密
$5 < N_{63.5} \leqslant 10$	稍密	$N_{63.5} > 20$	密实

注　1. 本表适用于平均粒径不大于 50mm 且最大粒径不超过 100mm 的卵石、碎石、圆砾、角砾。对于平均粒径大于 50mm 或最大粒径大于 100mm 的碎石土，可按表鉴别其密实度。
　　2. 表内 $N_{63.5}$ 为经综合修正后的平均值。

表 5-4　　　　　　　　　　　　碎石土的密实度野外鉴别的方法

密实度	骨架颗粒含量和排列	可 挖 性	可 钻 性
密实	骨架颗粒含量小于总重的 70%，呈交错排列，连续接触	锹镐挖掘困难，用撬棍方能松动，井壁一般稳定	钻进极困难，冲击钻探时，钻杆、吊锤跳动剧烈，孔壁较稳定
中密	骨架颗粒含量小于总重的 60%～70%，呈交错排列，大部分接触	锹镐可挖掘，井壁有掉块现象，从井壁取出大颗粒处能保持颗粒凹面形状	钻进极困难，冲击钻探时，钻杆、吊锤跳动不剧烈，孔壁有坍塌现象
稍密	骨架颗粒含量小于总重的 55%～60%，排列混乱，大部分不接触	锹镐可挖掘，井壁易坍塌，从井壁取出大颗粒后，砂土立即塌落	钻进极容易，冲击钻探时，钻杆稍有跳动，孔壁易坍塌
松散	骨架颗粒含量小于总重的 55%，排列十分混乱，绝大部分不接触	锹镐易挖掘，井壁极易坍塌	钻进很容易，冲击钻探时，钻杆无跳动，孔壁易坍塌

注　1. 骨架颗粒系指与表 5-3 相对应粒径的颗粒。
　　2. 碎石土的密实度应按表列各项要求综合确定。

2. 砂土的密实度

通常采用相对密实度 D_r 来判别，其表达式为

$$D_r = \frac{e_{\max} - e}{e_{\max} - e_{\min}} \tag{5-12}$$

式中 e——砂土在天然状态下的孔隙比；

$e_{\max}$——砂土在最松散状态下的孔隙比，即最大孔隙比；

$e_{\min}$——砂土在最密实状态下的孔隙比，即最小孔隙比。

由式（5-12）可以看出：当 $e=e_{\min}$ 时，$D_r=1$，表示土处于最密实状态；当 $e=e_{\max}$ 时，$D_r=0$，表示土处于最松散状态。判定砂土密实度的标准如下：

$0.67 < D_r \leqslant 1$　　　　　　　　　　　密实

$0.33 < D_r \leqslant 0.67$　　　　　　　　　　中密

$0 \leqslant D_r \leqslant 0.33$　　　　　　　　　　松散

相对密实度从理论上讲是判定砂土密实度的好方法，但由于天然状态的 e 值不易测准，测定的 $e_{\max}$ 和 $e_{\min}$ 的误差较大等实际困难，故在应用上存在许多问题。所以，还可以采用标准贯入试验锤击数 N 来评定砂土的密实度（表5-5）的方法。

表5-5　　　　　　　　　　　　　　　砂土的密实度

密实度	松散	稍密	中密	密实
标准贯入锤击数 $N_{63.5}$	$N_{63.5} \leqslant 10$	$10 < N_{63.5} \leqslant 15$	$15 < N_{63.5} \leqslant 30$	$N_{63.5} > 30$

二、黏性土的物理状态特征

由于黏性土主要成分是黏粒，土颗粒很细，土的比表面大（单位体积的颗粒总表面积），与水相互作用的能力较强，故水对其工程性质影响较大。

1. 黏性土的塑限和液限

随着含水量的变化。黏性土可由一种状态转变为另一种状态，其分界含水量称为界限含水量。土由流动状态转变为可塑状态的界限含水量称为液限，用 ω_L 表示，也称塑性上限含水量。土由可塑状态转变为半固态的界限含水量称为塑限，用 ω_P 表示，也称塑限下限含水量，随着含水量进一步减小，直至土的体积不再减小，即土由半固态转变为固态时的界限含水量称为缩限，用 ω_S 表示。黏性土的状态与含水量的关系如图5-5所示。

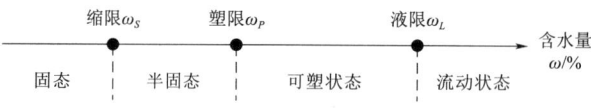

图5-5　黏性土的物理状态与含水量的关系

当土中仅含强结合水时，土呈固体状态。含有弱结合水时，土呈半固态，当土中含有一定的自由水时，土粒间可相互滑动而不破坏土粒间的联系，土呈可塑状态。若土中含有大量自由水时，土呈流动状态。随着含水量的增加，土可从固体状态经可塑状态变化到流动状态，土的强度亦随之降低。

2. 黏性土的塑性指数和液性指数

5-5　液限塑限测定

液限与塑限之差称为塑性指数，用 I_P 表示。塑性指数为

$$I_P = \omega_L - \omega_P \tag{5-13}$$

式中 I_P——塑性指数；

ω_L——液限，计算时不带%；

ω_P——塑限，计算时不带%。

塑性指数的大小表示土的可塑性范围，塑性指数越高，表示土中细颗粒含量增多，含水量变化范围增大，土的黏性与可塑性越好。塑性指数是黏性土定名的依据，一般黏性土的塑性指数 $I_P > 10$。

《建筑地基基础设计规范》（GB 50007—2011）规定：$10 < I_P \leq 17$ 为粉质黏土；$I_P > 17$ 为黏土。

天然含水量与塑限之差同塑性指数之比称为液性指数，用 I_L 表示液性指数。

$$I_L = \frac{\omega - \omega_P}{I_P} = \frac{\omega - \omega_P}{\omega_L - \omega_P} \tag{5-14}$$

液性指数是判别黏土的软硬程度的指标，又称稠度。由式（5-14）中看出，当 $I_L \leq 0$ 时，即 $\omega < \omega_P$，土为坚硬状态；$I_L > 1$，即 $\omega > \omega_L$，土为流动状态。工程上根据液性指数将黏性土划分为五种软硬状态：$I_L \leq 0$ 坚硬状态；$0 < I_L \leq 0.25$ 硬塑状态；$0.25 < I_L \leq 0.75$ 可塑状态；$0.75 < I_L \leq 1$ 软塑状态；$I_L > 1$ 流塑状态。

【例 5 - 2】 已知一黏性土天然含水量 $\omega = 38\%$，液限 $\omega_L = 42\%$，塑限 $\omega_P = 22\%$，请给该黏性土定名并确定其状态。

【解】 塑性指数 $I_P = 42 - 22 = 20 > 17$，所以为黏土。

3. 黏性土的灵敏度和触变性

天然状态下的黏性土，是具有海绵结构的土，属于有结构性土，当受到外来因素的扰动时，土粒间的胶结物质以及土粒、离子、水分子所组成的平衡体系受到破坏，土的强度降低，压缩性增大。土的结构性对强度的这种影响，一般用灵敏度来衡量。土的灵敏度是以原状土的强度与同一土经重塑（指在含水量不变条件下使土的结构彻底破坏）后的强度之比来表示的。

重塑试样具有与原状试样相同的尺寸、密度和含水量，测定强度所用的常用方法有无侧限抗压强度试验和十字板抗剪强度试验，对于饱和黏性土的灵敏度 S_t，可按式（5-15）计算：

$$S_t = \frac{q_u}{q_u'} \tag{5-15}$$

式中 q_u——原状试样的无侧限抗压强度，kPa；

q_u'——重塑试样的无侧限抗压强度，kPa。

土的灵敏度划分如下：$1 < S_t \leq 2$ 低灵敏度；$2 < S_t \leq 4$ 中灵敏度；$S_t > 4$ 高灵敏度。

土的灵敏度越高，则土的结构性越强，扰动后土的强度降低越多，因此对此类土的基坑开挖、施工应特别注意保证土的结构不受扰动。饱和黏性土的结构受到扰动，导致强度降低，但当扰动停止后，土的强度又随时间而逐渐增长。这是由于土粒、离子和水分子体系随时间而逐渐趋于新的平衡状态的缘故。黏性土的这种抗剪强度随时间恢复的胶体化学性质称为土的触变性。例如在黏性土中打桩时，桩侧土的结构受到破坏而强度降低，但停止打桩以后，土的强度渐渐恢复，桩的承载力逐渐增加，这也是受土触变性影响的结果。

单元五 土的击实性

土的击实性是指土在反复冲击荷载作用下能被压密的特性。击实土是最简单易行的土质改良方法，常用于填土压实。通过研究土的最优含水量和最大干重度，可提高击实效果。最优含水量和最大干重度采用现场或室内击实试验测定。在工程建设中，为了提高填土的强度，增加土的密实度，降低其透水性和压缩性，通常用分层压实的办法来处理地基，这里主要介绍室内击实试验。

一、击实原理

土的压实程度与含水率、压实功能和压实方法有密切的关系。当压实功能和压实方法不变时，土的干密度随含水率增加而增加，当干密度达到某一最大值后，含水率继续增加而使干密度减小，能使土达到最大密度的含水率，称为最优含水率 ω_{op}，与其相应的干密度称为最大干密度 $\rho_{d\max}$。

二、影响击实效果的因素

土料压实的程度主要取决于机具能量（压实功）、碾压遍数、铺土的厚度和土料的含水量等。

1. 土的性质

在同类土中，土的颗粒级配对土的压实效果影响很大，颗粒级配不均匀的容易压实，均匀的则不易压实。实践中，土不可能被压实到完全饱和的程度。试验证明，黏性土在最优含水量时，压实到最大干重度 $\gamma_{d\max}$，其饱和度一般为 80% 左右。黏粒含量越少，最大干重度越大；颗粒级配越均匀，击实效果越差，此时，因为土孔隙中的气体越来越难于和大气相通，压实时不能将其完全排出去。

2. 含水量

对过湿的土进行夯实或碾压就会出现软弹现象（俗称"橡皮土"），此时土的密实度是不会增大的。对很干的土进行夯实或碾压，显然也不能把土充分压实。所以，要使土的压实效果最好，其含水量一定要适当。在一定的压实能量下使土最容易压实，并能达到最大密实度时的含水量，称为土的最优含水量（或称最佳含水量），用 ω_{op} 表示。相对应的干重度叫作最大干重度，以 $\gamma_{d\max}$ 表示。含水量的不同改变了土颗粒间的作用力，并改变土的结构与状态，含水量与击实效果如图 5-6 所示。

3. 压实功

要达到一定的击实干密度，则含水量小时，选击实功大的机具；含水量大时，则应选取击实功小的机具。

三、击实试验

1. 试验目的

在击实方法下测定土的最大干密度和最优含水率，是控制路堤、土坝和填土地基等土

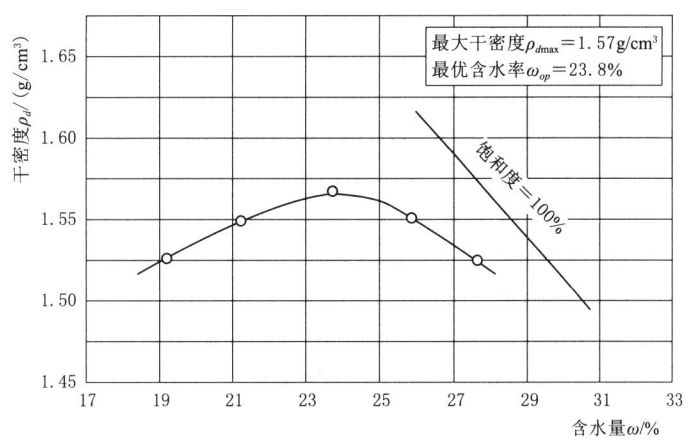

图 5-6 ρ_d-ω 关系曲线

方密实度的重要指标。

2. 击实方法

(1) 轻型击实：适用于粒径小于 5mm 的细粒土，锤底直径为 51mm，击锤质量为 2.5kg，落距为 30cm，单位体积击实功为 592.2kJ/m³；Ⅰ-1 分 3 层夯实，每层 27 击，最大粒径 20mm；Ⅰ-2 分 3 层夯实，每层 25 击，最大粒径 40mm。

(2) 重型击实：适用于细粒土，锤底直径为 5cm，击锤质量为 4.5kg，落距为 45cm，单位体积击实功为 2684.9kJ/m³；Ⅱ-1 分 5 层夯实，每层 56 击，最大粒径 20mm；Ⅱ-2 分 3 层夯实，每层 94 击，最大粒径 40mm。

3. 仪器设备

(1) 击实仪：主要由击实筒和击锤组成（图 5-7）。

(2) 烘箱及干燥器。

(3) 天平：称量 200g，最小分度值为 0.01g；台秤：称量 10kg，最小分度值为 5g。

(4) 台秤：称量 10kg，最小分度值为 5g。

(5) 标准筛：孔径为 40mm、20mm 和 5mm。

(6) 其他：喷水设备、碾土设备、盛土盘、土铲、修土刀、平直尺、量筒、削土刀、试样推出器等。

4. 操作步骤

(1) 制备土样：取代表性风干土样，放在橡皮板上用木碾碾散，过 5mm 筛，土样量不少于 20kg。

(2) 加水拌和：预定 5 个不同含水量，依次相差 2%，其中有两个大于和两个小于最优含水量。

所需加水量按式（5-16）计算：

$$m_w = \frac{m_{wo}}{1+\omega_o}(\omega - \omega_o) \tag{5-16}$$

式中 m_w——所需加水质量，g；

m_{wo}——风干含水率时土样的质量，g；

ω_0——土样的风干含水率，%；

ω——预定达到的含水率，%。

按预定含水率制备试样，每个试样取 2.5kg，平铺于不吸水的平板上，用喷水设备向土样均匀喷洒预定的加水量，并均匀拌和。

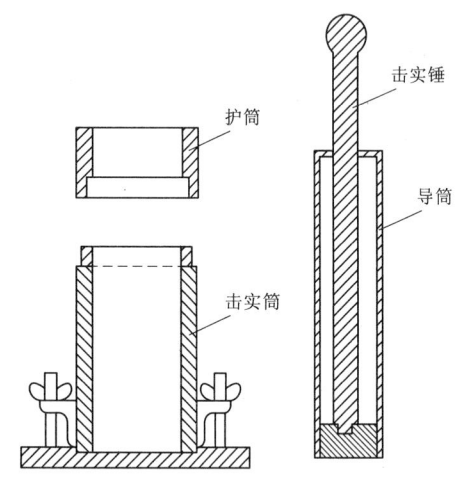

图 5-7 击实仪示意图

（3）分层击实：取制备好的试样 600～800g，倒入筒内，整平表面，击实 25 次，每层击实后土样约为击实筒容积 1/3。击实时，击锤应自由落下，锤迹须均匀分布于土面。重复上述步骤，进行第二、三层的击实。击实后试样略高出击实筒（不得大于 6mm）。

（4）称土质量：取下套环，齐筒顶细心削平试样，擦净筒外壁，称土质量，准确至 0.1g。

（5）测含水率：用推土器推出筒内试样，从试样中心处取 2 个各 15～30g 土测定含水率，平行差值不得超过 1%。按（2）～（4）步骤进行其他不同含水率试样的击实试验。

5．试验注意事项

（1）试验前，击实筒内壁要涂一层凡士林。

（2）击实一层后，用刮土刀把土样表面刨毛，使层与层之间压密，同理，其他两层也是如此。

（3）如果使用电动击实仪，则必须注意安全。打开仪器电源后，手不能接触击实锤。

6．计算及绘图

以干密度 ρ_d 为纵坐标，含水率 ω 为纵坐标，绘制干密度与含水率关系曲线（图 5-6）。曲线上峰值点所对应的纵横坐标分别为土的最大干密度和最优含水率。如曲线不能绘出准确峰值点，应进行补充 2～3 不同含水率点。

5-6 击实试验

单元六 土 的 工 程 分 类

自然界中土的种类很多，工程性质各异。为了方便工程使用，需要按其主要特征进行分类。但目前还没有统一土名和土的分类法，各部门根据行业对土的某些工程性质的要求和重视程度不同，制定了各自的分类标准。

为了适应各种不同行业技术工作的需要，本节将同时简要介绍《土工试验规程》（SL 237—2019）和《建筑地基基础设计规范》（GB 50007—2019）两种土的分类标准。

一、《土工试验规程》（SL 237—2019）分类法

该标准将工程用无机土分为一般土和特殊土两大类。

一般土按不同粒组的相对含量可分为巨粒土、粗粒土和细粒土，然后再分别进行详细分类；特殊土包括黄土、膨胀土、红黏土等，其分类和定名可查阅相应的专门规范，在此

不多赘述。

1. 巨粒土和含巨粒土的分类和定名

首先,根据土中的粒组含量分为巨粒类土和巨粒混合土,其中巨粒类土又根据土中的粒组含量分为巨粒土和混合巨粒土。试样中巨粒组质量大于总质量50%的土称巨粒类土,试样中巨粒组质量为总质量15%~50%的土为巨粒混合土;试样中巨粒组质量小于总质量15%的土可扣除巨粒,按粗粒土或细粒土的相应规定分类、定名。

巨粒土和含巨粒土的分类和定名应符合表5-6的规定。

表5-6　　　　　　　　　巨粒土和含巨粒土的分类和定名

土类	粒 组 含 量		土代号	土名称
巨粒土	巨粒含量为 75%~100%	漂石粒含量>50%	B	漂石
		漂石粒含量≤50%	C_b	卵石
混合巨粒土	巨粒含量为 50%~75%	漂石粒含量>50%	BSl	混合土漂石
		漂石粒含量≤50%	C_bSl	混合土卵石
巨粒混合土	巨粒含量为 15%~50%	漂石含量>卵石含量	SlB	漂石混合土
		漂石含量≤卵石含量	SlC_b	卵石混合土

2. 粗粒土的分类和定名

试样中粗粒组质量大于总质量50%的土称粗粒类土;粗粒类土中砾粒组质量大于总质量50%的土称砾类土;砾粒组质量小于或等于总质量50%的土称砂类土。

砾类土应根据其中细粒含量及类别、粗粒组的级配,按表5-7分类和定名。

表5-7　　　　　　　　　砾 类 土 分 类 和 定 名

土类	粒 组 含 量		土代号	土名称
砾	细粒含量 ≤5%	级配:$C_u \geq 5$　$C_c = 1 \sim 3$	GW	级配良好砾
		级配:不同时满足上述要求	GP	级配不良砾
含细粒土砾	5%<细粒含量≤15%		GF	含细粒土砾
细粒土质砾	15%<细粒含量≤50%	细粒为黏土	GC	黏土质砾
		细粒为粉土	GM	粉土质砾

注　表中细粒土质砾土类,应按细粒土在塑性图中的位置定名。

砂类土应根据其中细粒含量及类别、粗粒组的级配,按表5-8分类和定名。

表5-8　　　　　　　　　砂 类 土 分 类 和 定 名

土类	粒 组 含 量		土代号	土名称
砂	细粒含量≤5%	级配:$C_u \geq 5$　$C_c = 1 \sim 3$	SW	级配良好砂
		级配:不同时满足上述要求	SP	级配不良砂
含细粒土砂	5%<细粒含量≤15%		SF	含细粒土砂
细粒土质砂	15%<细粒含量≤50%	细粒为黏土	SC	黏土质砂
		细粒为粉土	SM	粉土质砂

注　表中细粒土质砂土类,应按细粒土在塑性图中的位置定名。

3. 细粒土分类和定名

试样中细粒组质量大于或等于总质量50%的土称细粒类土。

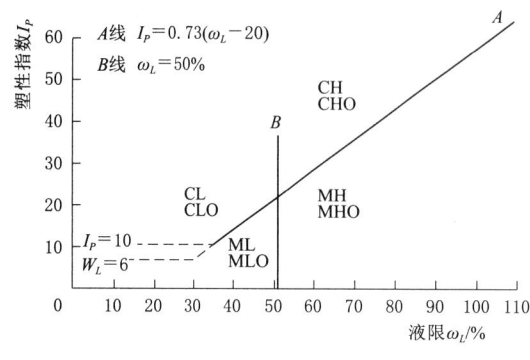

图 5-8 塑性图

细粒类土应按下列规定划分：试样中粗粒组小于总质量50%的土称细粒土；试样中粗粒组质量为总质量25%～50%的土称含粗粒的细粒土；试样中含有部分有机质（有机质含量$5\% \leqslant O_u \leqslant 10\%$）的土称有机质土。

细粒土应根据塑性图分类，如图5-8所示。塑性图的横坐标为土的液限，纵坐标为塑性指数。塑性图中有A、B两条界限线，A线上侧为黏土，下侧为粉土；B线左侧为低液限，右侧为高液限。

细粒土应按塑性图中的位置确定土的类别，并按表5-9分类和定名。

表 5-9　　　　　细 粒 土 的 分 类 和 定 名

土的塑性指标在塑性图中的位置		土代号	土 名 称
塑性指数 I_P	液限 ω_L		
$I_P \geqslant 0.73(\omega_L - 20)$ 和 $I_P \geqslant 10$	$\omega_L \geqslant 50\%$	CH	高液限黏土
	$\omega_L < 50\%$	CL	低液限黏土
$I_P < 0.73(\omega_L - 20)$ 和 $I_P < 10$	$\omega_L \geqslant 50\%$	MH	高液限粉土
	$\omega_L < 50\%$	ML	低液限粉土

含粗粒土的细粒土先规定确定细粒土名称，再按下列规定最终定名：

（1）粗粒中砾粒占优势，称含砾细粒土，应在细粒土名代号后缀以代号G。

示例：CHG—含砾高液限黏土。

（2）粗粒中砂粒占优势，称含砂细粒土，应在细粒土代号后缀以代号S。

示例：CHS—含砂高液限黏土。

（3）有机质土可按表规定划分定名，在各相应土类代号之后缀以代号O。

示例：MLO—有机质低液限粉土。

二、《建筑地基基础设计规范》（GB 50007—2019）

将地基的土划分为岩石、碎石土、砂土、粉土、黏性土和人工填土六类。

1. 岩石

岩石是指颗粒间牢固连接、呈整体或具有节理裂隙的岩体。其坚硬程度划分为坚硬岩、较硬岩、较软岩、软岩和极软岩（表5-10）；其完整程度划分为完整、较完整、较破碎、破碎和极破碎（表5-11）。当缺乏试验资料时，可在现场通过观察定性划分，划分标准见表5-12和表5-13。

表 5-10　　　　　　　　　　　　　岩石坚硬程度的划分

坚硬程度类别	坚硬岩	较硬岩	较软岩	软岩	极软岩
饱和单轴抗压强度标准值 f_{rk}/MPa	$f_{rk}>60$	$30<f_{rk}\leqslant60$	$15<f_{rk}\leqslant30$	$5<f_{rk}\leqslant15$	$f_{rk}\leqslant5$

表 5-11　　　　　　　　　　　　　岩石完整程度的划分

完整程度等级	完整	较完整	较破碎	破碎	极破碎
完整性指数	>0.75	0.55~0.75	0.35~0.55	0.15~0.35	<0.15

注　完整性指数为岩体纵波速与岩块纵波速之比的平方。

表 5-12　　　　　　　　　　　　岩石坚硬程度的定性划分

名　称		定　性　鉴　别	代　表　性　岩　石
硬质岩	坚硬岩	锤击声清脆，有回弹，振手，难击碎；基本无吸水反映	未风化~微风化的花岗岩、闪长岩、辉绿岩、玄武岩、安山岩、片麻岩、石英岩、硅质砾岩、石英砂岩、硅质石灰岩等
	较硬岩	锤击声较清脆，有轻微回弹，稍振手，轻难击碎；有轻微吸水反映	1. 微风化的坚硬岩。 2. 未风化~微风化的大理岩、板岩、石灰岩、钙质砂岩等
软质岩	较软岩	锤击声不清脆，无回弹，轻易击碎；指甲可刻出印痕	1. 中风化的坚硬岩和较硬岩。 2. 未风化~微风化的凝灰岩、千枚岩、砂质泥岩、泥灰岩等
	软岩	锤击声哑，无回弹，有凹痕，易击碎；浸水后，可捏成团	1. 强风化的坚硬岩和较硬岩。 2. 中风化的较软岩。 3. 未风化~微风化的凝灰岩、泥质砂岩、泥岩等
极软岩		锤击声哑，无回弹，有较深凹痕，手可捏碎；浸水后，可捏成团	1. 风化的软岩。 2. 全风化的各种岩石。 3. 各种半成岩

表 5-13　　　　　　　　　　　　　岩石完整程度的划分

名称	结构面组数	控制性结构面平均间距/m	代表性结构类型	名称	结构面组数	控制性结构面平均间距/m	代表性结构类型
完整	1~2	>1.0	整状结构	破碎	>3	<0.2	碎裂状结构
较完整	2~3	0.4~1.0	块状结构	极破碎	无序	—	散体状结构
较破碎	>3	0.2~0.4	镶嵌状结构				

2. 碎石土

碎石土是指粒径大于2mm的颗粒含量超过全重50%的土。按其颗粒形状及粒组含量可分为漂石、块石、卵石、碎石、圆砾、角砾，见表5-14。

表 5-14　　　　　　　　　　碎 石 土 的 分 类

土的名称	颗 粒 形 状	粒 组 含 量
漂石、块石	圆形及亚圆形为主棱角形为主	粒径大于 200mm 的颗粒含量超过全重的 50%
卵石、碎石	圆形及亚圆形为主棱角形为主	粒径大于 20mm 的颗粒含量超过全重的 50%
圆砾、角砾	圆形及亚圆形为主棱角形为主	粒径大于 2mm 的颗粒含量超过全重的 50%

3. 砂土

砂土是指粒径大于 2mm 的颗粒含量不超过全重 50%，粒径大于 0.075mm 的颗粒含量超过全重 50% 的土。按粒组含量可分为砾砂、粗砂、中砂、细砂和粉砂，见表 5-15。

表 5-15　　　　　　　　　　砂 土 的 分 类

土的名称	粒 组 含 量	土的名称	粒 组 含 量
砾砂	粒径大于 2mm 的颗粒含量占全重的 25%~50%	细砂	粒径大于 0.075mm 的颗粒含量超过全重的 85%
粗砂	粒径大于 0.5mm 的颗粒含量超过全重的 50%	粉砂	粒径大于 0.075mm 的颗粒含量超过全重的 50%
中砂	粒径大于 0.25mm 的颗粒含量超过全重的 50%		

4. 粉土

粉土是指粒径大于 0.075mm 的颗粒含量不超过全重 50%，塑性指数 I_P 不大于 10 的土。其性质介于砂土及黏性土之间。

5. 黏性土

黏性土是指塑性指数 $I_P>10$ 的土。按其塑性指数可分为黏土和粉质黏土，见表 5-16。

表 5-16　　　　　　　　　　黏 性 土 的 分 类

塑性指数	土的名称	塑性指数	土的名称
$I_P>17$	黏土	$10<I_P\leqslant 17$	粉质黏土

6. 人工填土

人工填土是指由于人类活动而堆填的土。其物质成分杂乱，均匀性差。按其组成和成因可分为素填土、压实填土、杂填土和冲填土。

素填土是指由碎石土、砂土、粉土、黏性土等组成的填土。经过压实或夯实的素填土为压实填土。杂填土是指含有建筑垃圾工业废料生活垃圾等杂物的填土。冲填土是指由水力冲填泥砂形成的填土。

除了上述六类土外，还有一些特殊土，如淤泥和淤泥质土、红黏土和次生黏土、湿陷性黄土和膨胀土等，它们都是具有特殊的性质。

思 考 与 练 习

一、思考题

1. 土的结构有哪些？各有何特点？
2. 土由哪几部分组成？土中三相比例变化对土的性质有何影响？

3. 何谓土的颗粒级配？如何绘制颗粒级配曲线？如何从颗粒级配曲线的陡缓判断土的工程性质？

4. 土的物理性质指标有哪些？如何绘制颗粒级配曲线？如何从颗粒级配曲线的陡缓判断土的工程性质？

5. 土的物理状态指标有哪些？如何判断土的工程性质？

6. 地基土分为哪几大类？划分各类土的依据是什么？

7. 黏土颗粒表面哪一层水膜对土的工程性质影响最大？

8. 何谓土的塑限、液限？它们与天然含水量是否有关？

9. 在某土层中，用体积为 72cm³ 的环刀取样，经测定：土样质量 129.1g，烘干质量 121.5g，土粒相对密度为 2.7，问该土样的含水量、重度、饱和重度、浮重度、干重度各是多少？

10. 某完全饱和黏性土的含水量 $\omega=40\%$，土粒相对密度 $d_s=2.7$，试求土的孔隙比 e 和干重度 γ_d。

二、选择题

1. 由黏粒组成的结构为（　　）。
   A. 层状　　　　B. 絮状　　　　C. 蜂窝状

2. 粒度成分的筛分法适用于分析粒径（　　）的风干试样。
   A. >0.075mm　　B. <0.075mm　　C. =0.075mm

3. 筛分法是用一套孔径依次由大到小的标准筛做试验，以下不是标准筛的孔径的是（　　）mm。
   A. 20　　　　　B. 12　　　　　C. 2

4. 经试验测得某土的密度为 1.84g/cm³，含水率为 25%，则其干密度为（　　）g/cm³。
   A. 1.38　　　　B. 1.47　　　　C. 2.16

5. 土的孔隙比为 0.648，则其孔隙率为（　　）。
   A. 39.3%　　　B. 39.9%　　　C. 39.5%

6. 土的比重为 2.65，孔隙比 0.612，含水率 20.5%，它的饱和度为（　　）。
   A. 85.2%　　　B. 88.8%　　　C. 88.6%

7. 某土样的天然含水率为 25.3%，液限为 40.8，塑限为 22.7，其塑性指数为（　　）。
   A. 17.3　　　　B. 17.6　　　　C. 18.1

8. 从某地基中取原状黏性土样，测得土的液限为 56，塑限为 15，天然含水率为 40%，试判断地基土处于（　　）状态。
   A. 坚硬　　　　B. 可塑　　　　C. 软塑

9. 某砂性土天然孔隙比 $e=0.800$，已知该砂土最大孔隙比 $e_{max}=0.900$，最小孔隙比 $e_{min}=0.640$。用相对密度来判断该土的密实程度为（　　）。
   A. 密实　　　　B. 中密　　　　C. 松散

10. 压实土现场测定的干密度为 1.61g/cm³，最大干密度为 1.75g/cm³，则压实度为（　　）。
    A. 95%　　　　B. 93%　　　　C. 92%

项目六

土 的 渗 透 性

【学习目标】

1. 知识目标

(1) 了解土的渗透性、水力坡降、渗透系数等基本概念；理解达西定律原理。

(2) 渗透变形基本类型、产生原因、防止措施。

(3) 掌握渗透变形的基本形式与判别方法。

2. 能力目标

(1) 能计算水力坡降、渗流流量，培养学生的计算能力。

(2) 能推导成层土渗透系数的计算过程，培养学生的分析问题的能力。

(3) 能计算渗透力、临界水力坡降，培养学生的计算能力。

(4) 能根据临界水力坡降判断土体是否会发生渗透破坏，培养学生的分析问题能力。

(5) 能运用学习的理论知识，准确判断渗透变形的形式，培养学生的综合实践能力。

3. 素质目标

(1) 培养学生严谨敬业精神。

(2) 弘扬严谨科学的水利精神。

(3) 学生具有强烈的社会责任感和吃苦耐劳的精神。

(4) 培养学生理论联系实际、实事求是的思想作风，踏实肯干、任劳任怨的工作态度。

(5) 培养学生面向基层、服务基层、扎根群众的意识。

单元一　土的渗透定律和渗透系数

水在重力作用下通过土中的孔隙，从势能高的地方向势能低的地方发生流动，这种现象称为水的渗透。土的生成决定了土的多孔性，这给水的渗透提供了通道。土体被水透过的性质，称为土的渗透性。修建水工建筑物后如图 6-1 所示，当土坝或水闸挡水后，在上、下游水位差的作用下，上游的水就会通过土坝或水闸地基渗透到下游，水也会在浸润线以下的坝体中产生渗流。

水在土中渗透，引起水量漏失，减小工程的经济效益，还会使土中的应力发生变化，改变土体的稳定条件，甚至造成土体的渗流破坏和土体的滑坡。这些渗流问题的出现，使得研究水在土中的渗透对于水工建筑物的设计、施工和管理，以及地基基础的处理都具有非常重要的意义。

一、达西定律

1. 达西定律

为了解决生产实践中的渗流问题，首先必须研究渗流运动的基本规律。为此在1856年，法国学者达西用直立圆筒装砂进行渗透试验，如图6-2所示。结果发现：渗流量Q与过水断面积A、渗流水头h成正比，与渗流路径（渗径）L成反比，引入表征土的渗透性大小的系数即渗透系数K后，可以表示如下：

$$Q = qt = k\frac{h}{L}At \tag{6-1}$$

或

$$v = ki$$

$$i = \frac{h}{L} \tag{6-2}$$

式中 i——水力坡降。

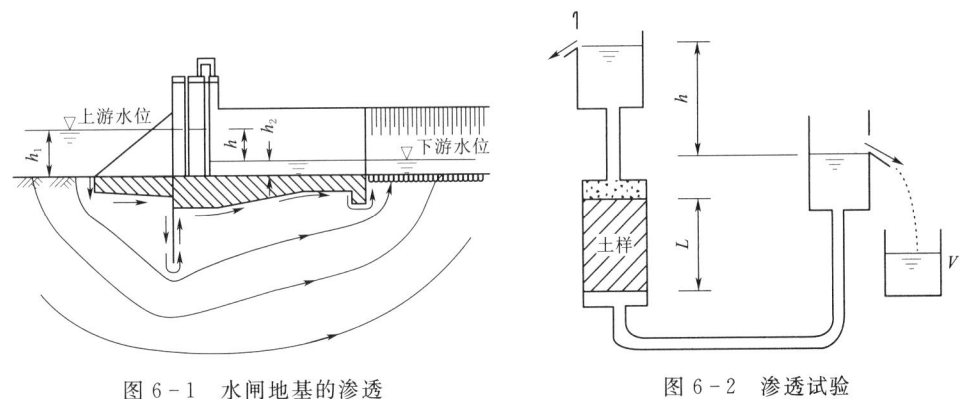

图6-1 水闸地基的渗透　　图6-2 渗透试验

也就是说，根据达西的研究，当水流在层流状态时，水的渗透速度与水力坡降成正比。这就是著名的达西定律。

达西定律研究时由于观测实际流动的巨大困难，按照生产实际的需要对渗流进行了简化，不考虑土的固体颗粒，认为整个土体的空间均为渗流所充满。而实际上，由于水在土体中的渗透不是经过整个土体的截面积，而仅仅是通过该截面积内土体的孔隙面积，因此，水在土体孔隙中渗透的实际速度要大于按式（6-2）计算出的渗透速度。

达西定律是土力学中的重要定律之一。他不仅是研究地下水运动的基本定律，而且在水利水电工程建设中，坝基和渠道的渗漏计算，水库的渗漏计算，基坑排水计算，井孔的涌水量计算等，都是以达西定律为基础得到的。

2. 达西定律的适用范围

一般情况下，由于土体中的孔隙通道很小且很曲折，水在土体中的渗透流速都很小，其渗流可以看作是层流——水流流线互相平行的流动。水在砂性土和较疏松的黏性土中的渗流，一般都符合达西定律，渗透速度与水力坡降成直线关系。

水在粗颗粒土如砾石、卵石中的渗流，水力坡降较小时，渗透速度不大，可以认为是层流。如图6-3所示，当渗透速度超过某一临界流速时，渗透速度与水力坡降的关系就表现为流线不规则的紊流，此时达西定律便不再适用。

水在密实黏土中的渗流，由于受到水薄膜的阻碍，其渗流情况便偏离达西定律，如图6-4所示中的b曲线。当水力坡降较小时，渗透速度与水力坡降不成线性关系，甚至不发生渗流。只有当水力坡降达到某一较大数值，克服了薄膜水的阻力后，水才开始渗流，其渗透存在一个起始水力坡降。

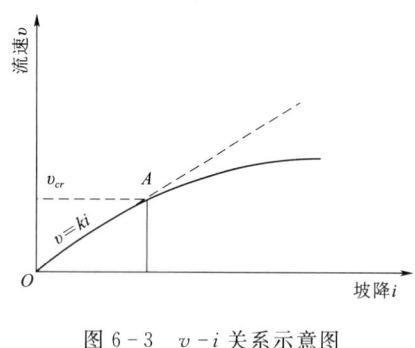

图6-3　v-i关系示意图　　　　图6-4　黏性土的渗透规律

二、渗透系数

1. 渗透系数

从达西定律公式中可以获得当 $i=1$ 时，则 $v=k$，表明渗透系数 k 是单位水力坡降时的渗透速度。它是表示土的透水性强弱的指标，单位为 cm/s，与水的渗透速度单位相同。

土的渗透系数是渗流计算中必不可少的一个基本参数，其数值大小主要决定于土的种类和透水性质。土的渗透系数不仅用于渗透计算，还可用来评定土层透水性的强弱，作为选择坝体填料的依据，如筑坝土料的选择，土石坝的防渗墙常用渗透系数较小的黏土。

当 $k>10^{-2}$ cm/s 时，称为强透水层；当 $k=10^{-3}\sim10^{-5}$ cm/s 时，称为中等透水层；当 $k<10^{-6}$ cm/s 时，称为相对不透水层。各种土的渗透系数参考数值见表6-1。

表6-1　　　　　　　各种土的渗透系数参考数值

土的类别	渗透系数 k	
	cm/s	m/d
黏土	$<6\times10^{-6}$	<0.005
亚黏土	$6\times10^{-6}\sim1\times10^{-4}$	$0.005\sim0.1$
轻亚黏土	$1\times10^{-4}\sim6\times10^{-4}$	$0.1\sim0.5$
黄土	$3\times10^{-4}\sim6\times10^{-4}$	$0.25\sim0.5$
粉砂	$6\times10^{-4}\sim1\times10^{-3}$	$0.5\sim1.0$
细砂	$1\times10^{-3}\sim6\times10^{-3}$	$1.0\sim5.0$
中砂	$6\times10^{-3}\sim2\times10^{-2}$	$5.0\sim20.0$
粗砂	$2\times10^{-2}\sim6\times10^{-2}$	$20.0\sim50.0$

续表

土的类别	渗 透 系 数 k	
	cm/s	m/d
圆砾	$6\times10^{-2}\sim1\times10^{-1}$	$50.0\sim100.0$
卵石	$1\times10^{-1}\sim6\times10^{-1}$	$100.0\sim500.0$

2. 渗透系数的确定方法

土的渗透系数可通过现场和室内试验确定，通常根据室内试验来确定，本节仅介绍室内测定渗透系数的方法。室内渗透试验使用的仪器较多，根据其原理，可分为常水头试验与变水头试验两种方法。前者适用于透水性大（$k>10^{-2}$cm/s）的土，例如砂土和中等卵石。后者适用于透水性小（$k<10^{-2}$cm/s）的土，例如粉土和一般黏性土。

（1）常水头试验。常水头试验就是在试验过程中，渗流水头始终保持不变。如图6-2所示，L为土样长度，A为土样的截面面积，h为作用于土样上的水头。

试验时测出一定时间t内流过土样的总水量Q，即可根据达西定律求出土的渗透系数值。

因为
$$Q=qt=k\frac{h}{L}At \tag{6-3}$$

则
$$k=\frac{QL}{hAt} \tag{6-4}$$

【例6-1】 已知对某砂土进行常水头试验，土样的长度为10cm，直径为7.5cm，水位差为8.0cm，经测试在60s时间内渗水量为120cm³，试求该砂土的渗透系数。

【解】
$$k=\frac{QL}{Aht}=\frac{120\times10}{\frac{\pi}{4}\times7.5^2\times8.0\times60}=5.66\times10^{-2}\text{（cm/s）}$$

（2）变水头试验。由于黏性土的透水性很小，流过土样的水量也小，不易测准；或者由于需要的时间很长，会因蒸发而影响试验的精度，故常用变水头试验方法。所谓变水头试验，就是在整个试验过程中，水头随时间变化的一种试验方法，如图6-5所示。土样上端装置一根有刻度竖管，便于在试验过程中观测水位的变化数值，其横截面积为a。

根据渗流的连续性，通过土样上端竖管的单位时间流量和通过土样单位时间流量是相等的，通过积分计算，并用常用对数表示，则

$$k=2.3\frac{aL}{A(t_2-t_1)}\lg\frac{h_1}{h_2} \tag{6-5}$$

3. 成层土的渗透系数

天然土层一般都是成层土。确定成层土的渗透性时，需了解各层土的渗透系数，然后根据水流方向，按下列公式，计算其平均渗透系数。如图6-6所示，设每层土为各向同性，其渗透系数分别为k_1、k_2、k_3等，厚度分别为H_1、H_2、H_3等，总厚度为H。

（1）平行于层面（x方向）的渗透情况。在ao与cb间作用的水力坡降为i，总渗流量q_x等于各层土的渗透流量之和，即按单位土层宽度计，根据达西定律可得

$$q_x=q_1+q_2+\cdots+q_n \tag{6-6}$$

$$q_x = k_1 iH + k_2 iH + \cdots + k_n iH \tag{6-7}$$

约去 i 后，沿 x 方向的平均渗透系数 k_x 为

$$k_x = \frac{1}{H}(k_1 H_1 + k_2 H_2 + \cdots + k_n H_n) \tag{6-8}$$

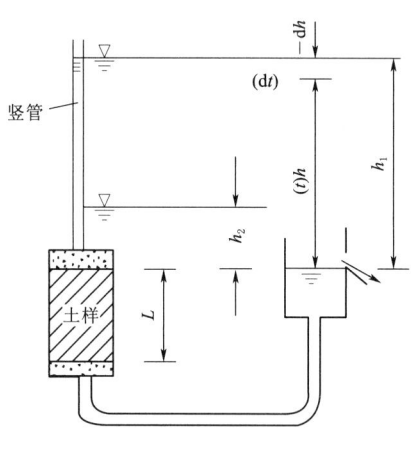

图 6-5　变水头试验

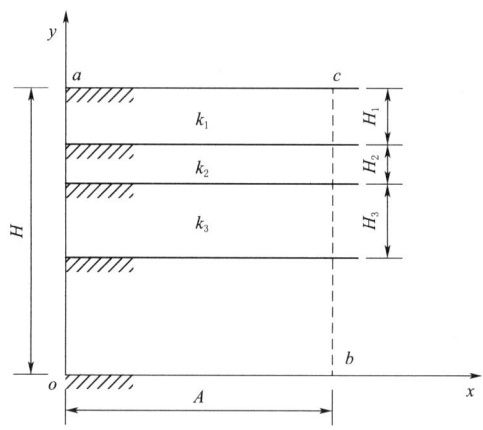

图 6-6　成层土

（2）垂直于层面（y 方向）的渗透情况。设渗流经过的截面积为 A，流经土层厚度 H 的总水力坡降为 i，流经各土层的水力坡降为 i_1、i_2、i_3 等。总渗透流量 q_y，应等于流经各土层的渗透流量 q_1、q_2、q_3。所以 $k_y iA = k_1 i_1 A = k_2 i_2 A = k_3 i_3 A$，又根据总水头损失等于各土层水头损失之和，可以得到沿 y 方向的平均渗透系数为

$$k_y = \frac{H}{\dfrac{H_1}{k_1} + \dfrac{H_2}{k_2} + \dfrac{H_3}{k_3} + \cdots + \dfrac{H_n}{k_n}} \tag{6-9}$$

从式（6-8）、式（6-9）可以发现，成层土的水平向渗透系数 k_x 总是大于垂直向的渗透系数 k_y。根据大量实验及工程实践发现，水平渗透系数 k_x 有时甚至可大到垂直向渗透系数 k_y 的 10 倍左右。

单元二　渗透力和渗透变形

土体渗透是土体受到渗透力的作用，在渗透力作用下、土体可能产生渗透破坏。土体渗透破坏可能导致水工建筑物的失事。以土石坝为例，根据近年资料来看，由于各种形式的渗透变形导致失事的仍占 1/4～1/3。

一、渗透力

水在土中渗透时将受到土粒的阻力，同时水对土粒也就产生一种反作用力。这种由于水的渗流作用对土粒产生的单位体积的力，称为渗透力或动水压力，记为 j。

在渗流土体中沿渗流方向取出一个土柱体来研究，如图6-7所示，土柱长度为L，横截面面积为A，水从截面1流向截面2。因渗流速度很小，惯性力可以忽略不计，土柱体上作用的力有：作用于截面1上的总水压力，作用于截面2上的总水压力，土柱体对渗流的总阻力。显然，引起渗流的力与土柱体对渗流的总阻力应达到静力平衡。

即 $(h_1-h_2)\gamma_w A = jAL$

所以 $j = \dfrac{h_1-h_2}{L}\gamma_w = \dfrac{h}{L}\gamma_w = i\gamma_w$ （6-10）

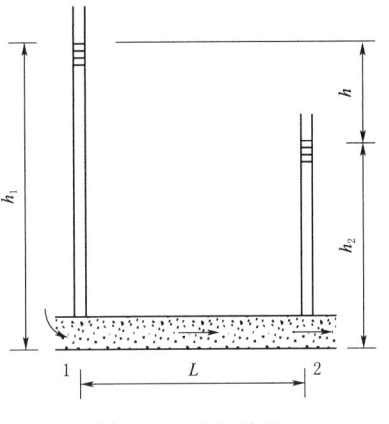

图6-7 水的渗透

由此可以看出，渗透力的大小等于水力坡降与水的容重之乘积，其作用方向与渗透方向一致，其单位为N/m^3或kN/m^3。

渗流对透水坝基的作用情况如图6-8所示。在入渗处，渗流方向自上而下，与土重方向一致时，渗透力起增大重量的作用，对土体稳定有利；反之，在渗出处，渗流方向是自下而上，与土重方向相反时，渗透力起减轻土重的作用，不利于土体稳定。

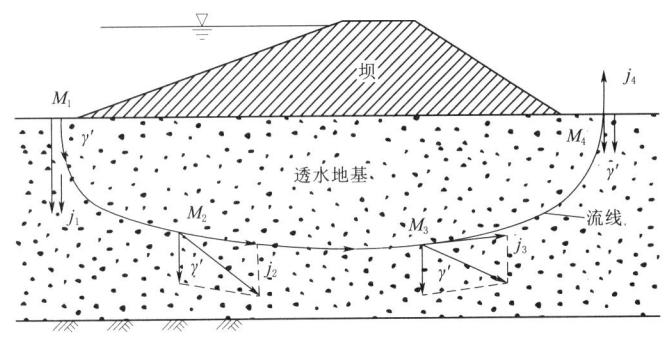

图6-8 渗流对坝基的作用

这时，若渗透力等于土的浮重度，土体所受压力为0，土颗粒处于悬浮的临界状态。若渗透力大于土的浮重度，土粒就会随渗流一起流动，向上涌出成临界状态，最后导致破坏。

当土体处于临界状态时，渗透力等于土的浮重度，即

$$i_{cr} = i\gamma_w \tag{6-11}$$

此时，i_{cr}表示临界水力坡降。表示成与土的物理性质指标有关的形式，即

$$i_{cr} = \dfrac{G_s-1}{1+e} = (G_s-1)(1-n) \tag{6-12}$$

由式（6-12）可知，临界水力坡降与土粒比重G_s及孔隙比e（或孔隙率）有关，其值为0.8~1.2。对于$G_s=2.65$，$e=0.65$的中等密实砂土，$i_{cr}=1.0$。在工程计算中，通常将土的临界水力坡降除以安全系数2~3后才得出设计上采用的允许水力坡降数值。

$$[i_{cr}] = \dfrac{i_{cr}}{2\sim 3} \tag{6-13}$$

一般情况下，匀粒砂土的允许水力坡降 $[i_{cr}] = 0.27\sim0.44$；细粒含量大于30%～50%的砂砾土的允许水力坡降 $[i_{cr}] = 0.3\sim0.4$。黏土一般不易发生变形，其临界坡降值较大，故 $[i_{cr}]$ 值也可以提高。有的资料建议用 $[i_{cr}]$ 为4～6。

【**例 6 - 2**】已知某土样长为10m，承受水位差为4m，如图6-9所示，该土饱和容重为 $19kN/m^3$，试判断该土是否发生渗透破坏（安全系数取为2）？

【**解**】

（1）计算渗透水流的水力坡降 i：

$$i = \frac{h}{L} = \frac{4}{10} = 0.4$$

（2）计算该土的允许渗透水力坡降 $[i_{cr}]$：

$$i_{cr} = \frac{r'}{r_w} = \frac{19-10}{10} = 0.9$$

$$[i_{cr}] = \frac{i_{cr}}{2} = \frac{0.9}{2} = 0.45$$

（3）判断：$i < [i_{cr}]$，所以该土不会发生渗透破坏。

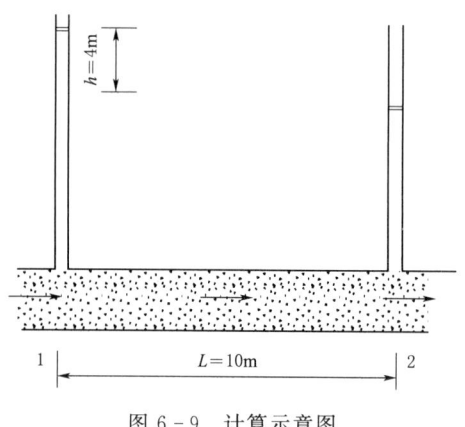

图 6-9 计算示意图

在渗流作用下，当渗透力大于土的浮容重，或者说当渗流水力坡降大于土的临界水力坡降时，土粒就会被渗流挟带走，这种现象称为土体的渗透变形。如在靠近下游坝坡脚渗流出口处出现这种现象时，由于土粒不断被渗流带走，将导致坝下游坡面产生局部滑动。如在坝基中出现这种现象时，将会在地基中形成连通的孔道，而导致上部建筑物发生显著沉降甚至倒塌。显然，讨论渗透变形的机理，即研究渗透变形与渗透力的关系，对评定土体的渗透稳定有其重要的意义。

二、渗透变形的基本形式

渗透变形的基本形式可分为管涌和流土两种基本类型。

1. 管涌

管涌是指在渗流作用下，土体中的细小土粒通过大土粒间的孔隙，发生移动或被水流挟带走的现象，又称为潜蚀。它发生在渗流逸出处，也可发生在土体的内部。

2. 流土

流土是指在渗流作用下，当渗透力等于或大于土的浮容重时，黏性土或无黏性土体中某一范围内的土粒或土粒团被掀起浮动的现象。流土发生于渗流出逸处的土体表面而不发生于土体内部。不同的土类、不同的土层构造，流土表现的形式不同，常见的有以下两种。

(1) 表层透水性较小、下卧层透水性较大双层地基中的流土。由于渗流从透水性较大的下卧层（如砂层）透过时，水头损失相对较小，使得渗流出逸处的透水性较小的表层如黏土层，承受了较大的水力坡降。发生流土时主要表现为表层隆起，整块土体被抬起，砂粒涌出。

(2) 流砂现象。流砂现象是开挖渠道或基坑时常遇到的一种现象，属于流土类型。此时，一般为均匀的砂土层，在渗透水头较大，而且渗透路径较短时，产生较大的水力坡降。发生流土时主要表现为小泉眼、冒气泡，然后土粒群向上抬起，发生浮动。

3. 渗透变形的判别

判别管涌和流土出现的可能性是很复杂的。工程实践表明，有的土体在水力坡降较小时就发生管涌，另一些土体必须在水力坡降较大时才会发生管涌。而且，有的土虽然不易发生管涌，但在水力坡降增大后却会发生流土破坏。

黏性土由于土粒具有黏性，土粒间连结较紧，水在土中的渗透流速很小，一般不会出现管涌，但会发生流土破坏。

具体地，可以采用渗流水力坡降 i 与土的允许水力坡降 $[i_{cr}]$ 比较来判断。

试验研究表明，管涌的发生，除与水力坡降有关外，还与土粒级配有关。流土的发生则还与土的均匀性有关。

不均匀系数 $C_u < 10$ 的匀粒砂土，在一定水力坡降条件下，较易发生局部流土破坏。$C_u > 10$ 的砂土和砾石、卵石的孔隙中仅含有少量的细粒时，由于阻力不大，较小的水力坡降就可将细小土粒挟带走而发生管涌现象；反之，如孔隙多被细粒填充（此时细粒含量为 30%～50%），由于水流受到的阻力很大，故不易出现管涌而会发生流土现象。有研究证明，缺乏中间粒径的砂砾料中细粒含量小于 20% 时，发生管涌的允许水力坡降还要小些。

4. 防止渗透变形的措施

使土体发生渗透变形的原因主要有两个方面：一是内因即土的类别及组成特征，决定土的允许水力坡降；二是外因即渗流的特征，决定渗流的渗透水力坡降。

因此，防止土体渗透变形的原则是上挡下排。具体地，除了增大土体密度以外，在入渗处，采用设置水平与垂直防渗措施，如水平的黏性土铺盖，或垂直的黏土或混凝土防渗墙、帷幕灌浆及板桩等，达到增长渗径、截断渗流，从而降低水力坡降的目的。在出渗处，采用滤土排水的措施，如设置反滤层、盖重体，或排水沟、排水减压井，达到减小出逸水力坡降、减小渗透力，渗流出逸处土体抵抗渗透变形的能力的目的。

6-1 渗透力与渗透变形 ▶

思 考 与 练 习

一、思考题

1. 达西定律的内容和适用范围是什么？
2. 解释渗透系数的概念及其含义。
3. 什么是渗透变形？两种主要的渗透变形形式是什么？
4. 渗透变形产生的原因是什么？常见的防治措施是什么？

5. 已知对某砂土渗透试验,土样的长度为 25cm,土样截面积为 5cm², 试验渗透水头 20.0m,试验在 5min 后测得渗透流量为 15cm³,试求该砂土的渗透系数。

6. 已知某砂土渗透系数 6×10^{-3} cm/s,土样的长度为 20cm,截面积为 5cm²,试验作用水头 25.0m,问试验在 10min 后可测得的渗透流量。

二、选择题

1. 下列指标为无量纲的是( )。
A. 水力比降　　　B. 渗透速度　　　C. 渗透系数

2. 可通过常水头渗透试验测定土的渗透系数的是( )。
A. 黏土　　　　　B. 砂　　　　　　C. 粉土

3. 可通过变水头渗透试验测定土的渗透系数的是( )。
A. 漂石　　　　　B. 砂　　　　　　C. 粉土

4. 可测定土的渗透系数的现场原位试验方法有( )。
A. 常水头渗透试验　B. 变水头渗透试验　C. 现场抽水试验

5. 关于渗透力的说法不正确的是( )。
A. 渗透力是流动的水对土体施加的力
B. 渗透力是一种体积力
C. 渗透力的大小与水力比降成反比

6. 渗透力是作用在( )上的力。
A. 土颗粒　　　　B. 土孔隙　　　　C. 土中水

7. 达西定律中的渗流速度( )水在土中的实际速度。
A. 大于　　　　　B. 小于　　　　　C. 等于

项目七

地基变形验算

【学习目标】

1. 知识目标

(1) 理解土中应力产生的原因和分类。

(2) 理解土体产生压缩的原因。

(3) 了解土体应力和地基变形计算的方法和步骤以及地基变形随时间变化关系。

2. 能力目标

(1) 能正确绘制自重应力分布图;会分析基底压力规律;会查取不同荷载作用下的附加应力系数并计算附加应力。

(2) 会测定土体的压缩性指标并判别压缩性的高低。

(3) 会计算总沉降量及计算不同时间的沉降量。

3. 素质目标

(1) 弘扬严谨科学的水利精神。

(2) 培养学生的劳动精神。

(3) 培养学生的工匠精神。

【案例】 建成于1929年的上海锦江饭店北楼(又名华懋公寓)是近代上海的第一高楼,地面共14层,高57m,层高3.8m。现在可以看见这幢大楼地面是13层,因为软土地基下沉,沉降达2.6m之多,原来的底层已陷入地下,成为半地下室状态,给实际使用带来严重影响。

单元一 土体中的自重应力

一、土中应力

通常建筑物是建造在土层上的,支承建筑物的这种土层称为地基。由天然土层直接支承建筑物的地基称天然地基,软弱土层经加固后支承建筑物的称人工地基,而与地基相接触的建筑物下部结构称为基础。

地基土同其他的建筑材料一样,受荷以后将产生应力和变形,给建筑物带来两个工程问题，即土体稳定问题和变形问题。如果地基内部所产生的应力小于土体强度，那么土体是稳定的，反之，土体就要发生破坏，可能引起整个地基产生滑动而失去稳定，从而导致建筑物倾倒。因此，研究地基中的应力计算和分布规律是研究地基的变形和稳定的依据。地基中的应力，按其产生的原因可以分为自重应力和附加应力两种。

（1）自重应力：由土体本身有效重量产生的应力称为自重应力。一般而言，土体在自重作用下，在漫长的地质历史上已压缩稳定，不再引起土的变形（新沉积土或近期人工充填土除外）。

（2）附加应力：由于外荷（静的或动的）在地基内部引起的应力称为附加应力，它是使地基失去稳定和产生变形的主要原因。

二、土中自重应力计算

在计算地基中的自重应力时，一般将地基作为半无限弹性体来考虑。由半无限弹性体的边界条件可知，其内部任一与地面平行的平面或垂直的平面上，仅作用着竖直应力 σ_{sz} 和水平向应力 $\sigma_{sx}=\sigma_{sy}$，而剪应力 $\tau=0$。

（一）均质土的自重应力

1. 竖直自重应力

设地基中某单元体离地面的距离 z，土的重度为 γ，则单元体上竖直自重应力等于单位面积上的土柱有效重量，即

$$\sigma_{sz}=\gamma z \tag{7-1}$$

可见，土的竖直自重应力随着土的计算深度增大而增大，呈三角形分布（图7-1）。

2. 水平向自重应力 σ_{sx}，σ_{sy}

在半无限体内，由侧限条件可知，土不可能发生侧向变形（$\varepsilon_x=\varepsilon_y=0$），因此，该单元体上两个水平向应力相等并按下式计算：

$$\sigma_{sx}=\sigma_{sy}=K_0\sigma_{sz}=K_0\gamma z \tag{7-2}$$

式中 K_0——土的侧压力系数，它是侧限条件下土中水平向有效应力与竖直有效应力之比，可由试验测定，$K_0=\dfrac{\upsilon}{1-\upsilon}=1-\sin\varphi'$，$\upsilon$ 是土的泊松比，φ' 是有效内摩擦角；也可以查表。

（二）成层土的自重应力

设各土层的厚度为 Z_1，Z_2，Z_3，$\cdots$，Z_n，相应的容重分别为 γ_1，γ_2，$\cdots$，γ_n，则地基中的第 n 层底面处的竖直自重应力为

$$\sigma_{cz}=\gamma_1 Z_1+\gamma_2 Z_2+\gamma_3 Z_3+\cdots+\gamma_n Z_n=\sum_{i=1}^{n}\gamma_i Z_i \tag{7-3}$$

可见，成层土的竖直自重应力随着土的计算深度增大而增大，自重应力的大小等于各层土的自重应力之和，呈折线分布，折点在土层层面交界处（图7-2）。

（三）特殊情况下的自重应力计算

1. 土层存在地下水情况

由于土的自重应力是有效应力，地下水水位以下土的重度采用有效重度参与计算。地

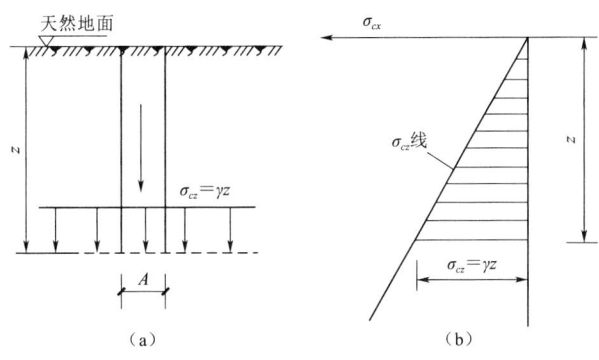

图 7-1 土的自重应力

下水水位的升降变化对土的自重应力有影响。由于大量抽取地下水等原因，造成地下水水位大幅度下降，使地基中原水位以下土体的有效自重应力增加，会造成地表下沉的严重后果。如图 7-3 所示，地下水水位上升的情况一般发生在人工抬高蓄水水位的地区（如筑坝蓄水）或工业用水等大量渗入地下的地区。如果该地区土层具有遇水后土的性质发生变化（如湿陷性或膨胀性等）的特性，则地下水水位的上升会导致一些工程问题。

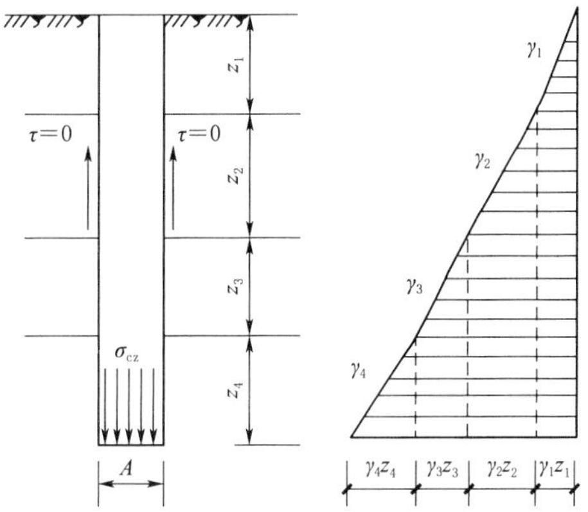

2．土层存在不透水层情况

图 7-2 成层土的自重应力

如果地下水水位以下，埋藏不透水层（例如岩层或者坚硬的黏土层），由于不透水层不存在水的浮力，所以不透水层及层面以下的自重应力等于上覆土和水的重力之和。

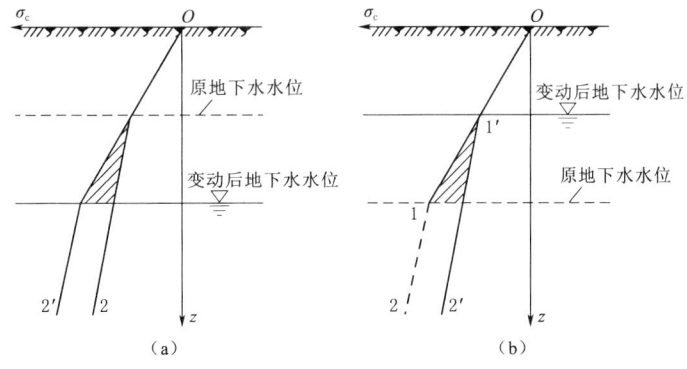

图 7-3 地下水水位的升降对土的自重应力的影响

【例 7-1】 某地基土剖面图如图 7-4 所示，试计算各土层的自重应力并绘制自重应力的分布图。

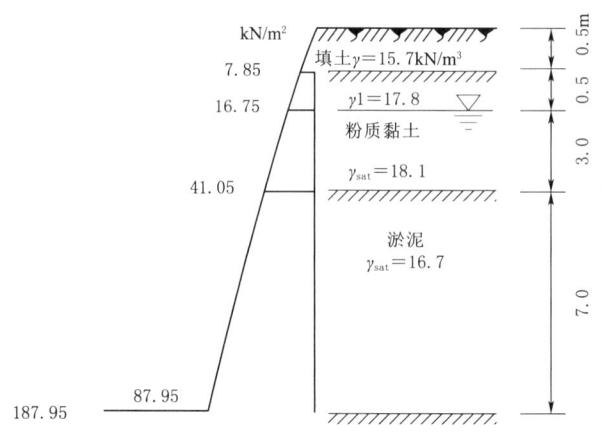

图 7-4 [例 7-1] 地质剖面图

【解】 填土层底： $\sigma_{sz} = \gamma z = 15.7 \times 0.5 = 7.85 (\text{kPa})$

地下水水位处：$\sigma_{sz} = \gamma_1 z_1 + \gamma_2 z_2 = 7.85 + 17.8 \times 0.5 = 16.75 (\text{kPa})$

粉质黏土层底：$\sigma_{sz} = \gamma_1 z_1 + \gamma_2 z_2 + \gamma'_3 z_3 = 16.75 + (18.1 - 10) \times 3 = 41.05 (\text{kPa})$

淤泥层底：$\sigma_{sz} = \gamma_1 z_1 + \gamma_2 z_2 + \gamma'_3 z_3 + \gamma'_4 z_4 = 41.05 + (16.7 - 10) \times 7 = 87.95 (\text{kPa})$

不透水层层顶：$\sigma_{sz} = \gamma_1 z_1 + \gamma_2 z_2 + \gamma'_3 z_3 + \gamma'_4 z_4 + \gamma_w (z_3 + z_4) = 87.95 + 10 \times (3 + 7) = 187.95 (\text{kPa})$

钻孔底：$\sigma_{sz} = 187.95 + 19.6 \times 4 = 266.35 (\text{kPa})$

单元二 基 底 压 力

7-1 土的自重应力计算

一、基底压力概念

（一）基底压力和地基反力的概念

建筑物荷载通过基础传给地基，基础底面传递到地基表面单位面积上的压力称为基底压力，而地基支承基础地面单位面积的压力称为地基反力。基底压力与地基反力是大小相等、方向相反的作用力与反作用力。基底压力是分析地基中应力、变形及稳定性的外荷载，地基反力则是计算基础结构内力的外荷载。因此，研究基底压力的分布规律和计算方法具有重要的工程意义。

（二）基底压力的分布规律

试验研究证明，基底压力的分布形式是一个非常复杂的问题，它与地基与基础的相对刚度、荷载大小及其分布情况、基础埋深和地基土的性质等多种因素有关。

绝对柔性基础（如土坝、路基、钢板做成的储油罐底板等）的抗弯刚度 $EI = 0$，在垂直荷载作用下没有抵抗弯曲变形的能力，基础随着地基一起变形，中部沉降大，两边沉降小，基底压力的分布与作用在基础上的荷载分布完全一致 [图 7-5 (a)]。如果要使柔性基础的各点沉降相同，则作用在基础上的荷载应是两边大而中部小 [图 7-5 (b)]。

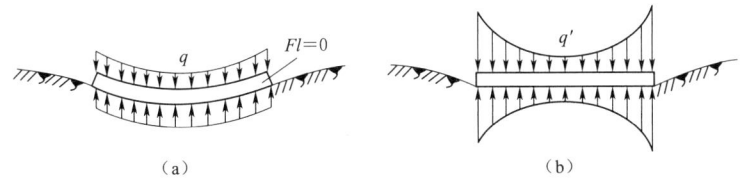

图 7-5 柔性基础的基底压力的分布

绝对刚性基础的抗弯刚度 $EI=\infty$，在均布荷载作用下，基础只能保持平面下沉而不能弯曲，但对地基而言，均匀分布的基底压力将产生不均匀沉降，其结果是基础变形与地基变形不相适应 [图 7-6 (a)]。为使地基与基础的变形协调一致，基底压力的分布必是两边大而中部小。如果地基是完全弹性体，由弹性理论解得基底压力分布 [图 7-6 (b)]，边缘处压力将为无穷大。

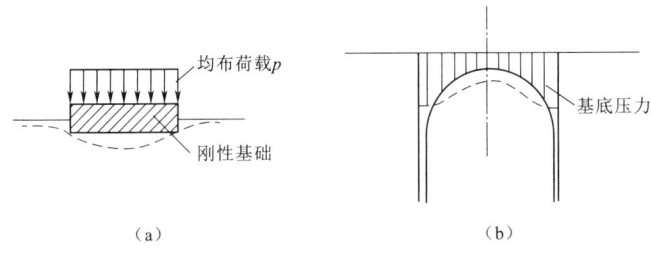

图 7-6 刚性基础的基底压力分布

有限刚度基础是工程中最常见的情况。有限刚度基础具有较大的抗弯刚度，既不是绝对刚性基础，也不是绝对柔性基础，地基也不是完全弹性体，当基底两端的压力足够大，超过土的极限强度后，土体就会形成塑性区，所承受的压力不再增大，自行调整向中间转移。实测资料表明，当荷载较小时，基底压力分布接近弹性理论解 [图 7-7 (a)]；随着上部荷载的逐渐增大，基底压力转变为马鞍形分布 [图 7-7 (b)]、抛物线形分布 [图 7-7 (c)]；当荷载接近地基的破坏荷载时，压力图形为钟形分布 [图 7-7 (d)]。

二、基底压力计算

(一) 基底压力的简化计算

从以上分析可见，基底压力分布形式是十分复杂的，但在工程实践中，对一般基础受到工程压力作用时采用简化方法，即假定基底压力按直线分布，采用材料力学公式计算。

1. 轴心荷载作用下的基底压力

如图 7-8 所示，作用在基础上的荷载，其合力通过基础底面形心时为轴心受压基础，基底压力为均匀分布，数值按式 (7-4) 计算：

$$p_k = \frac{F_k + G_k}{A} \tag{7-4}$$

式中 p_k——相应于荷载效应标准组合时，基础底面的平均压力值，kPa；

F_k——相应于荷载效应标准组合时,上部结构传至基础顶面的竖直力,kN;

G_k——基础自重和基础上的土重,kN,$G=\gamma_G A d$,$\gamma_G=20\text{kN/m}^3$,地下水水位以下采用有效重度;

A——基础底面积,m^2,对矩形基础 $A=lb$,l 及 b 分别为基底的宽度和长度,m;

d——基础埋深,m,一般从设计地面或室内外平均设计地面起算。

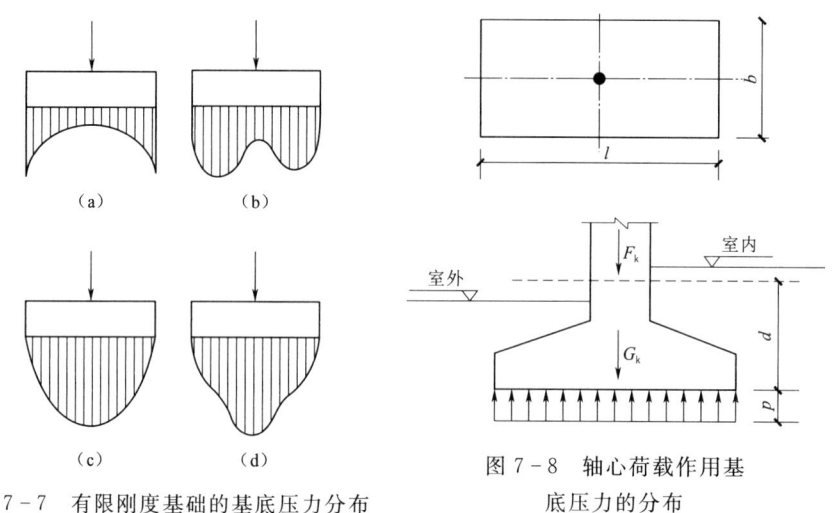

图 7-7 有限刚度基础的基底压力分布

图 7-8 轴心荷载作用基底压力的分布

对于荷载沿长度方向均匀分布的条形基础,则取长度方向 l 取 1m 为计算单元,即:

$$p_k=\frac{F_k+G_k}{b} \tag{7-5}$$

此时公式中的 F_k+G_k 为沿长度方向均匀分布的每米荷载值,kN/m。

2. 偏心荷载作用下的基底压力

如图 7-9 所示,常见的偏心荷载作用于矩形基础的一个主轴上,即单向偏心。设计时通常将基底长边 L 方向取为与偏心方向一致,则基底边缘压力为

$$p_{\min}^{\max}=\frac{F_k+G_k}{A}\pm\frac{M_k}{W}=\frac{F_k+G_k}{A}\left(1\pm\frac{6e}{l}\right) \tag{7-6}$$

式中 M_k——相应于荷载效应标准组合时,作用在基础底面的力矩值,kN·m;

W——基础底面的抵抗矩,m^3;

e——荷载合力偏心距,m。

由式(7-6)可见:

当 $e<\dfrac{l}{6}$ 时,基底压力呈梯形分布,如图 7-9(a)所示;当 $e=\dfrac{l}{6}$ 时,基底压力呈三角形分布,如图 7-9(b)所示;当 $e>\dfrac{l}{6}$ 时,基底压力呈三角形分布,基底出现拉应力,导致基底与地基分开,基底压力重新分布,则重新分布的基底压力为

$$p_{\max}=\frac{2(F_k+G_k)}{3\left(\frac{l}{2}-e\right)b} \quad (7-7)$$

基底压力分布如图 7-9（c）所示。

（二）基底附加应力

建筑物修建前地基中的自重应力已经存在，并且一般地基在这种作用下的变形已经完成，只有建筑物荷载引起的地基应力的增量才能导致地基产生新的变形。建筑物基础一般都有一定的埋深，建筑物修建时进行的基坑开挖减小了打击原有的自重应力，相当于加了一个负荷载。因此，在计算地基附加应力时，应该在基底压力中扣除基底处原有的自重应力，剩余的部分称为附加压力。则基底附加压力为

轴心荷载作用情况：

$$p_0=p-\sigma_{cz}=p-\gamma_0 d \quad (7-8)$$

偏心荷载作用情况：

$$p_0{}^{\max}_{\min}=p{}^{\max}_{\min}-\gamma_0 d \quad (7-9)$$

式中 γ_0——基础底面标高以上的天然土体的加权平均重度；

d——基底埋深，从天然地面算起，对于新填土地区则从老底面算起。

【**例 7-2**】 某轴心受压基础底面尺寸 $l=b=2m$，基础顶面作用 $F_k=450kN$，基础埋深 $d=1.5m$，已知地质剖面第一层为杂填土，厚 0.5m，$\gamma_1=16.8kN/m^3$，以下为黏土，$\gamma_2=18.5kN/m^3$，试计算基底压力和基底附加压力。

【**解**】 基础自重及基础上回填土重 $\gamma_G=20\times2\times2\times1.5=120$（kN）

基底压力

$$p_k=\frac{F_k+G_k}{A}=\frac{450+120}{2\times2}=142.5(kN/m^3)$$

基底处土自重应力

$$\sigma_{sz}=\gamma_1 z_1+\gamma_2 z_2=16.8\times0.5+18.5\times1.0=26.9(kPa)$$

基底附加压力为

$$p_0=p-\sigma_{cz}=p-\gamma_0 d=142.5-26.9=115.6(kPa)$$

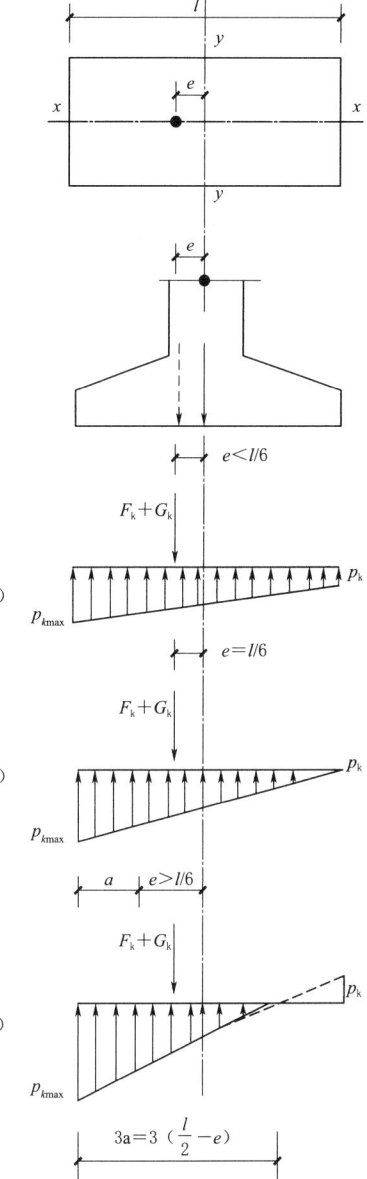

图 7-9 偏心荷载作用时基底压力分布

单元三　地基附加应力计算

一、集中荷载作用下的附加应力计算

(一) 附加应力的基本概念

地基附加应力是指由建筑物荷载（其他外荷载）在地基中产生的应力。对一般天然土层来说，土的自重应力引起的压缩变形在地质历史上早已完成，不会再引起地基沉降，因此引起地基变形与破坏的主要原因是附加应力。目前地基中的附加压力计算方法采用弹性理论推导的，即假设地基土为均质、连续、各向同性的半无限弹性体。

(二) 集中荷载作用下地基中的附加应力计算

1. 竖直集中荷载作用下地基中的附加应力计算

1885 年法国学者布辛涅斯克用弹性理论推出了在半无限空间弹性体表面上作用有竖直集中力 P 时，在弹性体内任一点 M 所引起的应力解析解。其中竖直应力分量对计算地基变形最有意义，其计算公式为

$$\sigma_{cz} = \frac{3Pz^3}{2\pi R^5} \tag{7-10}$$

式中　R——集中作用点 P 至计算点 M 的距离；

　　　r——计算点 M 到集中力 P 作用线的水平距离。

利用图 7-10 中的几何关系可将式 (7-10) 改写为

$$\sigma_{cz} = \frac{3Pz^3}{2\pi R^5} = \frac{3p}{2\pi} \frac{1}{\left[1+\left(\frac{r}{z}\right)^2\right]^{\frac{5}{2}}} \frac{p}{z^2}$$

$$= K \frac{P}{z^2} \tag{7-11}$$

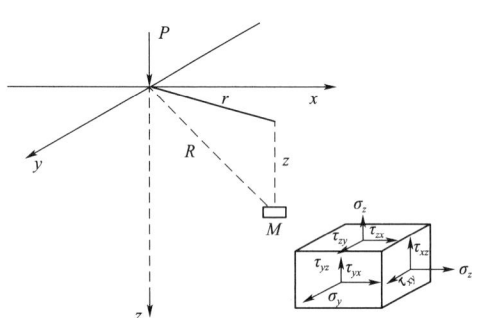

图 7-10　竖直集中力作用下土中一点的应力

式中　K——集中力作用下竖直附加应力系数，可由表 7-1 查得。

由式 (7-11) 计算竖直集中力在地基中引起的竖直应力 σ_z 表现出图 7-11 所示的规律：

表 7-1　　　　　　　　　集中力作用下的附加应力系数

r/z	K	r/z	K	r/z	K	r/z	K	r/z	K
0	0.4775	0.50	0.2733	1.00	0.0844	1.50	0.0251	2.00	0.0085
0.05	0.4745	0.55	0.2466	1.05	0.0744	1.55	0.0224	2.20	0.0058
0.10	0.4657	0.60	0.2214	1.10	0.0658	1.60	0.0200	2.40	0.0040
0.15	0.4516	0.65	0.1978	1.15	0.0581	1.65	0.0179	2.60	0.0029

续表

r/z	K	r/z	K	r/z	K	r/z	K	r/z	K
0.20	0.4329	0.70	0.1762	1.20	0.0513	1.70	0.0160	2.80	0.0021
0.25	0.4103	0.75	0.1565	1.25	0.0454	1.75	0.0144	3.00	0.0015
0.30	0.3849	0.80	0.1386	1.30	0.0402	1.80	0.0129	3.50	0.0007
0.35	0.3577	0.85	0.1226	1.35	0.0357	1.85	0.0116	4.00	0.0004
0.40	0.3294	0.90	0.1083	1.40	0.0317	1.90	0.0105	4.50	0.0002
0.45	0.3011	0.95	0.0956	1.45	0.0282	1.95	0.0095	5.00	0.0001

（1）在集中力作用线上（$r=0$），当$z=0$时，竖直应力$\sigma_z \to \infty$，随着计算深度的增加σ_z逐渐减小。

（2）在$r>0$的竖直线上，当$z=0$时，$\sigma_z=0$；随着z的增加，σ_z从0逐渐增大，至一定深度后又随着z的增加逐渐变小。

（3）在z为常数的水平面上，σ_z在集中力作用线上最大，并随着r的增大而逐渐减小。随着深度z的增加，集中力作用线上的σ_z减小，但随r增加而降低的速率变缓。若在空间将σ_z相同的点连接成曲面，可以得到如图7-12所示的等值线，其空间曲面的形状如泡状，所以也称为应力泡。

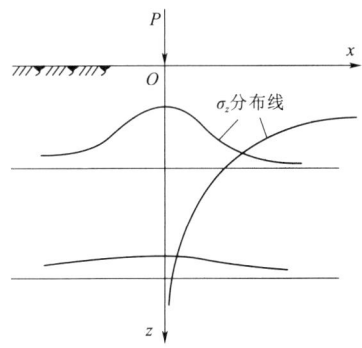

图7-11 竖向集中荷载下σ_z的分布

通过上述分析，土中应力分布的特点：即集中力P在地基中引起的附加应力，在地基中向下、向四周无限扩散，并在扩散的过程中应力逐渐降低。反映了应力扩散的现象。

当地基表面作用几个集中力时，可分别算出各集中力在地基中引起的附加应力（图7-13），然后根据弹性体应力叠加原理求出附加应力的总和。

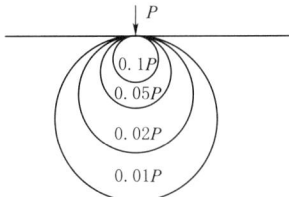

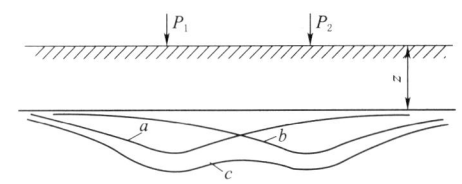

图7-12 σ_z的等值线　　图7-13 两个集中荷载作用下地基中σ_z的叠加

2. 水平集中荷载作用下地基中的附加应力计算

如果地基表面有水平集中力P_h作用，地基中任一点M的附加应力是弹性理论中另一课题。该课题由西罗蒂提出，其中竖直附加应力σ_z计算公式为

$$\sigma_{cz} = \frac{3P_h}{2\pi} \frac{xz^2}{R^5} \tag{7-12}$$

二、附加应力的空间问题（矩形基础的附加应力计算）

（一）空间问题

任何建筑物荷载都是通过一定尺寸的基础传递给地基的，因此分布在一定面积上的局

部荷载（即基底压力），当竖直均布荷载、竖直三角形荷载、水平均布荷载等，当基础的 $\dfrac{l}{b}$<10 时，均可按照空间问题计算地基中的附加应力。矩形基础是工程中最常见的基础，圆形分布荷载也属于空间问题。

1. 矩形基础受到竖直均布荷载作用下附加应力计算

基础传给地基表面的压应力都是面荷载，设长度为 l，宽度为 b 的矩形面积上作用竖直均布荷载 p。若要求地基内各点的附加应力 σ_z，应先求出矩形面积角点下的应力，再利用角点法求任一点的应力。

（1）矩形均布荷载角点下的应力。如图 7-14 所示，在矩形面积上任取微小面积 $\mathrm{d}x\mathrm{d}y$，将其上作用荷载以合力 $\mathrm{d}P=p\mathrm{d}x\mathrm{d}y$ 集中力代替，因此矩形基底角点下任一深度 M 点的竖直附加应力，可将对式（7-10）沿长度 l 和宽度 b 两个方向进行二重积分求得，即

$$\sigma_z=\int_0^l\int_0^b \dfrac{3p}{2\pi}\dfrac{z^3}{(x^2+y^2+z^2)^{\frac{5}{2}}}\mathrm{d}x\mathrm{d}y$$

$$=\dfrac{p}{2\pi}\left[\arctan\dfrac{m}{n\sqrt{1+m^2+n^2}}+\dfrac{mn}{\sqrt{1+m^2+n^2}}\left(\dfrac{1}{m^2+n^2}+\dfrac{1}{1+n^2}\right)\right]$$

(7-13)

为了计算方便，将上式简写成

$$\sigma_z=K_c p \tag{7-14}$$

式中　K_c——矩形基础受竖直均布荷载作用下角点下的附加应力系数，它是 m，n 的函数，其值可由表 7-2 查出。

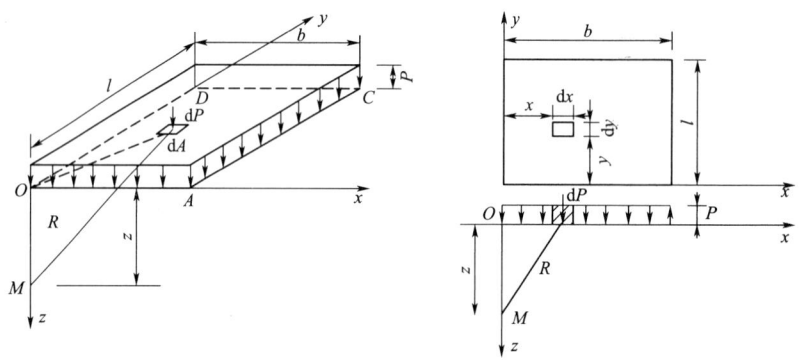

图 7-14　矩形基础均布荷载角点下的附加应力

表 7-2　　　　　　　竖向均布荷载下角点下的附加应力系数 K_c

$m=l/b$　　$n=z/b$	1.0	1.2	1.4	1.6	1.8	2.0	3.0	4.0	5.0	6.0	10
0.0	0.2500	0.2500	0.2500	0.2500	0.2500	0.2500	0.2500	0.2500	0.2500	0.2500	0.2500
0.2	0.2486	0.2489	0.2490	0.2491	0.2491	0.2491	0.2492	0.2492	0.2492	0.2492	0.2492
0.4	0.2401	0.2420	0.2429	0.2434	0.2437	0.2439	0.2442	0.2443	0.2443	0.2443	0.2443
0.6	0.2229	0.2275	0.2300	0.2315	0.2324	0.2329	0.2339	0.2341	0.2342	0.2342	0.2342
0.8	0.1999	0.2075	0.2120	0.2147	0.2165	0.2176	0.2196	0.2200	0.2202	0.2202	0.2202
1.0	0.1752	0.1851	0.1911	0.1955	0.1981	0.1999	0.2034	0.2042	0.2044	0.2045	0.2046

续表

$nn=z/b$ \ $m=l/b$	1.0	1.2	1.4	1.6	1.8	2.0	3.0	4.0	5.0	6.0	10
1.2	0.1516	0.1626	0.1705	0.1758	0.1793	0.1818	0.1870	0.1882	0.1885	0.1887	0.1888
1.4	0.1308	0.1423	0.1508	0.1569	0.1613	0.1644	0.1712	0.1730	0.1735	0.1738	0.1740
1.6	0.1123	0.1241	0.1329	0.1436	0.1445	0.1482	0.1567	0.1590	0.1598	0.1601	0.1604
1.8	0.0969	0.1083	0.1172	0.1241	0.1294	0.1334	0.1434	0.1463	0.1474	0.1478	0.1482
2.0	0.0840	0.0947	0.1034	0.1103	0.1158	0.1202	0.1314	0.1350	0.1363	0.1368	0.1374
2.2	0.0732	0.0832	0.0917	0.0984	0.1039	0.1084	0.1205	0.1248	0.1264	0.1271	0.1277
2.4	0.0642	0.0734	0.0812	0.0879	0.0934	0.0979	0.1108	0.1156	0.1175	0.1184	0.1192
2.6	0.0566	0.0651	0.0725	0.0788	0.0842	0.0887	0.1020	0.1073	0.1095	0.1106	0.1116
2.8	0.0502	0.0580	0.0649	0.0709	0.0761	0.0805	0.0942	0.0999	0.1024	0.1036	0.1048
3.0	0.0447	0.0519	0.0583	0.0640	0.0690	0.0732	0.0870	0.0931	0.0959	0.0973	0.0987
3.2	0.0401	0.0467	0.0562	0.0580	0.0627	0.0668	0.0806	0.0870	0.0900	0.0916	0.0933
3.4	0.0361	0.0421	0.0477	0.0527	0.0571	0.0611	0.0747	0.0814	0.0847	0.0864	0.0882

（2）矩形基础受竖直均布荷载作用下地基内任一点的附加应力。对于矩形基础受均布荷载作用下地基内任一点的附加应力，可利用角点下的应力计算式（7-12）和应力叠加原理求得，此方法称为角点法。

如图 7-15 所示的荷载平面，求 O 点下任一深度的应力时，可过 O 点将荷载面积划分为几个小矩形，使 O 点为每个小矩形的共同角点，利用角点下的应力计算式（7-13）分别求出每个小矩形 O 点下同一深度的附加应力，然后利用叠加原理得总的附加应力。角点法的应用可分为下列三种情况。

第一种情况：计算矩形面积边缘上任一点 O 下的附加应力［图 7-15（a）］：
$$\sigma_z = K_c p = (K_{cⅠ} + K_{cⅡ})p$$

第二种情况：计算矩形面积内任一点 O 下的附加应力［图 7-15（b）］：
$$\sigma_z = K_c p = (K_{cⅠ} + K_{cⅡ} + K_{cⅢ} + K_{cⅣ})p$$

第三种情况：计算矩形面积外任一点 O 下的附加应力［图 7-15（c）］：

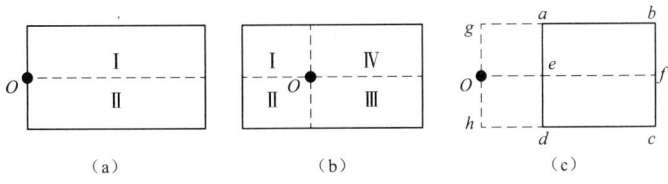

图 7-15 综合角点法的应用

$$\sigma_z = K_c p = (K_{cⅠ} + K_{cⅡ} - K_{cⅢ} - K_{cⅣ})p$$

图 7-15（c）中 Ⅰ 为 $Ogbf$，Ⅱ 为 $Ofch$，Ⅲ 为 $Ogae$，Ⅳ 为 $Oedh$。

必须注意：①查表（或公式）确定 K_c 时矩形小面积的长边取 l，短边取 b；②所有划分的矩形小面积总和应等于原有矩形荷载面积。

【例 7-3】 如图 7-16 所示，矩形面积 2m×1m，$p=100$kPa，求 A、E、O、F、G 各点下深度为 1m 下的附加应力，并利用计算结果说明附加应力的分布规律。

【解】 (1) A 点下的应力。A 点是矩形基础的角点，$m=l/b=2$，$n=z/b=1$ 查表 7-2 得 $K_{cA}=0.1999$，故 A 点的竖直附加应力为
$$\sigma_{zA}=K_{cA}p=0.1999\times100=19.99 \text{（kPa）}$$

(2) E 点下的应力。过 E 点将矩形基础荷载面积分为两个相等小矩形 $EADI$ 和 $EBCI$。任一个小矩形 $m=1$、$n=1$，查表 7-2 得 $K_{cE}=0.1752$，故 E 点下的竖直附加应力为
$$\sigma_{zB}=2K_{cE}p=2\times0.1752\times100=35.04 \text{（kPa）}$$

(3) O 点下的应力。过 O 点将矩形面积分为四个相等小矩形，任一个小矩形 $m=2$，$n=2$，由表 7-2 查得 $K_{cO}=0.1202$，故 O 点下的竖直附加应力为
$$\sigma_{zB}=4K_{cO}P=4\times0.1202\times100=48.08\text{(kPa)}$$

(4) F 点下的应力。过 F 点做矩形 $FGAJ$、$FJDH$、$FGBK$、$FKCH$。设矩形 $FGAJ$ 和 $FJDH$ 的角点应力系数为 K_{cI}；矩形 $FGBK$ 和 $FKCH$ 的角点应力系数为 K_{cII}。

求 K_{cI}：$m=\dfrac{2.5}{0.5}=5$，$n=\dfrac{1}{0.5}=2$，由表 7-2 查得 $K_{cI}=0.1363$

求 K_{cII}：$m=\dfrac{0.5}{0.5}=1$，$n=\dfrac{1}{0.5}=2$，由表 7-2 查得 $K_{cII}=0.084$

故 F 点下的竖直附加应力为

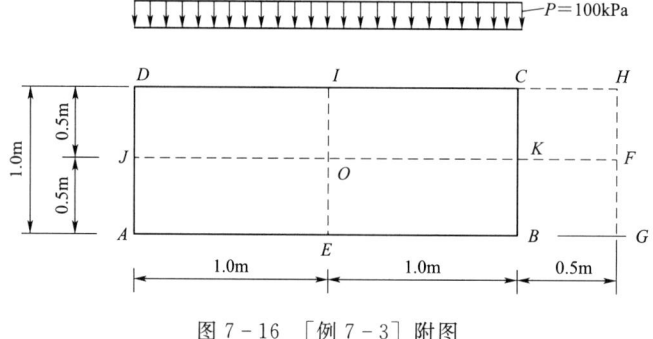

图 7-16 ［例 7-3］附图

$$\sigma_{zF}=2(K_{cI}-K_{cII})p=2\times(0.1316-0.084)\times100=10.46\text{(kPa)}$$

(5) G 点下的应力。过 G 点作矩形 $GADH$、$GBCH$，分别求出它们的角点应力系数 K_{cI} 和 K_{cII}。

求 K_{cI}：$m=\dfrac{2.5}{1}=2.5$，$n=\dfrac{1}{1}=1$，由表 7-2 查得 $K_{cI}=0.2016$

求 K_{cII}：$m=\dfrac{1}{0.5}=2$，$n=\dfrac{1}{0.5}=2$，由表 7-2 查得 $K_{cII}=0.1202$

故 G 点下的竖直附加应力为
$$\sigma_{zG}=(K_{cI}-K_{cII})p=(0.2016-0.1202)\times100=8.14\text{(kPa)}$$

将计算结果绘成图 7-17 (a)；将点 O 和点 F 下不同深度的 σ_z 求出并绘成图 7-17 (b)，可以形象地表现出附加应力的分布规律。

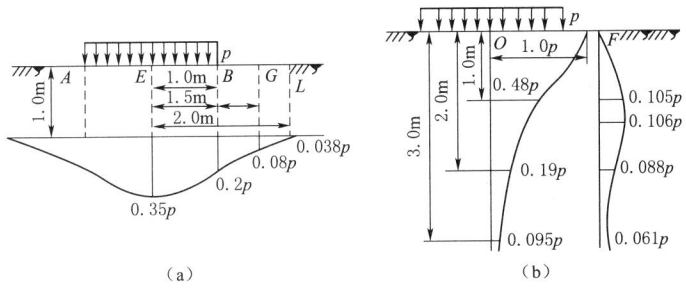

图 7-17 [例 7-3] 计算结果

2. 矩形基础受竖直三角形分布荷载作用时角点以下的竖直附加应力

矩形基础受竖直三角形分布荷载作用时，把荷载强度为 0 的角点 O 作为坐标原点，同样可利用公式 $\sigma_z=\dfrac{3p}{2\pi}\dfrac{z^3}{R^5}$ 沿着整个面积积分来求得，如图 7-18 所示。若矩形基础受到三角形荷载的最大强度为 p_T，则微分面积 $dxdy$ 上的作用力 $dp=\dfrac{p_T}{B}dxdy$ 可作为集中力看待，于是角点 O 以下任意深度 z 处，由于该集中力所引起的竖直附加应力为

$$d\sigma_z=\dfrac{3p_T}{2\pi B}\dfrac{1}{\left[1+\left(\dfrac{r}{z}\right)^2\right]^{5/2}}\dfrac{xdxdy}{z^2} \tag{7-15}$$

将 $r^2=x^2+y^2$ 代入上式并沿整个底面积积分，即可得到矩形基底受竖直三角形分布荷载作用时角点下的附加应力为

$$\sigma_z=K_T p_T \tag{7-16}$$

式中 K_T——矩形基础受竖直三角形分布荷载作用时的竖直附加应力分布系数，可由 $m=\dfrac{l}{b}$，$n=\dfrac{z}{b}$ 查表 7-3 求得。

对于矩形基础范围内（或外）任意点下的竖向附加应力，仍然可以利用角点法和叠加原理进行计算。

3. 矩形基础受水平均布荷载作用时角点下的竖向附加应力计算

如图 7-19 所示，当矩形基底受到水平均布荷载 p_h 作用时，角点下任意深度 z 处的竖直附加应力可以利用公式 $\sigma_z=\dfrac{3p}{2\pi}\dfrac{z^3}{R^5}$ 求得：

$$\sigma_z=\pm K_h p_h \tag{7-17}$$

式中 K_h——矩形基础受水平均布荷载作用时的竖向附加应力分布系数，可由 $m=\dfrac{l}{b}$，$n=\dfrac{z}{b}$ 查表 7-4 求得；

"+"——当计算点在水平均布荷载作用方向的终止端以下时；

"-"——当计算点在水平均布荷载作用方向的起始端以下时。

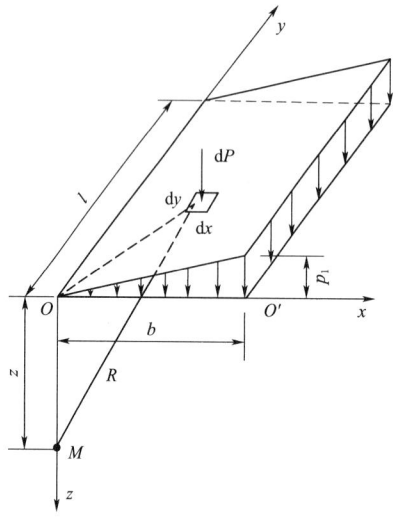

图 7-18 矩形基础受竖直三角形分布荷载作用角点下的附加应力

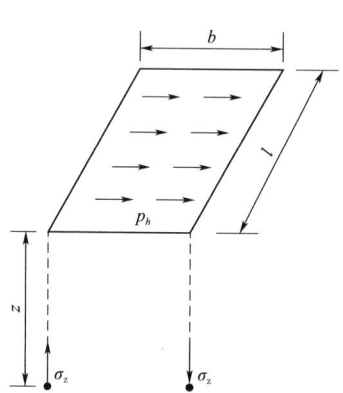

图 7-19 矩形基础受水平均布荷载作用角点下附加应力

表 7-3 矩形基础受三角形分布荷载作用零角点下的附加应力系数 K_T 值

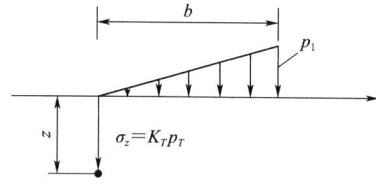

$n=z/b$	$m=l/b$													
	0.2	0.4	0.6	0.8	1.0	1.2	1.4	1.6	1.8	2.0	4.0	6.0	8.0	10.0
0.2	0.0223	0.0280	0.0296	0.0301	0.0304	0.0305	0.0305	0.0306	0.0306	0.0306	0.0306	0.0306	0.0306	0.0306
0.4	0.0269	0.0420	0.0487	0.0517	0.0531	0.0539	0.0543	0.0545	0.0546	0.0547	0.0549	0.0549	0.0549	0.0549
0.6	0.0259	0.0448	0.0560	0.0621	0.0654	0.0673	0.0684	0.0690	0.0694	0.0696	0.0702	0.0702	0.0702	0.0702
0.8	0.0232	0.0421	0.0553	0.0637	0.0688	0.0720	0.0739	0.0751	0.0759	0.0764	0.0776	0.0776	0.0776	0.0776
1.0	0.0201	0.0375	0.0508	0.0602	0.0666	0.0708	0.0735	0.0753	0.0766	0.0774	0.0794	0.0795	0.0796	0.0796
1.2	0.0171	0.0324	0.0450	0.0546	0.0615	0.0664	0.0698	0.0721	0.0738	0.0749	0.0779	0.0782	0.0783	0.0783
1.4	0.0145	0.0278	0.0392	0.0483	0.0554	0.0606	0.0644	0.0672	0.0692	0.0707	0.0748	0.0752	0.0752	0.0753
1.6	0.0123	0.0238	0.0339	0.0424	0.0492	0.0545	0.0586	0.0616	0.0639	0.0656	0.0708	0.0714	0.0715	0.0715
1.8	0.0105	0.0204	0.0294	0.0371	0.0435	0.0487	0.0528	0.0560	0.0585	0.0604	0.0666	0.0673	0.0675	0.0675
2.0	0.0090	0.0176	0.0255	0.0324	0.0384	0.0434	0.0474	0.0507	0.0533	0.0553	0.0624	0.0634	0.0636	0.0636
2.5	0.0063	0.0125	0.0183	0.0236	0.0284	0.0326	0.0362	0.0393	0.0419	0.0440	0.0529	0.0543	0.0547	0.0548
3.0	0.0046	0.0092	0.0135	0.0176	0.0214	0.0249	0.0280	0.0307	0.0331	0.0352	0.0449	0.0469	0.0474	0.0476
5.0	0.0018	0.0036	0.0054	0.0071	0.0088	0.0104	0.0120	0.0135	0.0148	0.0161	0.0248	0.0283	0.0296	0.0301
7.0	0.0009	0.0019	0.0028	0.0038	0.0047	0.0056	0.0064	0.0073	0.0081	0.0089	0.0152	0.0186	0.0204	0.0212
10.0	0.0005	0.0009	0.0014	0.0019	0.0023	0.0028	0.0033	0.0037	0.0041	0.0046	0.0084	0.0111	0.0218	0.0139

当计算点在基础范围内（或外）任一位置，同一可以利用角点法和叠加原理来进行计算。

表 7-4　矩形基础受水平均布荷载作用角点下竖向附加应力系数 K_h 值

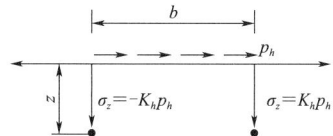

$n=z/b$	$m=l/b$										
	1.0	1.2	1.4	1.6	1.8	2.0	3.0	4.0	6.0	8.0	10.0
0	0.1592	0.1592	0.1592	0.1592	0.1592	0.1592	0.1592	0.1592	0.1592	0.1592	0.1592
0.2	0.1518	0.1523	0.1526	0.1528	0.1529	0.1529	0.1530	0.1530	0.1530	0.1530	0.1530
0.4	0.1328	0.1347	0.1356	0.1362	0.1365	0.1367	0.1371	0.1372	0.1372	0.1372	0.1372
0.6	0.1091	0.1121	0.1139	0.1150	0.1156	0.1160	0.1168	0.1169	0.1170	0.1170	0.1170
0.8	0.0861	0.0900	0.0924	0.0939	0.0948	0.0955	0.0967	0.0969	0.0970	0.0970	0.0970
1.0	0.0666	0.0708	0.0735	0.0753	0.0766	0.0774	0.0790	0.0794	0.0795	0.0796	0.0796
1.2	0.0512	0.0553	0.0582	0.0601	0.0615	0.0624	0.0645	0.0650	0.0652	0.0652	0.0652
1.4	0.0395	0.0433	0.0460	0.0480	0.0494	0.0505	0.0528	0.0534	0.0537	0.0537	0.0538
1.6	0.0308	0.0341	0.0366	0.0385	0.0400	0.0410	0.0436	0.0443	0.0446	0.0447	0.0447
1.8	0.0242	0.0270	0.0293	0.0311	0.0325	0.0336	0.0362	0.0370	0.0374	0.0375	0.0375
2.0	0.0192	0.0217	0.0237	0.0253	0.0266	0.0277	0.0303	0.0312	0.0317	0.0318	0.0318
2.5	0.0113	0.0130	0.0145	0.0157	0.0167	0.0176	0.0202	0.0211	0.0217	0.0219	0.0219
3.0	0.0070	0.0083	0.0093	0.0102	0.0110	0.0117	0.0140	0.0150	0.0156	0.0158	0.0159
5.0	0.0018	0.0021	0.0024	0.0027	0.0030	0.0032	0.0043	0.0050	0.0057	0.0059	0.0060
7.0	0.0007	0.0008	0.0009	0.0010	0.0012	0.0013	0.0018	0.0022	0.0027	0.0029	0.0030
10.0	0.0002	0.0003	0.0003	0.0004	0.0004	0.0005	0.0007	0.0008	0.0011	0.0013	0.0014

三、附加应力的平面间问题（条形基础的附加应力计算）

（一）平面问题条件下的附加应力

理论上，当基础长度 l 与宽度 b 之比，$\dfrac{l}{b}=\infty$ 时，地基内部的应力状态属于平面问题。

实际工程实践中，当 $\dfrac{l}{b} \geqslant 10$ 时，平面问题。

1. 条形基础受竖直均布荷载作用下的附加压力

如图 7-20 所示，将坐标原点 O 取在基础一侧的端点上，荷载作用的一侧为 x 的正方向。地基中任一点 M 的竖直附加应力 σ_z，可由简化公式求得：

$$O_z = K_z^s p \tag{7-18}$$

式中 K_z^s——条形基础受竖直均布荷载作用下的附加应力系数,可根据 $m=\dfrac{x}{b}$,$n=\dfrac{z}{b}$ 查表 7-5 求得。所示,当条形基础受到均布荷载 p 作用时,根据布辛涅斯克公式

表 7-5   条形基础受竖直均布荷载作用下的竖向附加应力系数 K_z^s 值

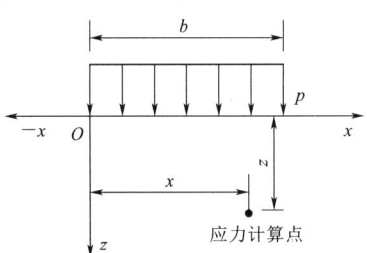

$n=z/b$	$m=x/b$								
	-0.5	-0.25	0	0.25	0.5	0.75	1.00	1.25	1.50
0.01	0.001	0	0.500	0.999	0.999	0.999	0.500	0	0.001
0.1	0.002	0.011	0.499	0.988	0.997	0.988	0.499	0.011	0.002
0.2	0.011	0.091	0.498	0.936	0.978	0.936	0.498	0.091	0.011
0.4	0.056	0.174	0.489	0.797	0.881	0.797	0.489	0.174	0.056
0.6	0.111	0.243	0.468	0.679	0.756	0.679	0.468	0.243	0.111
0.8	0.155	0.276	0.440	0.586	0.642	0.586	0.440	0.276	0.155
1.0	0.186	0.288	0.409	0.511	0.549	0.511	0.409	0.288	0.186
1.2	0.202	0.287	0.375	0.450	0.478	0.450	0.375	0.287	0.202
1.4	0.210	0.279	0.348	0.400	0.420	0.400	0.348	0.279	0.210
1.6	0.212	0.268	0.321	0.360	0.374	0.360	0.321	0.268	0.212
1.8	0.209	0.255	0.297	0.326	0.337	0.326	0.297	0.255	0.209
2.0	0.205	0.242	0.275	0.298	0.306	0.298	0.275	0.242	0.205
2.5	0.188	0.212	0.231	0.244	0.248	0.244	0.231	0.212	0.188
3.0	0.171	0.186	0.198	0.206	0.208	0.206	0.198	0.186	0.171
3.5	0.154	0.165	0.173	0.178	0.179	0.178	0.173	0.165	0.154
4.0	0.140	0.147	0.153	0.156	0.158	0.156	0.153	0.147	0.140
4.5	0.128	0.133	0.137	0.139	0.140	0.139	0.137	0.133	0.128
5.0	0.117	0.121	0.124	0.126	0.126	0.126	0.124	0.121	0.117

2. 条形基底受竖直三角形分布荷载作用时的附加应力

如图 7-21 所示,当条形基础上受最大强度为 p_T 的三角形分布荷载作用时,同样可利用基本公式 $\sigma_z=\dfrac{2p}{\pi}\dfrac{z^3}{(x^2+z^2)^2}$,地基中任一点 M 的竖直附加压力 σ_z,可由简化公式求得:

$$\sigma_z = K_z^T p_T \tag{7-19}$$

式中 K_z^T——条形基础受三角形分布荷载作用时的竖向附加应力系数,按 $m=\dfrac{x}{b}$,$n=\dfrac{z}{b}$,查表 7-6 求得。

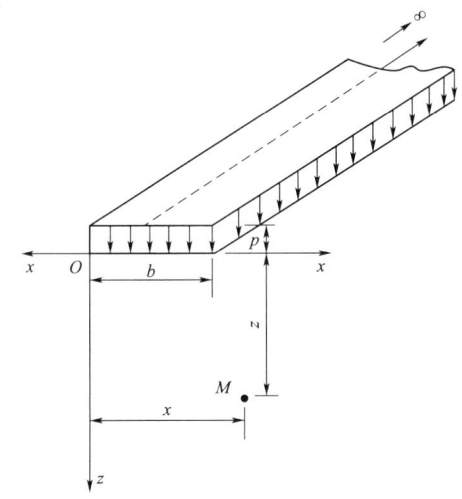

图 7-20 条形基础受竖直均布荷载作用下的附加应力

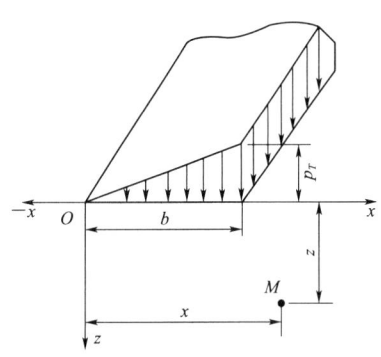

图 7-21 条形基础受水平均布荷载作用下的附加应力

表 7-6 条形基础受三角形分布荷载作用下竖向附加应力系数 K_z^T 值

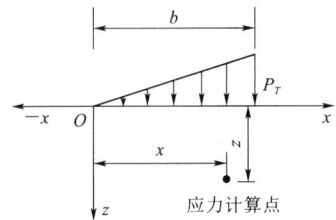

$n=z/b$	$m=x/b$								
	-0.5	-0.25	0.00	0.25	0.50	0.75	1.00	1.25	1.50
0.01	0	0	0.003	0.249	0.500	0.750	0.497	0	0
0.1	0	0.002	0.032	0.251	0.498	0.737	0.468	0.010	0.002
0.2	0.003	0.009	0.061	0.255	0.489	0.682	0.437	0.050	0.009
0.4	0.010	0.036	0.110	0.263	0.441	0.534	0.379	0.137	0.043
0.6	0.030	0.066	0.140	0.258	0.378	0.421	0.328	0.177	0.080
0.8	0.050	0.089	0.155	0.243	0.321	0.343	0.285	0.188	0.106
1.0	0.065	0.104	0.159	0.224	0.275	0.286	0.250	0.184	0.121

续表

$n=z/b$	$m=x/b$								
	-0.5	-0.25	0.00	0.25	0.50	0.75	1.00	1.25	1.50
1.2	0.070	0.111	0.154	0.204	0.239	0.246	0.221	0.176	0.126
1.4	0.083	0.114	0.151	0.186	0.210	0.215	0.198	0.165	0.127
1.6	0.087	0.114	0.143	0.170	0.187	0.190	0.178	0.154	0.124
1.8	0.089	0.112	0.135	0.155	0.168	0.171	0.161	0.143	0.120
2.0	0.090	0.108	0.127	0.143	0.153	0.155	0.147	0.134	0.115
2.5	0.086	0.098	0.110	0.119	0.124	0.125	0.121	0.113	0.103
3.0	0.080	0.088	0.095	0.101	0.104	0.105	0.102	0.098	0.091
3.5	0.073	0.079	0.084	0.088	0.090	0.090	0.089	0.086	0.081
4.0	0.067	0.071	0.075	0.077	0.079	0.079	0.078	0.076	0.073
4.5	0.062	0.065	0.067	0.069	0.070	0.070	0.070	0.068	0.066
5.0	0.057	0.059	0.061	0.063	0.063	0.063	0.063	0.062	0.060

单元四 土 的 压 缩 性

7-2 土的附加应力计算

一、土的压缩性

(一) 概述

土是一种松散颗粒沉积物，具有压缩性。在建筑物荷载作用下，地基中产生附加应力，从而引起地基变形（主要是竖直变形），建筑物基础亦随之沉降。对于非均质地基或上部结构荷载差异较大时，基础部分还可能出现不均匀沉降。如果沉降或不均匀沉降超过容许范围，将会影响建筑物的正常使用，如引起上部结构的过大下沉、裂缝、扭曲或倾斜，严重时还将危及建筑物的安全。因此，研究地基的变形，对于保证建筑物的经济性和安全具有重要意义。为了保证建筑物的正常使用和经济合理，在地基基础设计时就必须计算地基的变形值，将这一变形值控制在允许范围内，否则应采取必要的措施。

(二) 土的压缩性及土体产生压缩的原因

土在压力作用下体积缩小的特性称为土的压缩性。土体积缩小的原因，从土的三相组成来看有以下三个方面：①土颗粒本身的压缩；②土体孔隙中不同形态的水和气体的压缩；③孔隙中部分水和气体被挤出，土颗粒相互移动靠拢使孔隙体积减小。试验研究表明，在一般建筑物压力 100～600kPa 作用下，土颗粒和水自身体积的压缩都很小，可以略去不计，气体的压缩性较大，密闭系统中，土的压缩是气体压缩的结果，但在压力消失后，土的体积基本恢复，即土呈弹性。而自然界中土是一个开放系统，孔隙中的水和气体在压力作用下不可能被压缩而是被挤出，因此，土的压缩变形主要是由于孔隙中水和气体被挤出，致使土体孔隙体积减小而引起的。

二、土的压缩性指标

（一）侧限压缩试验

1. 侧限压缩试验与压缩曲线

室内压缩试验是用环刀取土样放入单向固结仪或压缩仪内进行的，由于该试验中土样受到环刀和护环等刚性护壁的约束，在压缩过程中不可能发生侧向膨胀，只能产生竖直变形，因此又称为侧限压缩试验。土的压缩特性可由试验中施加的竖直固结压力 p 与土层应固结稳定状态下的土孔隙比 e 之间的关系反映出来。

7-3 压缩实验

试验时，逐级对土样施加分布压力，一般按 p 取 50kPa、100kPa、200kPa、300kPa、400kPa 五级加荷，待土样压缩相对稳定后［符合《土工试验方法标准》（GB/T 50123—2019）有关规定要求］，测定相应变形量 S_i，而 S_i 用孔隙比的变化来表示。

如图 7-22 所示，一固结土样的断面面积为 A，体积为 V，土样在没有荷载作用时的高度为 H_0，孔隙比为 e_0，土粒体积为 V_0，土样在任一级荷载作用下达到稳定后的高度为 $H_i = H_0 - \sum \Delta S_i$，相应的孔隙比为 e_i，土粒体积不变，即 $V_{s0} = V_{si}$。有土体的组成可知

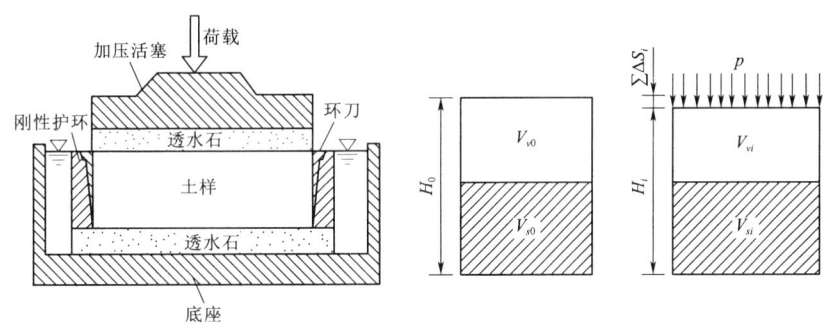

图 7-22 土的压缩试验示意图

土样压缩前 $V_0 = V_{s0} + V_{v0} = V_{s0}(1 + e_0)$ (7-20)

且 $V_0 = AH_0$

即 $AH_0 = V_{s0}(1 + e_0)$

土样压缩后 $V_i = V_{si} + V_{vi} = V_{si}(1 + e_i)$ (7-21)

且 $V_i = AH_i$

即 $AH_i = V_{si}(1 + e_i)$

由式（7-20）和式（7-21）得到 $\dfrac{H_i}{H_0} = \dfrac{V_{si}(1+e_i)}{V_{s0}(1+e_0)}$，任一级荷载作用下稳定后的孔隙比为

$$e_i = e_0 - (1 - e_0)\frac{\sum \Delta s_i}{H_0} \quad (7-22)$$

2. 试验结果表示方法

试验时，测得各级荷载作用下的土样变形量 Δs_i，由式（7-22）计算出相应的孔隙

比 e_i。根据试验的各级压力和相应的孔隙比，绘出压力和孔隙比之间的关系曲线（即土的压缩曲线）。常用的表示法有 $e-p$ 曲线和 $e-\lg p$ 曲线两种形式。如图 7-23（a）、（b）所示。

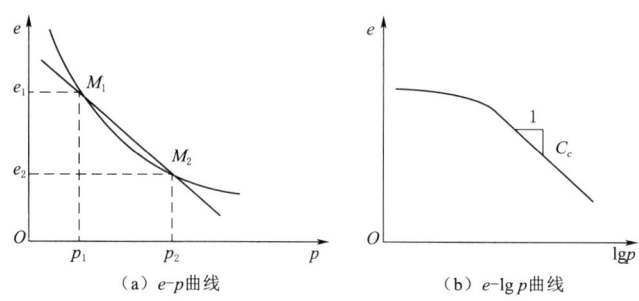

图 7-23　土的压缩曲线

（二）压缩性指标

虽然根据 $e-p$ 关系曲线可以判定土的压缩性大小，但实际工程中需进行定量判别，常用的压缩性指标有压缩系数 a，压缩模量 E_s 和压缩指数 C_c。

1. 压缩系数 a

a 值表示单位压力增量所引起的孔隙比的变化，称为土的压缩系数。用式（7-23）表示：

$$a = \frac{\Delta e}{\Delta p} = \frac{e_1 - e_2}{p_2 - p_1} \tag{7-23}$$

式（7-23）中 a 的常用单位为 MPa^{-1}，p 的常用单位为 kPa。显然，a 值越大，表明曲线斜率大，即曲线越陡，说明压力增量 Δp 在一定的情况下孔隙比增量越大，则土的压缩性就越高。因此，压缩系数 a 值是判断土压缩性高低的一个重要指标。

由图 7-23（a）还可以看出，同一种土的压缩系数并不是常数，而是随所取压力变化范围的不同而改变的。为了评价不同种类土的压缩性大小，必须用同一压力变化范围来比较。工程实践中，常采用压力 $P_1 = 100\mathrm{kPa}$，$P_2 = 200\mathrm{kPa}$ 相对应的压缩系数 a_{1-2} 来评价土的压缩性。将地基土的压缩性分为以下三类：当 $a_{1-2} \geqslant 0.5\mathrm{MPa}^{-1}$ 时，为高压缩性土；当 $0.1\mathrm{MPa}^{-1} \leqslant a_{1-2} < 0.5\mathrm{MPa}^{-1}$ 时，为中压缩性土；当 $a_{1-2} < 0.1\mathrm{MPa}^{-1}$ 时，为低压缩性土。

2. 压缩模量

土在完全侧限条件下，其竖向应力变化量 ΔP 与相应的应变变化量 ε 之比，称为土的压缩模量，用 E_s 表示，常用单位 MPa。即

$$E_s = \frac{\Delta P}{\varepsilon} \tag{7-24}$$

压力增量 $\Delta P = P_1 - P_2$，竖向应变 $\varepsilon = \dfrac{H_1 - H_2}{\varepsilon}$，代入式（7-24）计算，得

$$E_s = \frac{1 + e_1}{a} \tag{7-25}$$

同样相应于 $P_1=100\mathrm{kPa}$，$P_2=200\mathrm{kPa}$ 范围内的压缩模量 E_s 值评价地基土的压缩性。将地基土的压缩性分为以下三类：$E_s<4\mathrm{MPa}$ 为高压缩性土；$4\mathrm{MPa}\leqslant E_s<15\mathrm{MPa}$ 为中压缩性土；$E_s\geqslant 15\mathrm{MPa}$ 为低压缩性土。

3. 压缩指数 C_c

从图 7-23 (b) 中的 $e\text{-}\lg p$ 曲线可以看出，此曲线的后半部为直线，此直线的斜率称为土的压缩指数 C_c，即

$$C_c = \frac{e_1 - e_2}{\lg p_2 - \lg p_1} \tag{7-26}$$

压缩指数无量纲，压缩指数越大，土的压缩性也就越大。按《建筑地基基础设计规范》（GB 50007—2011）规定：$C_c<0.2$ 为低压缩性土；$0.2\leqslant C_c\leqslant 0.4$ 为中压缩性土；$C_c>0.4$ 为高压缩性土。

单元五　地基最终沉降量的计算

一、概述

(一) 地基沉降量

地基最终沉降量是指地基在建筑物荷载作用下最后的稳定沉降量。计算地基最终沉降量的目的在于确定建筑物最大沉降量、沉降差、倾斜和局部倾斜，并将其控制在允许范围内，为建筑物设计和地基处理提供依据，以保证建筑物的安全和正常使用。

(二) 地基产生沉降的原因

地基沉降的原因：①建筑物的荷重产生的附加应力引起；②欠固结土的自重引起；③地下水位下降和施工中水的渗流引起。

基础沉降按其原因和次序分为瞬时沉降 S_d、主固结沉降 S_c 和次固结沉降 S_s 三部分。

瞬时沉降是指加荷后立即发生的沉降，对饱和土地基，土中水尚未排出的条件下，沉降主要由土体侧向变形引起；这时土体不发生体积变化。

主固结沉降是指超静孔隙水压力逐渐消散，使土体积压缩而引起的渗透固结沉降，也称主固结沉降，它随时间而逐渐增长。

次固结沉降是指超静孔隙水压力基本消散后，主要由土粒表面结合水膜发生蠕变等引起的，它将随时间极其缓慢地沉降。

因此，建筑物基础的总沉降量应为上述三部分之和，即

$$S = S_d + S_c + S_s$$

计算地基变形时，传至基础底面上的荷载效应应按正常使用极限状态效应的准永久组合，不应计入风荷载和地震作用，相应的限值应为地基变形永久值。

二、地基沉降量计算

计算地基最终沉降量的方法有多种，这里主要介绍分层总和法和《建筑地基基础设计规范》（GB 50007—2011）推荐的方法，现介绍如下：

（一）分层总和法

分层总和法是将地基压缩层范围以内的土层划分成若干薄层，分别计算每一薄层土的变形量，最后总和起来，即得基础的沉降量。

1. 计算假设

（1）地基中附加应力按均质地基考虑，采用弹性理论计算。

（2）假定地基受压后不发生侧向膨胀，土层在竖直附加应力作用下只产生竖向变形，即可采用完全侧限条件下的室内压缩指标计算土层的变形量。

（3）一般采用基础底面中心点下的附加应力计算各薄层的变形量，各薄层变形量之和即为地基总沉降量。

2. 计算公式

将基础底面下压缩层范围内的土层划分为若干分层。现分析第 i 分层的变形量的计算方法（图7-24）。

在建筑物建造以前，第 i 分层仅受到土的自重应力作用，在建筑物建造以后，该薄层除受自重应力外，还受到建筑荷载所产生的附加应力的作用。

一般情况下，土的自重应力产生的变形过程早已结束，而只有附加应力才会使土层产生新的变形，从而使基础发生沉降。假定地基土受荷后不产生侧向变形，所以其受力状况与土的室内压缩试验时一样，故第 i 层土的沉降量由式（7-22）推导可得：

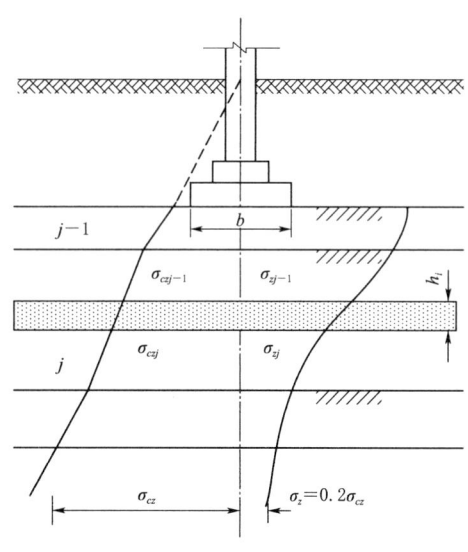

图7-24 分层总和法计算原理示意图

$$\Delta s_i = \frac{e_{1i} - e_{2i}}{1 + e_{1i}} h_i \quad (7-27)$$

则地基总变形量为

$$s = \sum_{i=1}^{n} \Delta s_i = \sum_{i=1}^{n} \frac{e_{1i} - e_{2i}}{1 + e_{1i}} h_i \quad (7-28)$$

式中 Δs_i ——第 i 薄层土的沉降量；

s ——基础最终沉降量；

e_{1i} ——第 i 薄层土在建筑物建造前，土层平均自重作用下的孔隙比；

e_{2i} ——第 i 薄层土在建筑物建造后，土层在平均自重应力和平均附加应力作用下，最终压缩稳定的孔隙比；

h_i ——第 i 薄层土的厚度；

n ——压缩层范围内土层分层数目。

式（7-28）是分层总和法的基本公式，它采用压缩曲线计算。在计算中若采用压缩指标压缩系数 a_i 或者压缩模量 E_{si} 来表示，则式（7-28）可变为

$$s = \sum_{i=1}^{n} \Delta s_i = \sum_{i=1}^{n} \frac{e_{1i} - e_{2i}}{1 + e_{1i}} h_i = \sum_{i=1}^{n} \frac{a_i \overline{\sigma_{czi}}}{1 + e_{1i}} h_i = \sum_{i=1}^{n} \frac{\overline{\sigma_{czi}}}{E_{si}} h_i \qquad (7-29)$$

式中 α_i、E_{si}——第 i 薄层土的压缩系数、压缩模量；

$\overline{\sigma_{czi}}$——第 i 薄层土上下层面所受附加应力的平均值。

3. 计算步骤

（1）按比例尺绘出地基土层剖面图和基础剖面图。

（2）计算基底的附加应力和自重应力。

（3）将压缩层范围内各土层划分成厚度为 $h_i \leqslant 0.4b$（b 为基础宽度）的若干薄土层，不同性质的土层面和地下水位面作为分层的界面。

（4）计算并绘出自重应力和附加应力分布图（各分层的分界面应标明应力值）。

（5）确定地基压缩层厚度，一般取对应 $\sigma_{zi} < 0.2\sigma_{czi}$ 处的地基深度 Z_n 作为压缩层计算深度的下限，当在该深度下有高压缩性土层时取 $\sigma_{zi} < 0.1\sigma_{czi}$ 所对应深度。

（6）按式（7-27）计算各分层的压缩量。

（7）按式（7-28）算出基础总沉降量。

（二）规范法

根据各向同性均质线性变形体理论，《建筑地基基础设计规范》（GB 50007—2011）采用式（7-30）计算最终的基础沉降量：

$$s = \psi_s s' = \psi_s \sum_{i=1}^{n} \frac{p_0}{E_{si}} (z_i \overline{\alpha_i} - z_{i-1} \overline{\alpha_{i-1}}) \qquad (7-30)$$

式中 s——地基最终沉降量，mm；

s'——理论计算沉降量，mm；

n——地基变形计算深度范围内压缩模量（特性）不同的土层数量；

z_i、z_{i-1}——基础底面至第 i 层和第 $i-1$ 层底面的距离，m；

$\overline{\alpha_i}$、$\overline{\alpha_{i-1}}$——基础底面至第 i 层和第 $i-1$ 层底面范围内平均附加应力系数，可查表 7-8；

ψ_s——沉降计算经验系数，根据各地区沉降观测资料及经验确定，也可采用表 7-7 的数值。

表 7-7　　　　　　　　沉降计算经验系数 ψ_s 值

基底附加应力		2.5	4.0	7.0	15.0	20.0
黏性土	$P_0 = f_{ak}$	1.4	1.3	1.0	0.4	0.2
	$P_0 < 0.75 f_{ak}$	1.1	1.0	0.7	0.4	0.2
砂土		1.1	1.0	0.7	0.4	0.2

$\overline{E_s}$ 为计算深度范围内压缩模量的当量值，即

$$\overline{E_s} = \frac{\sum A_i}{\sum \dfrac{A_i}{E_{si}}}$$

式中 A_i——第 i 层土附加应力系数沿土层厚度的积分值，即第 i 层土的附加应力系数面积；

E_{si}——相应于该土层的压缩模量。

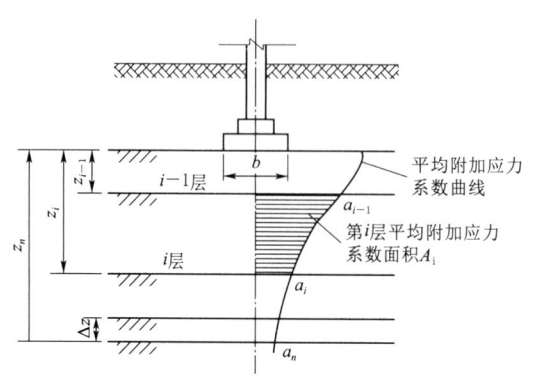

图 7-25 规范法计算沉降量计算原理示意图

地基变形计算深度 z_n 的确定（图 7-25），应符合下式要求：

$$\Delta s'_n \leqslant 0.025 \sum_{i=1}^{n} \Delta s' \quad (7-31)$$

式中 $\Delta s'_i$——在计算深度 z_n 范围内，第 i 层土的计算变形量；

$\Delta s'_n$——计算深度向上取厚度为 Δz 的土层变形值，Δz 如图 7-25 所示，并按表 7-9 确定。

如确定的计算深度下部仍有较软土层时，应继续计算。

当无相邻荷载影响，基础宽度在 1～30m 范围内时，基础中点的地基变形计算深度也可按下列简化公式计算：

$$z_n = b(2.5 - 0.4 \ln b) \quad (7-32)$$

式中 b——基础宽度，m。

7-4 最终沉降量计算

在计算深度范围内存在基岩时，z_n 可取至基岩表面；当存在较厚的坚硬黏性土层，其孔隙比小于 0.5、压缩模量大于 50MPa，或存在较厚的密实砂卵石层，其压缩模量大于 80MPa 时，z_n 可取至该层土表面。

表 7-8 矩形基础受到均布荷载作用角点下的平均附加应力系数值

z/b	l/b												
	1.0	1.2	1.4	1.6	1.8	2.0	2.4	2.8	3.2	3.6	4.0	5.0	>10
0	1.000	1.000	1.000	1.000	1.000	1.000	1.000	1.000	1.000	1.000	1.000	1.000	1.000
0.2	0.987	0.990	0.991	0.992	0.992	0.992	0.993	0.993	0.993	0.993	0.993	0.993	0.993
0.4	0.936	0.947	0.953	0.956	0.958	0.960	0.961	0.962	0.962	0.963	0.963	0.963	0.963
0.6	0.858	0.878	0.890	0.898	0.903	0.906	0.910	0.912	0.913	0.914	0.914	0.915	0.915
0.8	0.775	0.801	0.810	0.831	0.839	0.844	0.851	0.855	0.857	0.858	0.859	0.860	0.860
1.0	0.689	0.738	0.749	0.764	0.775	0.783	0.792	0.798	0.801	0.803	0.804	0.806	0.807
1.2	0.631	0.663	0.686	0.703	0.715	0.725	0.737	0.744	0.749	0.752	0.754	0.756	0.758
1.4	0.573	0.605	0.629	0.648	0.661	0.672	0.687	0.696	0.701	0.705	0.708	0.711	0.714
1.6	0.524	0.556	0.580	0.599	0.613	0.625	0.614	0.651	0.658	0.663	0.666	0.670	0.675
1.8	0.482	0.513	0.537	0.556	0.571	0.583	0.600	0.611	0.619	0.624	0.629	0.633	0.638
2.0	0.446	0.475	0.499	0.518	0.533	0.545	0.563	0.575	0.584	0.590	0.594	0.600	0.606
2.2	0.414	0.443	0.466	0.484	0.499	0.511	0.530	0.543	0.552	0.558	0.563	0.570	0.577
2.4	0.387	0.414	0.436	0.454	0.469	0.481	0.500	0.513	0.523	0.530	0.535	0.543	0.551

续表

z/b	l/b											
	1.0	1.2	1.4	1.6	1.8	2.0	2.4	2.8	3.2	3.6	4.0	5.0	>10
2.6	0.362	0.389	0.410	0.428	0.442	0.455	0.473	0.487	0.496	0.504	0.509	0.518	0.528
2.8	0.341	0.366	0.387	0.404	0.418	0.430	0.449	0.463	0.472	0.480	0.486	0.495	0.506
3.0	0.322	0.346	0.366	0.383	0.397	0.409	0.427	0.441	0.451	0.459	0.465	0.477	0.487
3.2	0.305	0.328	0.348	0.364	0.377	0.389	0.407	0.420	0.431	0.439	0.445	0.455	0.468
3.4	0.289	0.312	0.331	0.346	0.359	0.371	0.388	0.402	0.412	0.420	0.427	0.437	0.452
3.6	0.276	0.297	0.315	0.330	0.343	0.353	0.372	0.385	0.395	0.403	0.410	0.421	0.436
3.8	0.263	0.284	0.301	0.316	0.328	0.339	0.356	0.369	0.379	0.388	0.394	0.405	0.422
4.0	0.251	0.271	0.288	0.302	0.314	0.325	0.342	0.355	0.365	0.373	0.379	0.391	0.408
4.2	0.241	0.260	0.276	0.290	0.300	0.312	0.328	0.341	0.352	0.359	0.366	0.377	0.396
4.4	0.231	0.250	0.265	0.278	0.290	0.300	0.316	0.329	0.339	0.347	0.353	0.365	0.384
4.6	0.222	0.240	0.255	0.268	0.279	0.289	0.305	0.317	0.327	0.335	0.341	0.353	0.373
4.8	0.214	0.231	0.245	0.258	0.269	0.279	0.294	0.300	0.316	0.324	0.330	0.342	0.362
5.0	0.206	0.223	0.237	0.249	0.260	0.269	0.284	0.296	0.306	0.313	0.320	0.332	0.352

注 l、b 为矩形的长边与短边,z 为基底以下的深度。

表 7-9　　　　　　　　　　　ΔZ 取 值 表

b/m	≤2	2~4	4~8	8~15	15~30	>30
$\Delta z/m$	0.3	0.6	0.8	1.0	1.2	1.5

计算地基变形时,应考虑相邻荷载的影响,其值可按应力叠加原理,采用角点法计算。

现将按《建筑地基基础设计规范》(GB 50007—2011)方法计算基础沉降量的计算步骤总结如下:

(1) 计算基底附加应力。
(2) 将地基土按压缩性分层(即按 E_s 分层)。
(3) 计算各分层的沉降量。
(4) 确定沉降计算深度。
(5) 计算基础总沉降量。

【例 7-4】　某中心受压柱基础,已知基底压力 $p=220\text{kPa}$,地基承载力特征值 $f_{ak}=190\text{kPa}$,其他条件如图 7-26 所示,试用规范法计算基础的沉降量。

【解】　(1) 计算基底附加压力。
$$p_0=p-\sigma_{cz}=220-17.5\times1.5=193.75(\text{kPa})$$

(2) 将地基土按压缩性分层。

试取 $z_n=4.3\text{m}$,查表 7-9 知 $\Delta Z=0.3\text{m}$。分层厚度见表 7-10。

(3) 计算各分层的沉降量,计算过程见表 7-10。

(4) 确定计算深度。

由表 7-11 可知 $\sum_{i=1}^{4} \Delta s_i = 29.36 + 12.35 + 1.85 + 0.96 = 44.53 \text{(mm)}$

$$\Delta s'_n = 0.96 \text{mm} \leq 0.025 \sum_{i=1}^{4} \Delta s_i$$
$$= 0.025 \times 44.53 = 1.11 \text{(mm)}$$

故计算深度 $Z_n = 4.3\text{m}$ 满足要求。

(5) 确定沉降计算经验系数。

$$\overline{E_s} = \frac{\sum A_i}{\sum \dfrac{A_i}{E_{si}}} = \frac{1515.2 + 433.6 + 84.8 + 44.2}{\dfrac{1515.2}{10} + \dfrac{433.6}{6.8} + \dfrac{84.8}{8.9} + \dfrac{44.2}{8.9}}$$

$$= 9.04 \text{(MPa)}$$

查表 7-7 得 $\psi_s = 0.85$。

(6) 计算基础最终沉降量 $s = \psi_s s' = 0.85 \times 44.53 = 37.85 \text{(mm)}$

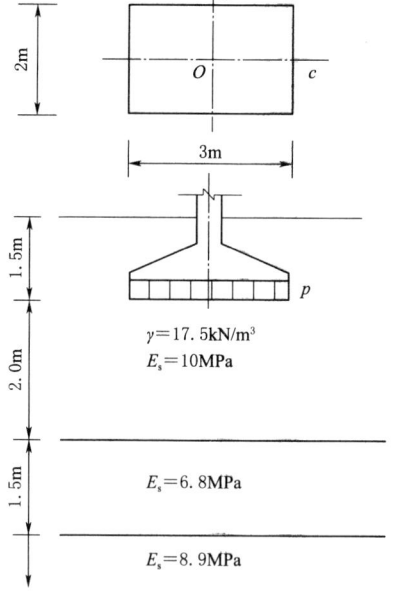

图 7-26 [例 7-4] 附图

表 7-10　　　　　　　　　　　　[例 7-4] 计算过程

z_i/mm	$n = \dfrac{l}{b}$	$m = \dfrac{z}{b}$	$\overline{\alpha_i}$	$\overline{\alpha_i} z_i / \text{mm}$	$\overline{\alpha_i} z_i - \overline{\alpha_{i-1}} z_{i-1} / \text{mm}$	E_{si}/kPa	$\Delta s_i / \text{mm}$
0	1.5	0	0.2500	0			
2000	1.5	2.0	0.1894	1515.2	1515.2	10000	29.36
3500	1.5	3.5	0.1392	1948.8	433.6	6800	12.35
4000	1.5	4.0	0.1271	2033.6	84.8	8900	1.85
4300	1.5	4.3	0.1208	2077.7	44.1	8900	0.96

(三) 关于计算方法的讨论

关于基础沉降量常用的两种计算方法，分层总合法计算基础沉降量时，仅仅考虑的是地基的固结沉降，没有考虑次固结沉降和瞬时沉降的影响；由于分层厚度的大小，应力的平均值参与计算，使得计算结果会有误差且计算工作量很大。《建筑地基基础设计规范》(GB 50007—2011) 提出的计算最终沉降量的方法，是基于分层总和法的思想，运用平均附加应力面积的概念，按天然土层界面以简化由于过分分层引起的繁琐计算，并结合大量工程实际中沉降量观测的统计分析，以经验系数 ψ_s 进行修正，求得地基的最终变形量。由于 ψ_s 综合反映了计算公式中一些未能考虑的因素，它是根据大量工程实例中沉降的观测值与计算值的统计分析比较而得的。

(四) 应力历史对地基沉降的影响

1. 土的应力历史

土的应力历史是指土体在历史上曾经受到过的应力状态。土在历史上曾经受到过的最大有效固结压力，称为先期固结应力，用 p_c 表示。

2. 先期固结应力和土层的固结

土体的固结应力就是使土体产生固结或压缩的应力，用 p_0。就地基土层来说，该应力主要有两种：一种是土的自重应力，另一种是由外荷引起的附加应力。先期固结应力和现在所受的固结应力之比，称为超固结比 OCR。根据 OCR 值可将土层分为正常固结土、超固结土和欠固结土。

OCR＝1，即先期固结应力等于现有的固结应力，为正常固结土。

OCR＞1，即先期固结力大于现有的固结应力，为超固结土。

OCR＜1，即先期固结力小于现有的固结应力，为欠固结土。

考虑应力历史对土层压缩性的影响，工程中常需判定土层的固结属正常固结、超固结、欠固结；为反映现场土层实际的压缩曲线，其可行办法为：通过现场取样，通过室内压缩曲线的特征建立室内压缩曲线与现场压缩曲线的关系，从而以室内压缩曲线推求现场压缩曲线。

3. 先期固结应力 p_c 的推求

根据室内大量试验资料证明：室内压缩曲线开始弯曲平缓，随着压力增大明显下弯，当压力接近 p_c 时，曲线急剧变陡，并随压力的增长近似直线向下延伸。

确定 p_c 的常用方法是卡萨格兰德提出的经验作图法，如图 7-27 所示，其步骤如下：

(1) 从室内 $e-\lg p$ 压缩曲线上找出曲率最大点 A 点。

(2) 过 A 点作水平线 $A1$ 和切线 $A2$。

(3) 作水平线 $A1$ 与切线 $A2$ 的夹角平分线 $A3$。

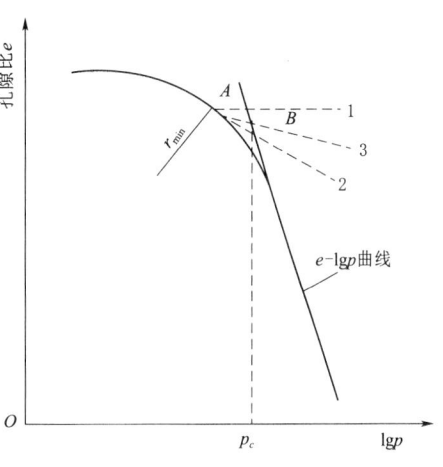

图 7-27 卡萨格兰德法确定先期固结压力

(4) 作 $e-\lg p$ 曲线直线段的向上延长交 $A3$ 于 B 点，则 B 点的横坐标即为所求的先期固结应力 p_c。

单元六 地基沉降与时间的关系

一、概述

前面介绍地基最终沉降量计算，是由于建筑物荷载产生的附加应力作用，使土的孔隙体积减小而引起的。对于饱和土体压缩，必须使孔隙中的水分排出后才能完成。孔隙中水分的排除需要一定的时间，通常碎石土和砂土地基渗透性大、压缩性小，地基沉降趋于稳定的时间很短。而饱和的厚黏性土地基的孔隙小、压缩性大，沉降往往需要几年甚至几十年才能完成，达到稳定。一般建筑物在施工期间完成的沉降量，对于砂土可认为其最终沉降量已完成 80％以上；对于低压缩性黏性土可以认为已完成最终沉降量的 50％～80％；

对于中压缩性土可以认为已完成20%~50%；对于高压缩性土却只能完成5%~20%。因此，工程实践中一般只考虑黏性土的变形与时间的关系对建筑物变形的影响。

在建筑物设计施工中，既要计算地基最终沉降量，还需要知道地基沉降与时间的关系，以便预留建筑物有关部分之间的净空，合理选择连接方法和施工顺序。对已发生裂缝、倾斜等事故的建筑物，也需要知道沉降与时间的关系，以便对沉降计算值和实测值进行分析。

二、土的单相固结理论

(一) 有效应力原理

土的压缩需要一定的时间才能完成，土的压缩随时间而增长的过程称为土的固结。饱和土在荷载作用后的瞬间，孔隙中水承受了由荷载产生的全部压力，此压力称为孔隙水压力或称超静水压力，孔隙水在超静水压力作用下逐渐被排出，同时使土粒骨架逐渐承受这部分压力，此压力称为有效应力。在有效应力增加的过程中，土粒孔隙被压密，土的体积被压缩。所以土的固结过程就是超静水压力消散而转为有效应力的过程。

由上述分析可知，在饱和土的固结过程中，任一时间内，有效应力 σ' 与超静水压力 u 之和总是等于由荷载产生的附加应力 σ，即

$$\sigma = \sigma' + u \tag{7-33}$$

在加荷瞬间：$t=0$，$\sigma'=0$ 而 $u=\sigma$，此时土体处于完全饱和状态，饱和土体中的孔隙水来不及排出；在加荷一段时间：$\infty > t > 0$，$\sigma' > 0$，$u > 0$，而 $\sigma = \sigma' + u$，此时饱和土体中的孔隙水逐渐向外排出；当固结变形稳定时：$t = \infty$，$\sigma' = \sigma$ 而 $u = 0$，此时饱和土体中的孔隙水完全排出，则饱和土完全固结。

(二) 饱和土的单向固结理论

在工程实践中，不仅要确定地基的最终沉降量，而且还要预估建筑物完工及一段时间后的沉降量和达到某一沉降所需要的时间，这就要求解决沉降与时间的关系问题。下面简单介绍饱和土体依据渗流固结理论为基础解决地基沉降与时间的关系，即饱和土体的单向固结理论。

1. 基本假设

将固结理论模型用于反映饱和黏性土的实际固结问题，其基本假设如下：

(1) 地基土是均质的、各相同性的饱和土。

(2) 在固结过程中，土粒和孔隙水是不可压缩的。

(3) 土层仅在竖向产生排水固结（相当于有侧限条件）。

(4) 土层的渗透系数 K、孔隙比 e 和压缩系数 a 为常数。

(5) 土层的压缩速率取决于孔隙水的排出速率，孔隙水的渗出符合达西定律。

(6) 外荷是一次瞬时施加的，且沿深度 Z 为均匀分布。

2. 固结度及其应用

在饱和土体渗透固结过程中，土层内任一点的孔隙水应力 u_{zt} 所满足的微分方程式称为固结微分方程式，如图 7-28 所示。

所谓固结度，就是指在某一固结应力作用下，经某一时间 t 后，土体发生固结或孔

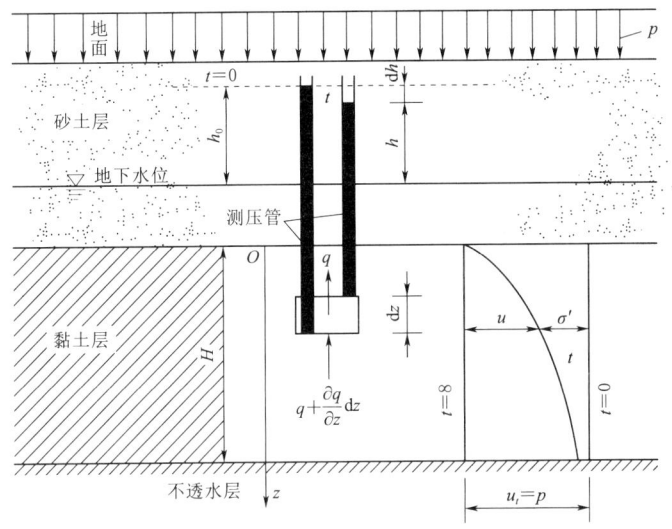

图 7-28 饱和土体的固结过程

隙水应力消散的程度。对于土层任一深度 z 处经时间 t 后的固结度，按式（7-34）表示：

$$u_t = \frac{\sigma'}{p} = \frac{u_0 - u_{zt}}{u_0} = 1 - \frac{u_{zt}}{u_0} \tag{7-34}$$

式中 u_0——初始孔隙水应力，其大小即等于该点的固结应力；

u_{zt}——t 时刻的孔隙水应力；

u_t——平均固结度。

平均固结度（u_t）：当土层为均质时，地基在固结过程中任一时刻 t 时的沉降量 s_t 与地基最终沉降量 s 之比称为地基在 t 时刻的平均固结度。用 u_t 表示，即：

$$u_t = s_t/s \quad \text{或} \quad s_t = u_t s$$

当地基的固结应力、土层性质和排水条件已定的前提下，u_t 仅是时间 t 的函数，由 $u_{zt} = \frac{4p}{\pi} \sum_{m=1}^{\infty} \frac{1}{m} \sin \frac{m\pi z}{2H} e^{-m^2 \frac{\pi^2}{4} Tv}$ 给出了 t 时刻在深度 z 的孔隙水应力的大小，根据有效应力和孔隙水应力的关系，土层的平均固结度为

$$u_t = \frac{s_t}{s} = \frac{\frac{a}{1+e_1} \int_0^H \sigma' dz}{\frac{a}{1+e_1} \int_0^H \sigma_z dz} = \frac{\int_0^H (\sigma - u) dz}{\int_0^H \sigma_z dz} = 1 - \frac{\int_0^H u dz}{\int_0^H \sigma_z dz} \tag{7-35}$$

$\int_0^H u dz$、$\int_0^H \sigma_z dz$ 分别表示土层在外荷作用下 t 时刻孔隙水应力面积与固结应力的面积，将式 $u_{zt} = \frac{4p}{\pi} \sum_{m=1}^{\infty} \frac{1}{m} \sin \frac{m\pi z}{2H} e^{-m^2 \frac{\pi^2}{4} Tv}$ 代入式（7-35）得：

$$u_t = 1 - \frac{8}{\pi^2}\left(e^{-\frac{\pi^2}{4}T_v} + \frac{1}{9}e^{-9\frac{\pi^2}{4}T_v} + \cdots\right) \tag{7-36}$$

令
$$C_v = \frac{K(1+e_1)}{\alpha \gamma_w}$$

式中 C_v——竖向渗透固结系数，m^2/a 或 cm^2/a；

T_v——时间因素，无因次，$T_v = tC_v/H^2$，t 的单位为年，H 为压缩土层的透水面至不透水面的排水距离，cm；当土层双面排水，H 取土层厚度的一半。

此式给出的 u_t 与 T_v 之间的关系可以用图 7-29 中的曲线表示。

从上式可以看出，土层的平均固结程度是时间因数 T_v 的单值函数，它与所加的固结应力的大小无关，但与土层中固结应力的分布有关。

固结度应用：有了上述几个公式，就可根据土层中的固结应力、排水条件解决下列两类问题：

（1）已知土层的最终沉降量 s，求某时刻历时 t 的沉降 S_t。

由地基资料 K，压缩系数 a，e_1，H，t，按式 $C_v = K(1+e_1)/\alpha\gamma_w$，$T_v = C_v t/H^2$ 求得 T_v 后，然后利用图 7-28 查出相应的固结度 u_t 或地基沉降与时间关系可采用固结理论或经验公式估算（具体应用时可参考有关资料）。

（2）已知土层的最终沉降量 S，某时刻固结度 u_t，求土层固结所经历的时间 t。

由地基资料 K，压缩系数 a，e_1，H，t，按式 $C_v = K(1+e_1)/\alpha\gamma_w$、$u_t$，然后利用图 7-28 查出相应的固结度 T_v，然后求时间 t。

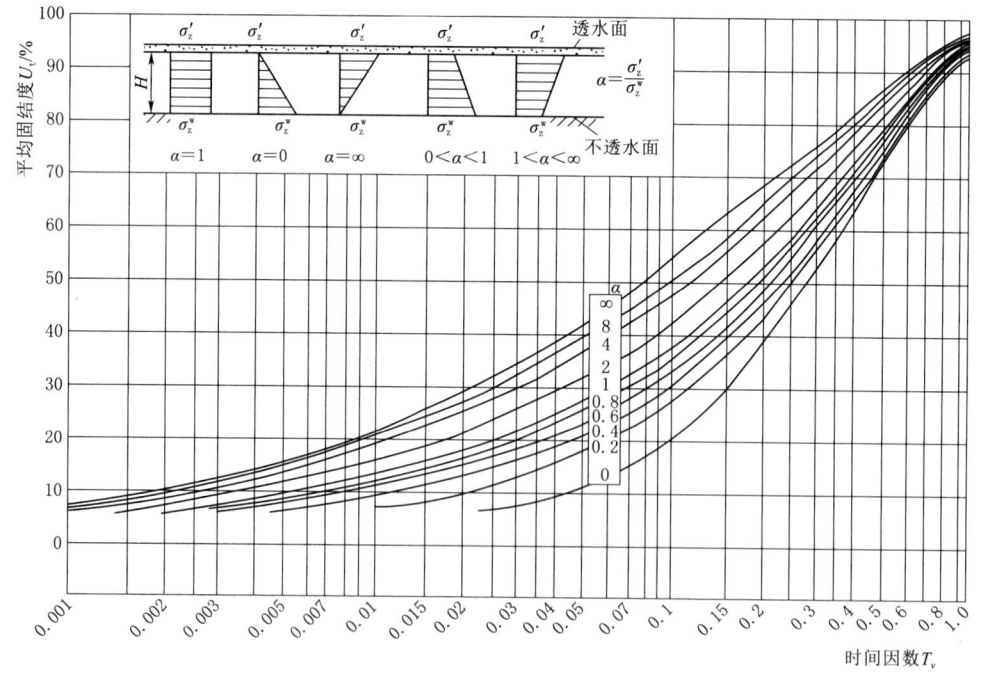

图 7-29 平均固结度 u_t 与时间因数 T_v 的关系曲线

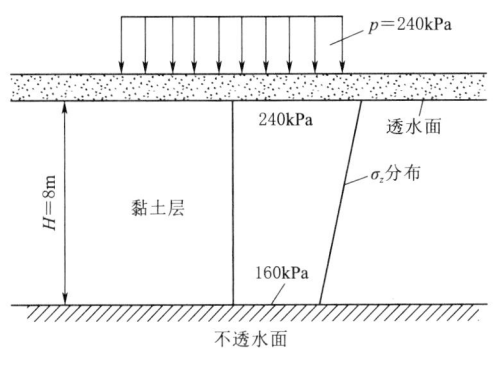

图 7-30 [例 7-5] 附图

【例 7-5】 有一地基压缩层为厚 8m 的饱和软黏土层，下部为隔水层，软黏土加荷载之前的孔隙比 $e_1=0.7$，渗透系数 $k=2.0$ cm/a，压缩系数 $a=0.25$ MPa^{-1}，附加应力分布如图 7-30 所示。求：①一年后地基沉降量为多少？②加荷多长时间，地基固结度可达 80%？

【解】（1）求土层最终沉降量 s：

地基的平均的附加应力为

$$\bar{\sigma}_z = \frac{240+160}{2} = 200 (\text{kPa})$$

$$s = \frac{a}{1+e_1}\bar{\sigma}_z H = \frac{0.25 \times 10^{-3}}{1+0.7} \times 200 \times 800 = 23.53 (\text{cm})$$

该土层固结系数为

$$C_v = \frac{k(1+e_1)}{a\gamma_w} = \frac{2 \times (1+0.7)}{0.00025 \times 0.098} = 1.39 \times 10^5 (\text{cm}^2/\text{a})$$

$$T_v = \frac{C_v t}{H^2} = \frac{1.39 \times 10^5}{800^2} = 0.217$$

$$\alpha = \frac{\sigma'_z}{\sigma''_z} = \frac{240}{160} = 1.5$$

查图 7-29 加荷 1 年的固结度 $u_t=0.55$，故 $s_t=su_t 23.53 \times 0.55=12.94 (\text{cm})$

（2）计算地基固结度为 80% 时所经历的时间：

由 $\alpha = \frac{\sigma'_z}{\sigma''_z} = \frac{240}{160} = 1.5$ 和 $U_t=80\%$ 查图 7-28 得知 $T_v=0.54$

由式 $T_v = \frac{C_v t}{H^2}$ 得，固结度达 80% 所经历的时间 $t = \frac{T_v H^2}{C_v} = \frac{0.54 \times 800^2}{1.39 \times 10^5} = 2.49 (\text{a})$

三、地基沉降

(一) 建筑物的沉降观测

为了及时发现建筑物变形并防止有害变形的扩大，对于重要的、新型的、体形复杂的建筑物，或使用上对不均匀沉降有严格限制的建筑物，在施工过程中以及使用过程中需要进行沉降观测。根据沉降观测的资料，可以预估最终沉降量，判断不均匀沉降的发展趋势，以便控制施工速度或采取相应的加固处理措施。

1. 沉降观测点的布置

沉降观测首先要设置好水准基点，其位置必须稳定可靠，妥善保护。埋设地点宜靠近观测对象，但必须在建筑物所产生的压力影响范围以外。在一个观测区内，水准基点不应少于3个，埋置深度应与建筑物基础的埋深相适应。其次应根据建筑物的平面形状、结构特点和工程地质条件综合考虑布置观测点。一般设置在建筑物四周的角点、转角处、纵横墙的中点、沉降缝和新老建筑物连接处的两侧，或地质条件有明显变化的地方，数量不宜少于6点。观测点的间距一般为8～12m。

2. 沉降观测的技术要求

沉降观测采用精密水准仪测量，观测的精度为0.01mm。沉降观测应从浇捣基础后立即开始，民用建筑每增高一层观测一次，工业建筑应在不同荷载阶段分别进行观测，施工期间的观测不应少于4次。建筑物竣工后应逐渐加大观测时间间隔，第一年不少于3～5次，第二年不少于2次，以后每年1次，直到下沉稳定为止。稳定标准为半年的沉降量不超过2mm。在正常情况下，沉降速率应逐渐减慢，如沉降速率减少到0.05mm/d以下时，可认为沉降趋向稳定，这种沉降称为减速沉降。如出现等速沉降，就有导致地基丧失稳定的危险。当出现加速沉降时，表示地基已丧失稳定，应及时采取措施，防止发生工程事故。

3. 沉降观测资料的整理

沉降观测的测量数据应在每次观测后立即进行整理，计算观测点高程的变化和每个观测点在观测间隔时间内的沉降增量以及累计沉降量。同时应绘制各种图件，包括每个观测点的沉降-时间变化过程曲线，建筑物沉降展开图和建筑物的倾斜及沉降差的时间过程曲线。根据这些图件可以分析判断建筑物的变形状况及其变化发展趋势。

（二）地基允许变形值

1. 地基变形分类

不同类型的建筑物对地基变形的适应性是不同的。因此，应用前述公式验算地基变形时，要考虑不同建筑物采用不同的地基变形特征来进行比较与控制。《建筑地基基础设计规范》（GB 50007—2011）将地基变形依其特征分为以下四种。

（1）沉降量：指单独基础中心的沉降值。对于单层排架结构柱基和高耸结构基础须计算沉降量，并使其小于允许沉降值。

（2）沉降差：指两相邻单独基础沉降量之差。对于建筑物地基不均匀，有相邻荷载影响和荷载差异较大的框架结构、单层排架结构，需验算基础沉降差，并把它控制在允许值以内。

（3）倾斜：指单独基础在倾斜方向上两端点的沉降差与其距离之比。当地基不均匀或有相邻荷载影响的多层和高层建筑基础及高耸结构基础，须验算基础的倾斜。

（4）局部倾斜：指砌体承重结构沿纵墙6～10m内基础两点的沉降差与其距离之比。根据调查分析，砌体结构墙身开裂，大多数情况下都是由于墙身局部倾斜超过允许值所致。所以，当地基不均匀、荷载差异较大、建筑体型复杂时，就需要验算墙身的倾斜。

2. 地基变形允许值

一般建筑物的地基允许变形值可按表7-11规定采用。表中数值是根据大量常见建筑物系统沉降观测资料统计分析得出的。对于表中未包括的其他建筑物的地基允许变形值，可根据上部结构对地基变形的适应性和使用上的要求确定。

表 7-11　　　　　　　　　　建筑物的地基变形允许值

变 形 特 征		地基土类别	
		中、低压缩性土	高压缩性土
砌体承重结构基础的局部倾斜		0.002	0.003
工业与民用建筑相邻柱基的沉降差 （1）框架结构。 （2）砌体墙填充的边排柱。 （3）当基础不均匀沉降时不产生附加应力的结构		0.002l 0.0007l 0.005l	0.003l 0.001l 0.005l
单层排架结构（柱距为 6m）柱基的沉降量/mm		(120)	200
桥式吊车轨面的倾斜（按不调整轨道考虑）	纵向	0.004	
	横向	0.003	
多层和高层建筑的整体倾斜	$H_g \leqslant 24$	0.004	
	$24 < H_g \leqslant 60$	0.003	
	$60 < H_g \leqslant 100$	0.0025	
	$H_g > 100$	0.002	
体形简单的高层建筑基础的平均沉降量/mm		200	
高耸结构基础的倾斜	$H_g \leqslant 20$	0.008	
	$20 < H_g \leqslant 50$	0.006	
	$50 < H_g \leqslant 100$	0.005	
	$100 < H_g \leqslant 150$	0.004	
	$150 < H_g \leqslant 200$	0.003	
	$200 < H_g \leqslant 250$	0.002	
高耸结构基础的沉降量/mm	$H_g \leqslant 100$	400	
	$100 < H_g \leqslant 200$	300	
	$200 < H_g \leqslant 250$	200	

注　1. 本表数值为建筑物地基实际最终变形允许值。
　　2. 有括号者仅适用于中压缩性土。
　　3. l 为相邻柱基的中心距离（mm）；H_g 为自室外地面起算的建筑物高度（m）。

思 考 与 练 习

一、思考题

1．何谓基底压力、地基反力、基底附加压力、土中附加应力？

2．地下水位的升降对土自重应力有何影响？

3．土中自重应力和附加应力沿着深度的变化，分布有何特点？通常建筑物的沉降是由什么应力引起的？土的自重应力在任何情况下都会引起建筑物的沉降吗？

4．在集中荷载作用下，地基中附加应力的分布有何规律？

5．假设基地压力保持不变，当基础埋置深度增加时对土中附加应力有何影响？

6. 何为角点法？如何应用角点法计算任一点的附加应力？

7. 何谓土的压缩性？引起土压缩的主要原因是什么？工程上如何评价土的压缩性？

8. 何谓土的固结与固结度？

9. 地基变形的特征有哪几种？

二、计算题

1. 如图 7-31 所示，均布荷载作用的面积，若均布荷载 p 相同，试比较 A 点下深度均为 5m 处的土中附加应力大小。

2. 如图 7-32 所示，用角点法计算试求 O 点下的附加应力。

3. 某土层的剖面图和资料如图 7-33 所示。

（1）试计算并绘制竖向自重应力 σ_{cz} 沿深度的分布曲线。

（2）若土层中的地下水位由原来的水位下降 2m（至黏土层底），此时土中的自重应力 σ_{cz} 将有何变化？并用图表示。

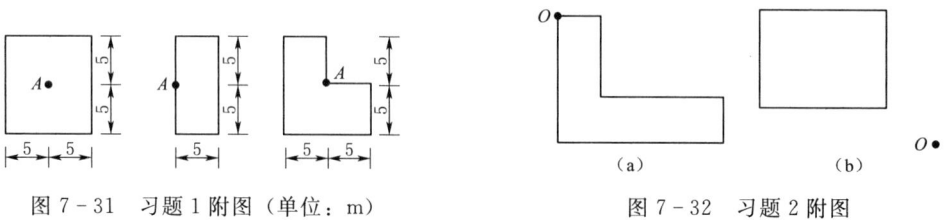

图 7-31 习题 1 附图（单位：m）   图 7-32 习题 2 附图

4. 有两相邻的矩形基础 A 和 B，其尺寸、相对位置及荷载如图 7-34 所示。考虑相邻基础的影响，试求基础 A 中心点下深度 $z=2m$ 处的竖向附加应力。

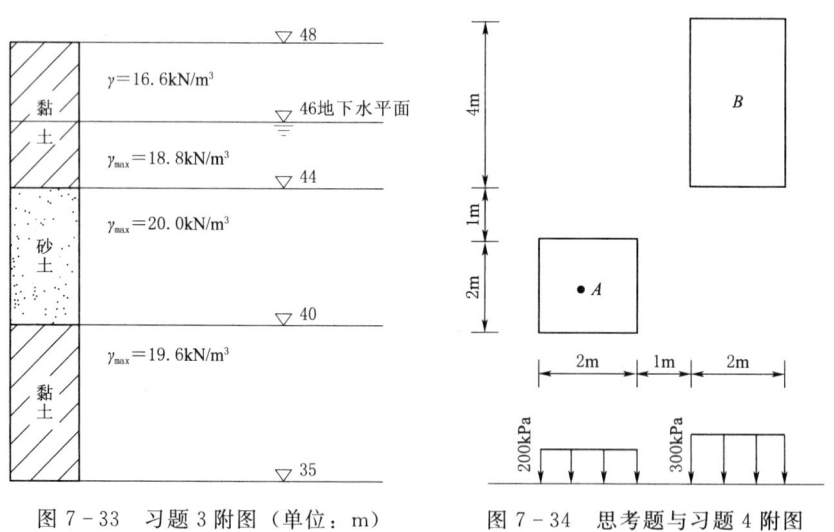

图 7-33 习题 3 附图（单位：m）   图 7-34 思考题与习题 4 附图

5. 如图 7-35 所示，一宽度 $b=4m$ 的条形基础受中心荷载作用，试计算基础中心下 12m 深度内的附加应力 σ_z，并按比例绘出 σ_z 分布曲线。

6. 如图 7-36 所示，宽度 $b=10m$ 的条形基础受偏心竖直荷载及水平荷载作用，试计算中心点 O 及 O_1 点下 20m 深度内的附加应力，并绘出附加应力的分布图。

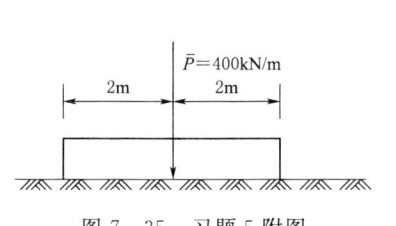

图 7-35 习题 5 附图

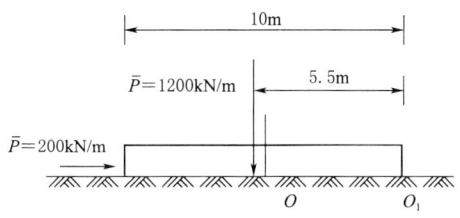

图 7-36 习题 6 附图

7. 某原状土样高 $h=2\text{cm}$，截面面积 $A=30\text{cm}^2$，重度 $r=19\text{kN/m}^3$，土粒比重 $Gs=2.70$，含水率 $\omega=25\%$，进行侧限压缩试验，试验结果见表 7-12。试绘制土的压缩曲线，求土的压缩系数 a_{1-2}，并判断土的压缩性。

表 7-12　　　　　　　　侧 限 压 缩 试 验 结 果

压力 p/kPa	0	50	100	200	300	400
稳定后的变形量 $\sum\Delta h$/mm	0	0.480	0.808	1.232	1.526	1.735

8. 某条形基础，宽度 $b=10\text{m}$，基础埋深 $d=2\text{m}$，受竖直中心荷载 $P=1300\text{kN/m}$，地面 10m 以下为不可压缩土层，土层重度 $r=18.5\text{kN/m}^3$，压缩试验结果见表 7-12，试求基础中心下的最终沉降量。

9. 某独立柱基础如图 7-37 所示，基础底面尺寸 $3.2\text{m}\times2.3\text{m}$，基础埋深 $d=1.5\text{m}$，作用于基础上的荷载 $F=950\text{kN}$，试用规范法计算基础的最终沉降量。

10. 一地基为饱和软黏土，层厚为 10m，上下为砂层，由外荷载在黏土中引起的附加应力 z 分布图如图 7-38 所示，已知黏土层的物理性质指标：孔隙比 $e_1=0.8$，渗透系数 $k=2.0\text{cm/a}$，压缩系数 $a=0.25\text{MPa}^{-1}$，求：①一年后地基沉降量为多少？②加荷多长时间，地基沉降量达到 25cm？

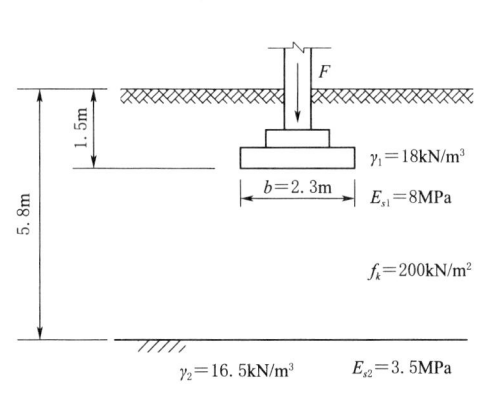

图 7-37 习题 9 附图

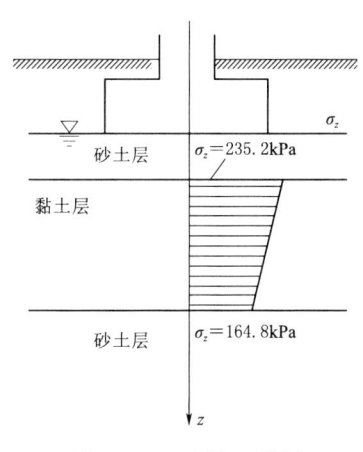

图 7-38 习题 10 附图

三、选择题

1. 当偏心距 $e<l/6$（l 为基础长度）时，基地压力呈（　　）分布。

A. 三角形　　　　　　B. 梯形　　　　　　C. 均匀

2. 条形基础水平荷载作用下，基础中心点下土中附加应力系数为（　　）。
A. 0　　　　　　　B. 0.5　　　　　　C. 1.0

3. 条形基础在水平荷载作用下，箭头一侧的条形基础边缘下土中附加应力为（　　）。
A. 0　　　　　　　B. 压力　　　　　　C. 拉力

4. 关于土的压缩系数的说法错误的是（　　）。
A. 土的压缩曲线平缓，压缩系数较小，土的压缩性较低
B. 土的压缩系数是无量纲的
C. 工程上常采用压缩系数 a 来判别土的压缩性

5. 关于土的压缩模量的说法正确的是（　　）。
A. 土的压缩曲线越陡，压缩模量越大
B. 土的压缩模量越大，土的压缩性越高
C. 土的压缩模量与压缩系数成反比

6. 下列指标中，数值越大表明土的压缩性越小的指标是（　　）。
A. 压缩系数　　　　B. 压缩指数　　　　C. 压缩模量

7. 关于土的压缩指数的说法正确的是（　　）。
A. 土的压缩指数越大，土的压缩性越低　　B. 土的压缩指数是有量纲的
C. 压缩指数可以在 $e-\lg P$ 曲线上得到

8. 已知某土层的压缩系数为 2MPa^{-1}，则该土属于（　　）。
A. 低压缩性土　　　B. 中压缩性土　　　C. 高压缩性土

9. 关于土的压缩性的说法不正确的是（　　）。
A. 土的压缩主要是由于水和气体的排出所引起的
B. 土的压缩主要是土中孔隙体积的减小引起的
C. 土体的压缩量不会随时间的增长而变化

项目八

土的抗剪强度与地基承载力

【学习目标】

1. 知识目标

(1) 掌握图的抗剪强度基本概念和库仑定律;理解图的极限平衡条件应用。

(2) 掌握土的抗剪强度指标的测定方法及选用原则。

(3) 掌握地基强度破坏的形式和特征;掌握地基承载力的基本概念和确定方法。

2. 能力目标

(1) 能正确运用库仑定律;能利用极限平衡条件判断土体状态。

(2) 能利用直剪试验确定土体的强度指标,会根据工程情况选用不同类型的试验方法及参数。

(3) 能确定某工程地基承载力。

3. 素质目标

(1) 培养学生认真负责的工作态度、弘扬"工匠精神"。

(2) 具有刻苦学习、勤于思考、严谨细致、沟通协作、遵规守纪、诚实守信、吃苦耐劳、钻研精神。

【案例】 加拿大特朗斯康谷仓,由于地基承载力不足发生整体剪切破坏(图 8-1)。

图 8-1 地基整体剪切破坏

加拿大特朗斯康谷仓平面呈矩形,长 59.44m,宽 23.47m,高 31.0m,容积 36368m³。谷仓为圆筒仓,每排 13 个圆筒仓,共 5 排 65 个圆筒仓。谷仓的基础为钢筋混凝土筏基,厚 61cm,基础埋深 3.66m。

谷仓于1911年开始施工，1913年秋完工。谷仓自重20000t，相当于装满谷物后满载总重量的425%。1913年9月起往谷仓装谷物，仔细地装载，使谷物均匀分布，10月当谷仓装了31822m³谷物时，发现1h内垂直沉降达30.5cm。结构物向西倾斜，并在24h内谷仓倾倒，倾斜度离垂线达26°53′。由于谷仓整体刚度较高，地基破坏后，筒仓仍保持完整，无明显裂缝，因而地基发生强度破坏而整体失稳。

破坏的主要原因：对谷仓地基土层事先未作勘察、试验与研究，而是采用邻近建筑地基352kPa的承载力。事后的勘察试验与计算表明，基础下埋藏有厚达16m的软黏土层，该地基的实际承载力为193.8~276.6kPa，远小于谷仓地基破坏时329.4kPa的基地压力，最终使得地基因超载而发生破坏。

加固情况：为修复筒仓，在基础下设置了70多个支承于深16m基岩上的混凝土墩，使用了388只的千斤顶，逐渐将倾斜的筒仓纠正。补救工作是在倾斜谷仓底部水平巷道中进行，新的基础在地表下深10.36m。经过纠倾处理后，谷仓于1916年起恢复使用。修复后位置比原来降低了4m。

单元一　土的抗剪强度和破坏理论

一、抗剪强度理论

土的抗剪强度是指土体抵抗剪切破坏的极限能力，是土的重要力学性质之一。在外荷载作用下土体中将产生剪应力，若土体中某一平面上的剪应力超过了该平面上的抗剪强度，土就沿剪应力作用面产生相对滑动，该点便发生剪切破坏。若荷载继续增加，剪切破坏点将随之增多，形成局部塑性区，最终形成一个连续的滑动面，导致土体丧失整体稳定。

大量的室内试验和工程实践都表明：土的破坏大多数是剪切破坏，土的强度问题，实质上就是土的抗剪强度问题。工程中的地基承载力、挡土墙土压力、土坡稳定性等问题都与土的抗剪强度直接相关，如图8-2所示。

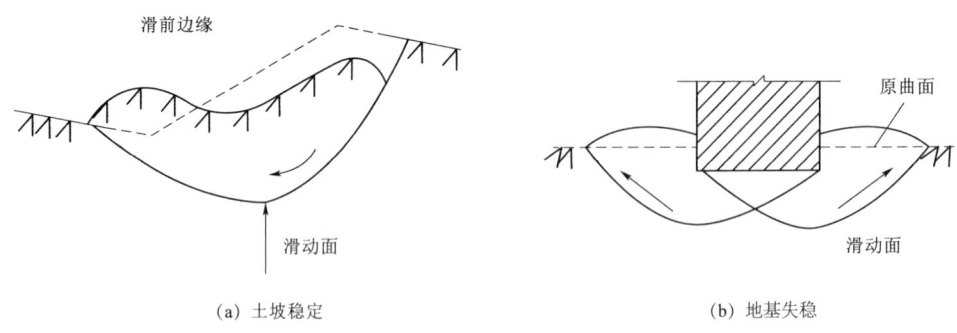

图8-2　土体破坏示意图

为了对地基的稳定性进行力学分析和计算，必须研究土的极限平衡理论，了解土的抗剪强度的影响因素和测定方法。

（一）总应力表示法

1776年库仑提出了土体抗剪强度表达式为

黏性土 $\quad\quad\quad\quad\quad\quad\quad \tau_f = \sigma\tan\varphi + c \quad\quad\quad\quad (8-1)$

无黏性土 $\quad\quad\quad\quad\quad\quad \tau_f = \sigma\tan\varphi \quad\quad\quad\quad\quad (8-2)$

式中 τ_f——土的抗剪强度，kPa；

$\quad\quad \sigma$——剪切面上的法向应力，kPa；

$\quad\quad c$——土的黏聚力，kPa；

$\quad\quad \varphi$——土的内摩擦角。

从式（8-1）、式（8-2）可以看出，土的抗剪强度随剪切面的法向应力成直线变化，如图8-3所示。

（二）有效应力表示法

有效应力原理表明，土的变形与强度的变化仅仅决定于有效应力的变化。也就是说，土的抗剪强度取决于土中有效应力的大小，即土体内的剪应力仅能由土的骨架承担，其规律可表示为

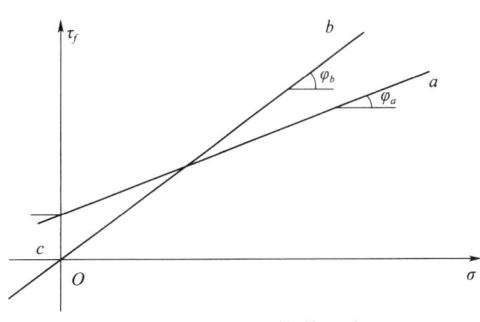

图8-3 土的抗剪强度
a—黏性土；b—无黏性土

黏性土 $\quad\quad\quad\quad \tau_f = \sigma'\tan\varphi' + c' = (\sigma - u)\tan\varphi' + c' \quad\quad (8-3)$

无黏性土 $\quad\quad\quad\quad \tau_f = \sigma'\tan\varphi' = (\sigma - u)\tan\varphi' \quad\quad\quad (8-4)$

式中 σ——剪切面上的法向应力，kPa；

$\quad\quad \sigma'$——剪切面上的有效应力，kPa；

$\quad\quad u$——孔隙水压力，kPa；

$\quad\quad c'$——有效黏聚力，kPa；

$\quad\quad \varphi'$——有效内摩擦角。

从库仑定律可以看出，与一般的固体材料不同，土的抗剪强度不是常数，而是与剪切面上的法向应力成正比变化的。

二、抗剪强度指标

c，φ 称为土的抗剪强度指标，在一定试验条件下得出的土的黏聚力 c 和内摩擦角 φ，一般能反映土的抗剪强度的大小，如图8-3所示。

鉴于目前的理论水平和技术设备条件，要在工程中全面了解或测定地基土中各点的孔隙水压力还很困难，也就无法计算各点的有效应力，所以有效应力表示法在工程中的应用受到一定约束，更多和经常使用的是总应力表示法。为此，在测定土的抗剪强度指标 c，φ 时，应尽可能使试验条件与地基实际工作情况相符合。

土的抗剪强度指标中，内摩擦角 φ 反映了土的摩擦特性，$\tan\varphi$ 表示土的内摩擦系数，$\sigma\tan\varphi$ 则表示土的内摩擦力。一般认为土的内摩擦力包含土颗粒表面的摩擦力和颗粒间的嵌入和联锁作用产生的咬合力这两部分。

黏聚力 c 包括了结合水联结作用、胶结作用、毛细水及冰的联结作用等三种作用。无黏性土一般无联结，抗剪强度主要是由颗粒间的摩擦力组成，无黏性土黏聚力 $c=0$。

按照库仑定律，对于某一种土，它们是作为常数来使用的。实际上，它们均随试验方法和土样的试验条件等的不同而发生变化，即使是同一种土，φ、c 值也不是常数。

三、莫尔-库仑破坏准则

如果说，抗剪强度定律是从内因上解决了土的抗剪强度变化情况，那么土在所受荷载作用下的应力状态则是土体破坏的外部因素。

当土体中任意一点在某一平面上的剪应力等于土的抗剪强度时的临界状态称为极限平衡状态，当土体中任意一点在某一平面上的剪应力大于土的抗剪强度时的状态称为剪切破坏状态。极限平衡状态下土的应力状态和土的抗剪强度之间的关系，则称为土的极限平衡条件。

作用在土中点任一平面的剪应力 τ 与抗剪强度 τ_f，如图 8-4 所示，如果将两者比较，就可能有 3 种情况：

（1）当 $\tau<\tau_f$ 时，土体处于稳定平衡状态。

（2）当 $\tau=\tau_f$ 时，土体处于极限平衡状态。

（3）当 $\tau>\tau_f$ 时，土体处于剪切破坏状态。

四、土的极限平衡条件

（一）土中某点的应力状态

根据材料力学关于应力状态的理论，

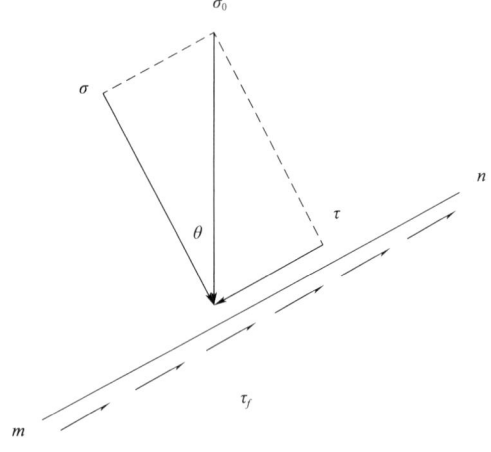

图 8-4 剪切面上的剪应力

土中任一点的应力可以用该点主应力平面上的最大主应力与最小主应力表示，如图 8-5 所示。

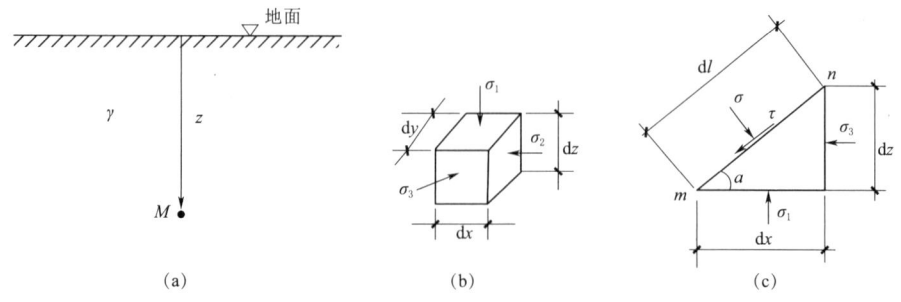

图 8-5 土体中任一点的应力

$$\begin{cases}\sigma=\dfrac{1}{2}(\sigma_1+\sigma_3)+\dfrac{1}{2}(\sigma_1-\sigma_3)\cos2\alpha\\ \tau=\dfrac{1}{2}(\sigma_1-\sigma_3)\sin2\alpha\end{cases} \quad (8-5)$$

式中 σ——任一截面 mn 上的法向应力，kPa；

τ——任一截面 mn 上的剪应力，kPa；

σ_1——最大主应力，kPa；

σ_3——最小主应力，kPa；

α——截面 mn 与最大主应力作用面的夹角。

上述应力间的关系也可用应力圆（莫尔圆）表示。

将上两式变为：
$$\begin{cases}\sigma-\dfrac{1}{2}(\sigma_1+\sigma_3)=\dfrac{1}{2}(\sigma_1-\sigma_3)\cos2\alpha\\ \tau=\dfrac{1}{2}(\sigma_1-\sigma_3)\sin2\alpha\end{cases} \quad (8-6)$$

取两式平方和，即得应力圆的公式：

$$\left(\sigma-\dfrac{\sigma_1-\sigma_3}{2}\right)^2+\tau=\left(\dfrac{\sigma_1-\sigma_3}{2}\right)^2 \quad (8-7)$$

上式表示了 σ 与 τ 的关系，这种关系是一个圆，称为莫尔应力圆。纵、横坐标分别表示为 τ 及 σ，圆心为 $\left(\dfrac{\sigma_1+\sigma_3}{2},\ 0\right)$，圆半径等于 $\dfrac{\sigma_1-\sigma_3}{2}$。

（二）土的极限平衡条件

土体中某点达到极限平衡状态时的条件式，表示了土中某点上所作用的最大主应力 σ_1 与最小主应力 σ_3，以及土的抗剪强度指标 φ、c 值之间的关系。可由莫尔应力圆与库仑强度线相切的几何关系推出。

通过土中一点，在 σ_1、σ_3 作用下可出现剪切破裂面，如图 8-6 所示。

从应力圆的几何条件可知：

$$\sin\varphi=\dfrac{\dfrac{1}{2}(\sigma_1-\sigma_3)}{c\cdot c\tan\varphi+\dfrac{1}{2}(\sigma_1-\sigma_3)}=\dfrac{\sigma_1-\sigma_3}{\sigma_1+\sigma_3+2c\cdot c\tan\varphi} \quad (8-8)$$

进一步整理可得：

$$\sigma_1=\sigma_3\tan^2\left(45°+\dfrac{\varphi}{2}\right)+2c\cdot\tan\left(45°+\dfrac{\varphi}{2}\right) \quad (8-9)$$

$$\sigma_3=\sigma_1\tan^2\left(45°-\dfrac{\varphi}{2}\right)-2c\tan\left(45°-\dfrac{\varphi}{2}\right) \quad (8-10)$$

式（4-9）、式（4-10）表示了黏性土的极限平衡条件。对于无黏性土，$c=0$ kPa，表示如下

$$\sigma_1=\sigma_3\tan^2\left(45°+\dfrac{\varphi}{2}\right) \quad (8-11)$$

$$\sigma_3 = \sigma_1 \tan^2\left(45° - \frac{\varphi}{2}\right) \tag{8-12}$$

由最小主应力 σ_3 及公式 $\sigma_1 = \sigma_3 \tan^2\left(45° + \frac{\varphi}{2}\right) + 2c\tan\left(45° + \frac{\varphi}{2}\right)$ 可推求土体处于极限状态时，所能承受的最大主应力 $\sigma_{1极限}$（若实际最大主应力为 σ_1）。

同理，由最大主应力 σ_1 及公式 $\sigma_3 = \sigma_1 \tan^2\left(45° - \frac{\varphi}{2}\right) - 2c\tan\left(45° - \frac{\varphi}{2}\right)$ 可推求土体处于极限平衡状态时，所能承受的最小主应力 $\sigma_{3极限}$（若实际最小主应力为 σ_3）；

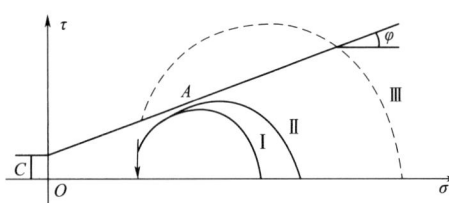

图 8-6 摩尔应力圆与抗剪强度关系示意图

判断时，如图 8-6 所示，圆 Ⅱ 为满足 $\sigma_1 = \sigma_{1极限}$（或 $\sigma_{3极限} = \sigma_3$）条件的极限应力圆，与抗剪强度线相切，表明切点 A 所代表的平面上的剪应力正好等于土的抗剪强度，该点处于极限平衡状态。

若 $\sigma_1 < \sigma_{1极限}$（或 $\sigma_{3极限} > \sigma_3$），圆 Ⅰ 与抗剪强度线相离，表明该点在任何平面上的剪应力都小于土所能发挥的抗剪强度，因此未被剪破而处于稳定状态。

若 $\sigma_1 > \sigma_{1极限}$（或 $\sigma_{3极限} < \sigma_3$），圆 Ⅲ 与抗剪强度线相割，表明该单元体许多平面上的剪应力已超过所能发挥的抗剪强度，已经剪切破坏，处于失稳状态。实际上这种应力状态并不存在，因为在此之前，土体某单元早已沿某平面剪破，它无法承受更大的应力，增加的荷载将由邻近的土体承受，直至地基中出现连续的滑动面。

另外，土体点某点处于极限平衡状态时，其破裂面与最大主应力面的夹角 α_f，从图中几何关系可得为

$$\alpha_f = \pm\left(45° + \frac{\varphi}{2}\right) \tag{8-13}$$

±号表示取角的方向不同。

可见，土体的剪切破坏面不发生在剪应力最大的斜面上，而是发生在与大主应力面成夹角 α_f 的斜面上。

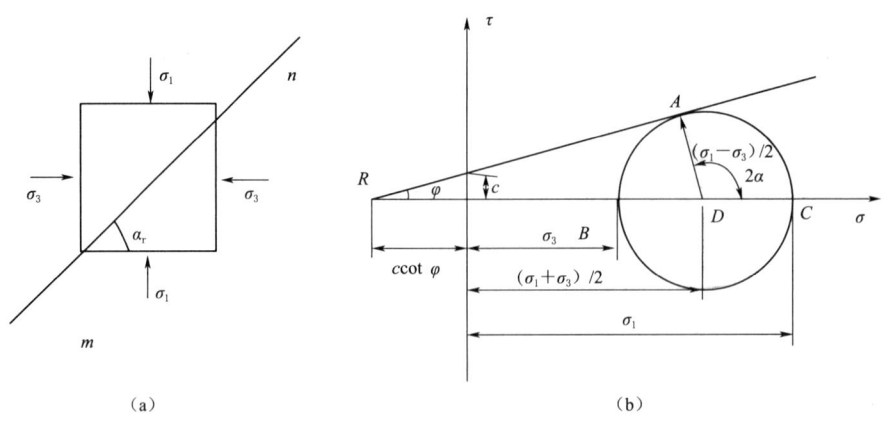

图 8-7 极限平衡状态

【例 8-1】 某土样承受 $\sigma_1=200\text{kPa}$，$\sigma_3=100\text{kPa}$ 的应力，土的内摩擦角 $\varphi=28°$，黏聚力 $C=10\text{kPa}$，试判别该土的应力状态，并计算最大剪应力面上的抗剪强度。

【解】 (1) 求与 σ_3 处于极限平衡状态的 $\sigma_{1极限}$。

$$\begin{aligned}\sigma_{1极限} &= \sigma_3 \tan^2\left(45°+\frac{\varphi}{2}\right) + 2c\tan\left(45°+\frac{\varphi}{2}\right)\\ &= 100\times\tan^2\left(45°+\frac{28°}{2}\right) + 2\times 10\times\tan\left(45°+\frac{28°}{2}\right)\\ &= 310.27(\text{kPa})\end{aligned}$$

(2) 判断。

$\sigma_{1极限} > \sigma_{1已知}$，故该土样处于尚未剪破的弹性平衡状态。

(3) 计算最大剪应力面上的抗剪强度。

$$\tau_f = \sigma\tan\varphi + c = \frac{\sigma_1+\sigma_3}{2}\tan\varphi + c = \frac{100+200}{2}\tan 28° + 10 = 89.76(\text{kPa})$$

8-1 土的抗剪强度与破坏理论

单元二 土的抗剪强度试验

一、概述

土的抗剪强度试验是确定土的抗剪强度指标 c，φ 的试验。测定土的抗剪强度的设备与方法很多，常用的室内试验有直接剪切试验、三轴压缩试验、无侧限抗压强度试验，野外常用的有十字板剪切试验等。各种试验的仪器、试验原理和方法都不一样，取决于土的性质和工程的规模。

二、直接剪切试验

直接剪切试验是最早、最简单的抗剪强度测定方法，使用广泛。直接剪切试验所用仪器，按加荷方式不同可分为应变式和应力式。我国多采用应变式直剪仪，其原理为等速推动剪切盒使之错动，如图 8-8 所示。

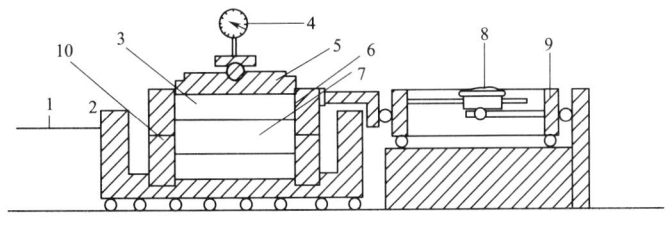

8-2 直接剪切实验

图 8-8 应变控制式直剪仪
1—轮轴；2—底座；3—透水石；4—测微表；5—活塞；
6—上盒；7—土样；8—测微表；9—量力环；10—下盒

应变式直剪仪其主要部分由固定的上盒和活动的下盒组成，将土样放在盒内上下两块透水石之间。垂直荷重 P 通过金属传压板，施加到土样上。水平剪力 τ 由等速转动的手轮推动下盒，施加到土样上，土样沿上下盒水平接触面受剪，直至剪切破坏。

读出施加的垂直荷重 P 即剪切面上的法向应力 σ，利用剪切变形读数换算出土的抗剪强度 τ_f，重复做 3～5 个试样，由此得出法向应力 σ 和土的抗剪强度 τ_f 之间的关系曲线，从而获得土的抗剪强度指标 c，φ，如图 8-9 所示。

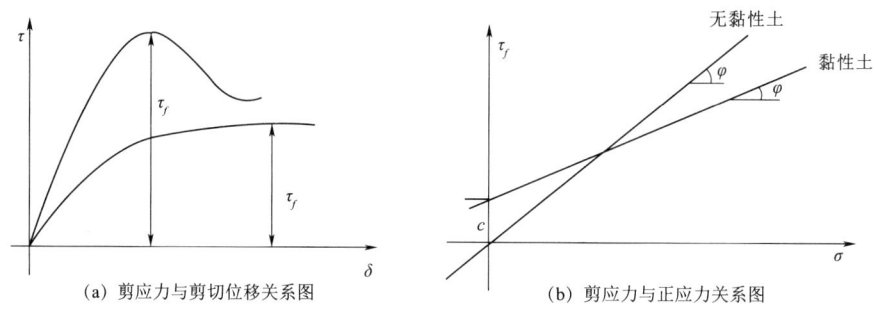

(a) 剪应力与剪切位移关系图　　　(b) 剪应力与正应力关系图

图 8-9　直接剪切试验

直接剪切试验具有仪器构造简单、操作方便、易于掌握等优点。但在技术性能方面存在以下缺点：①剪切面人为限定在上下盒的接触面上，此平面不一定是土样的最薄弱面；②剪切过程中，土样剪切面积逐渐减小，但仍按初始面积进行计算；③试验时不能严格控制排水条件，无法量测孔隙水压力，不能以有效应力进行计算；④土样应力状态复杂，存在应力集中现象，但在试验中仍当作均匀分布来考虑，其结果有误差。工程规模较大的重要工程往往采用更完善的三轴剪切试验。

三、三轴剪切试验

三轴剪切试验是针对直剪仪的缺点而发展起来的，是测定土的抗剪强度的较为完善的一种方法。所用仪器称为三轴压缩仪，它由加载系统（对试样施加周围压力及竖向应力增量）、量测系统（量测孔隙水压力及试样排水量）、压力室（底座和有机玻璃罩等组成的密封容器）等组成，如图 8-10 所示。

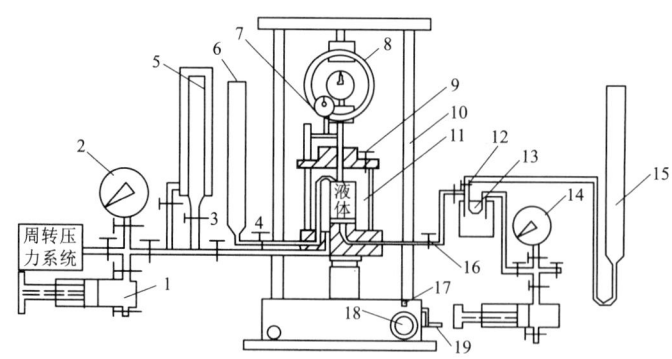

图 8-10　三轴压缩仪

1—调压筒；2—周围压力表；3—周围压力阀；4—排水阀；5—变体阀；6—排水管；
7—百分表；8—量力环；9—排气孔；10—轴向加压设备；11—压力室；12—量管阀；
13——零位指示器；14—孔隙水压力表；15—量管；16—孔隙水压力阀；
17—离合器；18——微调手轮；19—粗调手轮

试验用的土样为圆柱体，套在橡胶膜内，上下扎紧置于密封的压力室内。开启阀门向压力室压入液体，使试样在三轴方向承受相同的周围压力，即 σ_3，此时，土样不受剪力。然后通过活塞杆对试样施加垂直压力 $\Delta\sigma$，$\Delta\sigma$ 逐渐增大直至土样剪裂，则剪切时的大主应力为 $\sigma_1=\Delta\sigma+\sigma_3$，如图 8-11（a）所示。

据剪切时的大主应力、小主应力可画出一个应力圆，重复做 3~5 个试样，施加不同的周围压力 σ_3，可以得到不同的剪切破坏时的大主应力 σ_1，由此得出同一种土的不同的极限应力圆。作出这组极限应力圆的公切线即摩尔破裂包线，就是所求土的抗剪强度曲线，从而获得土的抗剪强度指标 c，φ，如图 8-11（b）所示。

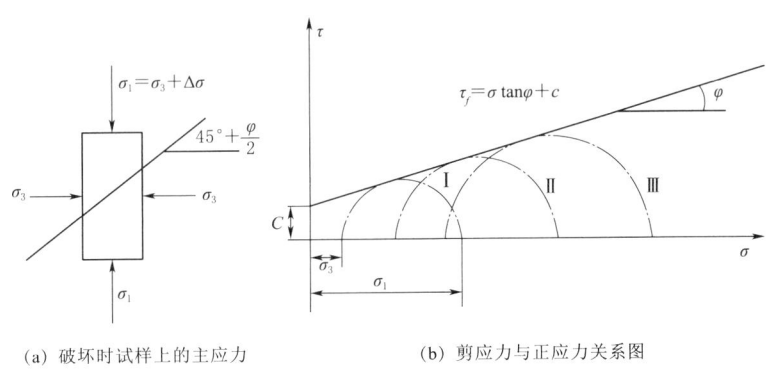

(a) 破坏时试样上的主应力　　　(b) 剪应力与正应力关系图

图 8-11　三轴压缩试验原理

三轴压缩仪是一种较完善的抗剪强度测量仪器，其最突出的优点是试样中的应力状态明确，破裂面就是最薄弱的面；能较严格地控制排水条件，并能准确量测剪切过程中试样的孔隙水压力变化，定量得到土样中有效应力的变化情况，结果比较可靠。试验的难点是仪器设备与试验操作较复杂等。

四、无侧限抗压强度试验

无侧限抗压强度试验是指试验时土样侧向不受限制，可以任意变形的试验。实际上是三轴试验的一个特例，只对土样施加垂直压力，不施加周围压力，即 $\sigma_3=0$。

试验设备称为无侧限压缩仪，如图 8-12（a）所示。试样放在仪器底座上，摇动手轮，使底座缓慢上升，顶压上部量力环，从而产生轴向压力至土样剪切破坏。试验时的轴向压应力用 q_u 表示，q_u 称为无侧限抗压强度。

三轴剪切试验是通过施加不同的周围压力 σ_3，得出同一种土的不同的极限应力圆后，作出公切线即为强度包线。无侧限压缩试验据试验结果只能作一个极限应力圆（$\sigma_3=0$，$\tau_f=2$），因此对一般黏性土就难以作出强度包线。但饱和黏性土的三轴不固结不排水试验结果的强度包线是一条水平线，如图 8-12（b）所示。因此，如仅测定饱和黏性土的不固结不排水强度时，可用无侧限抗压强度试验代替三轴试验，据无侧限压缩试验试验结果推算饱和黏性土的不排水剪强度 c。也就是说，无侧限压缩试验适用土质是饱和黏性土。

$$\tau_f = c = \frac{q_u}{2} \tag{8-14}$$

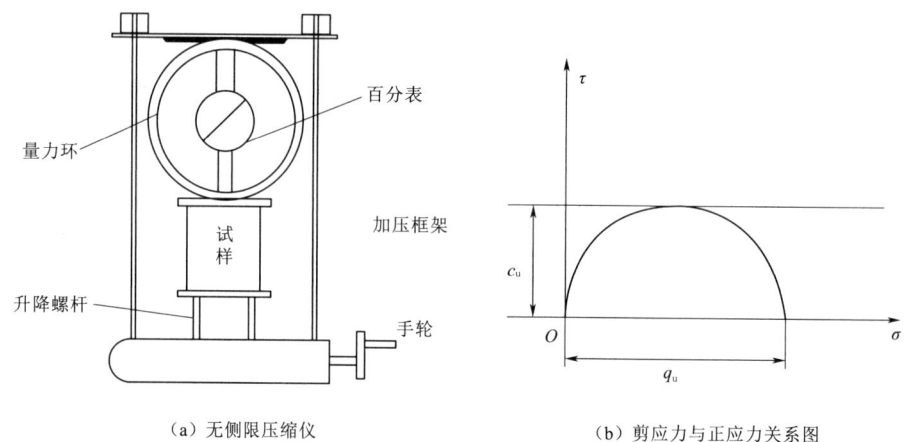

(a) 无侧限压缩仪　　　　　　　　　(b) 剪应力与正应力关系图

图 8-12　无侧限压缩试验

式中　c——土的不排水抗剪强度，kPa；

　　　q_u——无侧限抗压强度，kPa。

利用无侧限压缩试验还可以测定黏性土的灵敏度。

$$S_t = \frac{q_u}{q_{ur}} \quad\quad (8-15)$$

五、十字板剪切试验

十字板剪切试验是一种在工地现场直接测试地基土强度的方法，适用于地基为取原状土困难的软弱黏性土，也避免了软弱黏性土取土、运送、制备土样过程中受扰动强度变化的缺点。

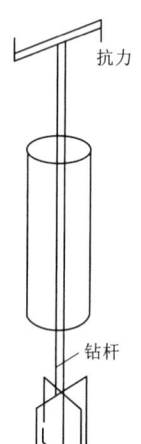

试验所用仪器为十字板剪切仪，主要由十字板、加力装置及量测设备三个部分组成，如图 8-13 所示。试验时先在地基中钻孔至要求测试的深度以上 75cm 左右。清理孔底，将十字板头压入土中至测试深度。由地面设备施加扭力矩，直至十字板旋转土体剪破破坏为止，破裂面为十字板旋转形成的圆柱面。测得土的抗剪强度 τ_f，即

$$\tau_f = \frac{2M}{\pi D^2 \left(H + \dfrac{D}{3}\right)} \quad\quad (8-16)$$

式中　M——剪切破坏时的扭力矩，kN·m；

　　　H——十字板的高度，m；

　　　D——十字板的直径，m。

图 8-13　十字板剪切仪

由十字板在现场测定的土的抗剪强度，属于不排水剪切的试验条件，因此其结果应与无侧限抗压强度试验结果接近，即 $\tau_f = \dfrac{q_u}{2}$。

十字板剪切试验的优点是设备简单，操作方便，土样扰动少，故国内外广泛应用于工程勘察。

单元三　剪切试验方法的分析与选用

一、抗剪强度指标的影响因素

影响抗剪强度的因素是多方面的，主要有下述几个方面。

（一）土本身固有的物理性质

1. 土粒的形状、成分、级配

土的固体颗粒形状越不规则，表面越粗糙，级配越好，内摩擦角越大，内摩擦力越大，抗剪强度也越高。黏土矿物成分不同，其黏聚力也不同。

2. 土的初始密度

土的初始密度越大，土粒间接触较紧，土粒表面摩擦力和咬合力也越大。黏性土的紧密程度越大，黏聚力 c 值也越大。

3. 土中含水量

土中含水量的多少，对土抗剪强度的影响十分明显。无黏性土中含水量大时，会降低土粒表面上的摩擦力，使土的内摩擦角 φ 值减小；黏性土含水量增高时，会使结合水膜加厚，因而也就降低了黏聚力。

（二）土的应力状态和历史

1. 黏性土的扰动

黏性土的天然结构如果被破坏时，其抗剪强度就会明显下降，其原状土的抗剪强度高于同密度和同含水量的重塑土。

2. 孔隙水压力的影响

孔隙水压力的影响不可忽视，孔隙水压力由于作用在土中自由水上，不会产生土粒之间的内摩擦力，只有作用在土的颗粒骨架上的有效应力，才能产生土的内摩擦强度。

二、剪切试验方法的选用

在上述影响抗剪强度的各因素中，孔隙水压力会随着所加荷载和时间的变化而变化，作为一个变化的影响因素，在各剪切试验中必须予以考虑。事实上，试样内的有效应力（或孔隙水压力）将随试样剪切前的固结程度和剪切中的排水条件而异。也就是说，同一种土，如试验条件不同，那么，即使剪切面上的总应力相同，也会因土中孔隙水是否排出的程度，亦即有效应力的数值不同，使试验结果的抗剪强度不同。因而在土工工程设计中所需要的强度指标试验方法必须与现场的施工加荷实际相符合。

目前，为了近似地模拟土体在现场能受到的受剪条件，而把剪切试验按固结和排水条件的不同分为不固体不排水剪，固结不排水剪和固结排水剪三种基本试验类型。但是直接剪切仪的构造却无法做到任意控制土样是否排水。在试验中，便通过采用不同的加荷速率来达到排水控制的要求，即相应采用快剪、固结快剪和慢剪三种试验方法。

三种试验方法在工程实践中的正确选用非常复杂，应根据土层性质、排水情况、加荷速度、荷载大小综合确定。

(1) 不固体不排水剪（快剪）：在整个试验过程中不让孔隙水排出，使土样中始终存在孔隙水压力的试验方法。在直剪试验中，竖向压力施加后立即施加水平剪力进行剪切，使土样在 3~5min 内剪坏。由于剪切速度快，可认为土样在这样短暂时间内没有排水固结或者说模拟了"不固体不排水"剪切情况，得到的强度指标用 c_q、φ_q 表示。实际工程中，若地基土为黏性土，透水性小，排水条件差，施工速度快的情况应用此试验方法。

(2) 固结不排水剪（固结快剪）：在整个试验过程中使孔隙水压力全部消散固结后使土样剪破的试验方法。在直剪试验中，竖向压力施加后，给以充分时间使土样排水固结。固结终了后施加水平剪力，快速地（在 3~5min 内）把土样剪坏，即剪切时模拟不排水条件，得到的指标用 c_{cq}、φ_{cq} 表示。实际工程中，若地基土土层较薄，透水性较大，排水条件好，施工速度不快的情况应用此试验方法。一般认为击实填土地基、船闸、挡土墙等的地基，以及验算水库水位骤降时土坝边坡的稳定安全系数的情况，采用固结不排水剪。

(3) 固结排水剪（慢剪）：在整个试验过程中使孔隙水压力全部消散固结，之后的土样剪破的试验过程中仍充分排水的试验方法。在直剪试验中，竖向压力施加后，让土样充分排水固结，固结后以慢速施加水平剪力，使土样在受剪过程中一直有充分时间排水固结，直到土被剪破，得到的指标用 c_s、φ_s 表示。实际工程中，若地基土土层透水性好、排水条件好、施工速度慢的情况用此试验方法。

由上述三种试验方法可知，即使在同一垂直压力作用下，由于试验时的排水条件不同，故作用在受剪面积上的有效应力也不同，所以测得的抗剪强度指标也不同。在一般情况下，$\varphi_s > \varphi_{cq} > \varphi_q$。

上述三种试验方法对黏性土是有意义的，但效果要视土的渗透性大小而定。对于无黏性土，由于土的渗透性很大，即使快剪也会产生排水固结。

单元四 地基承载力

一、概述

地基承载力是指地基在保证建筑物安全可靠，并符合正常使用的前提下，地基土在单位面积上所能承受荷载的能力，用荷载强度表示。

根据建筑物对地基的要求，在确定地基承载力时，必须考虑两方面的要求：一是建筑物所能承受的变形能力，不致因沉降差异而使建筑物的变形超出容许值；二是保证地基有足够稳定性，不致发生破坏，即同时满足地基的强度和变形要求。这样确定的地基承载力，称地基容许承载力。地基容许承载力的大小决定于地基土的物理力学性质、地基土的分布、基础尺寸、基础埋置深度以及上部结构特征。正确确定该值，是地基基础设计的关键所在。

地基承载力的主要依据为土的强度理论。确定地基承载力主要有理论公式计算、现场原位试验和查规范、表格等方法。

二、地基变形破坏的模式

地基受到外荷载作用时，首先在基础边缘产生应力集中，地基出现塑性变形，随着荷载加大，塑性变形区自基础边缘向基底中心及地基深处发展，最后造成地基失稳破坏。地基剪切破坏的主要模式有：整体剪切破坏、局部剪切破坏、冲切剪切破坏（刺入剪切破坏）。

（一）整体剪切破坏

整体剪切破坏可明显地区分出三个变形阶段，如图 8-14ⓐ所示。当荷载增加到某一数值时，在基础边缘的土体开始发生剪切破坏，随着荷载的不断增加，剪切破坏区不断扩大，从地基到地面有连续的整体滑动面，邻近基础的土体明显隆起，地基发生整体的滑动破坏，上部结构随基础发生突然倾斜，造成灾难性破坏。

对于压缩性较小的土，如密实砂土和坚硬的黏土，多发生整体剪切破坏；饱和软黏土地基，若加荷速率过快，土体内孔隙水压力增加过快，极易发生整体剪切破坏。

（二）局部剪切破坏

这是一种过渡性的破坏形式，介于整体剪切破坏和冲剪破坏之间，如图 8-14ⓑ所示。随着作用于基础上荷载的增加，破坏时地基中的塑性变形区仅局限于基础下方，紧靠基础土层会出现剪切滑动面，但滑动面不发展到地面，而是终止于地基中某一点。地面可能微有隆起，但基础不会明显倾斜或倒塌，曲线的转折点也不明显。

中等密实的砂土、软黏土常发生局部剪切破坏。

（三）冲切剪切破坏（刺入剪切破坏）

随着荷载的增加，基础下土层发生压缩变形，但地基中没有明显剪切破坏面，以垂直向下变形为主，邻近基础的土体无隆起现象；随着荷载的增加，基础沉降也加大，直到基础"切入"地基中，p-s 曲线无明显拐点。

松散砂土，饱和软黏土地基所受的荷载小、加荷速率慢，地基多发生刺入剪切破坏。

三、整体剪切破坏的三个阶段

对地基进行载荷试验时，可以得到荷载 p 与沉降 s 的关系曲线，如图 8-14 所示。地基在竖直荷载作用下，地基变形一般经过以下三个阶段。

（一）线性变形阶段

当荷载较小时，基底压力 p 与沉降 s 接近直线，如图中的 OA 段。基础产生沉降的原因是地基土的中孔隙体积减小，地基产生压缩变形。地基土中各点的剪应力小于土的抗剪强度，地基的变形主要是压密变形。

（二）塑性变形阶段

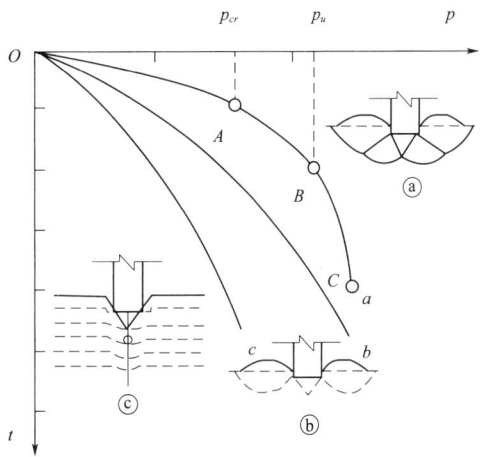

图 8-14　地基的破坏型式
ⓐ—整体剪切破坏；ⓑ—局部剪切破坏；
ⓒ—冲剪破坏

当荷载继续增加到某一数值，p-s 曲线不再成直线关系，如图中 AB 段。地基中已有局部区域的剪应力达到了土的抗剪强度，从而出现了剪切变形，导致基础沉降有较大增加，这些区域称塑性变形区，对应于 A 点的荷载称临塑荷载，用 p_{cr} 表示。塑性变形区随荷载的继续增加逐渐向纵深发展，扩大成连续的滑动面，则地基濒临失稳破坏，故对应于 C 点的荷载称为极限荷载 p_u。

(三) 破坏阶段

随着荷载的继续增加，即达到 $p-s$ 曲线 B 点以后，剪切破坏区不断扩大形成一个连续的、通达地面的滑动面，基础急剧下沉向一侧倾斜，土从一侧或两侧挤出，基础四周地面隆起，地基发生整体剪切破坏，$p-s$ 曲线显著下降。

四、理论公式法确定地基承载力

地基承载力是指地基在保证建筑物安全可靠，并符合正常使用的前提下，地基土在单位面积上所能承受荷载的能力，用荷载强度表示。

根据建筑物对地基的要求，在确定地基承载力时，必须考虑两方面的要求：一是建筑物所能承受的变形能力，不致因沉降差异而使建筑物的变形超出容许值；二是保证地基有足够稳定性，不致发生破坏，即同时满足地基的强度和变形要求。这样确定的地基承载力，称地基容许承载力。地基容许承载力的大小决定于地基土的物理力学性质、地基土的分布、基础尺寸、基础埋置深度以及上部结构特征。正确确定该值，是地基基础设计的关键所在。

地基承载力的主要依据为土的强度理论。确定地基承载力主要有理论公式计算、现场原位试验和查规范、表格等方法。

(一) 地基的临塑荷载与临界荷载

1. 地基的临塑荷载

临塑荷载是指地基刚开始出现剪切破坏（塑性变形）时基底单位面积上所承受的荷载。临塑荷载 p_{cr} 是地基第一、第二阶段分界点所对应的荷载，也就是地基即将产生塑性区所对应的基础底面的压强，临塑荷载可以作为地基允许承载力。

临塑荷载 p_{cr} 计算公式可根据土中应力计算的弹性理论和土体的极限平衡条件推导出来的。设地表作用一均布条形荷载 p，如图 8-15 (a) 所示，在地表任意深度 M 处产生的大小主应力为

$$\left.\begin{array}{c}\sigma_1\\\sigma_3\end{array}\right\}=\frac{p_0}{\pi}(\beta\pm\sin\beta) \qquad (8-17)$$

式中 β——从 M 点到均布条形荷载两端点的夹角，rad。

实际上，由于建筑物基础有一定埋置深度 D，如图 8-15 所示，M 点上土的应力除了由附加压力 $p_0(=p-\gamma D)$ 产生外，还有土的自重应力 $(\gamma D+\gamma z)$。严格地说，M 点上土的自重应力在各向不等的，因此上述两项在 M 点所产生的应力在数值上是不能叠加的。为了简化起见，假定土的自重应力在各向是相等的，故地基中任一点 M 处的 σ_1、σ_3 可写为

$$\left.\begin{array}{c}\sigma_1\\\sigma_3\end{array}\right\}=\frac{p-\gamma_0 D}{\pi}(\beta\pm\sin\beta)+\gamma_0 D+\gamma z \qquad (8-18)$$

根据 M 点达到极限平衡状态时，其最大、最小主应力必须满足极限平衡条件式，整理后得

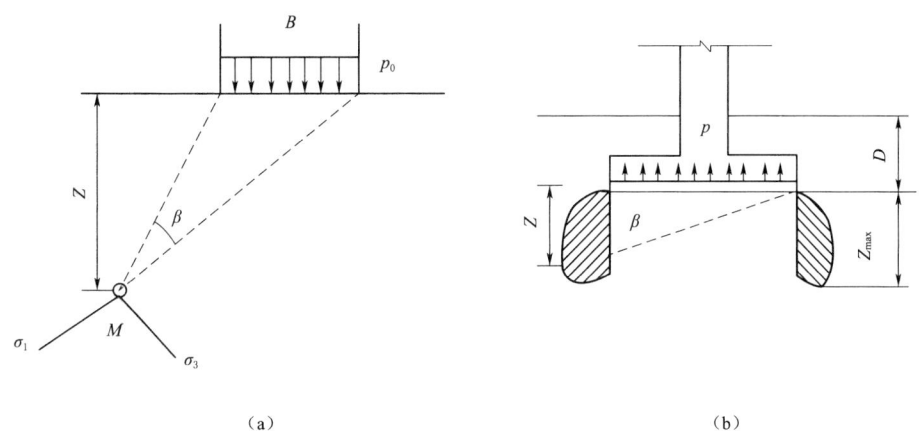

图 8-15 条形均布荷载作用下的地基主应力及塑性区

$$z_{\max}=\frac{p-\gamma_0 D}{\pi\gamma}\left(\frac{\sin\beta}{\sin\varphi}-\beta\right)-\frac{c}{\gamma\tan\varphi}-\frac{\gamma_0}{\gamma}D \tag{8-19}$$

上式为塑性变形区的边界方程，它表示塑性区边界上任意一点的 z 与 β 之间的关系。如果基础的埋深 D、基底压力 p 以及土的 γ、c、φ 已知，则根据式（8-19）可绘出塑性区的边界线，如图 8-15（b）所示。采用弹性理论计算，基础两边点的主应力最大，因此塑性区首先从基础两点开始向深度发展。

塑性区发展的最大深度 $z_{\max}$，可由 $\dfrac{\mathrm{d}z}{\mathrm{d}\beta}=0$ 的条件求得：

$$z_{\max}=\frac{p-\gamma D}{\pi\gamma}\left(\cot\varphi-\frac{\pi}{2}+\varphi\right)-\frac{c}{\gamma\tan\varphi}-\frac{\gamma_0}{\gamma}D \tag{8-20}$$

由式（8-20）可见，当基底压力 p 增大时，塑性区就发展，该区的最大深度也随之增大；地基中刚要出现塑性区时，可认为塑性区最大深度 $z_{\max}=0$，相应的基底压力 p 即为临塑荷载 p_{cr}。将 $z_{\max}=0$ 代入式（8-20），得临塑荷载公式：

$$p_{cr}=\frac{\pi(c\cot\varphi+\gamma_0 D)}{\cot\varphi-\dfrac{\pi}{2}+\varphi}+\gamma_0 D \tag{8-21}$$

式中 D——基础埋置深度，m；

γ——地基土的容重，地下水位以下用浮容重，kN/m^3；

γ_0——基底以上土的加权平均容重，kN/m^3；

c——地基土的黏聚力，kPa；

φ——地基土的内摩擦角，在三角函数后用"°"表示，单独出现时以弧度表示，即乘以 $\dfrac{\pi}{180}$。

2. 地基临界荷载

工程实践证明，即使地基中存在塑性变形区，地基中塑性区有所发生，只要塑性区范围不超过某一限度，就不致影响建筑物的安全和正常使用。因此，如果用 p_{cr} 作为浅基础的地基承载力设计值，无疑是偏于保守且不经济的。地基中的塑性区究竟容许发展到多大范围，这与建筑物的重要性、荷载的性质和土的物理力学性质等因素有关。一般认为，在中心荷载作用下，塑性区的最大发展范围 z_{max} 可控制在基础底宽的 1/4，相应的荷载用 $p_{\frac{1}{4}}$；而对于偏心荷载作用下的基础，塑性区的最大发展范围 z_{max} 可控制在基础底宽的 1/3，相应的荷载用 $p_{\frac{1}{3}}$。取 $z_{max}=\dfrac{B}{4}$，$z_{max}=\dfrac{B}{3}$ 代入式（8-20）得：

$$p_{\frac{1}{4}} = \frac{\pi(c\cot\varphi + \gamma_0 D + \gamma \frac{B}{4})}{\cot\varphi - \frac{\pi}{2} + \varphi} + \gamma_0 D \quad (8-22)$$

$$p_{\frac{1}{3}} = \frac{\pi(c\cot\varphi + \gamma_0 D + \gamma \frac{B}{3})}{\cot\varphi - \frac{\pi}{2} + \varphi} + \gamma_0 D \quad (8-23)$$

上述公式是在条形均布荷载作用下导出的，对于矩形和圆形基础，其结果偏于安全。此外，在公式的推导过程中采用了弹性力学的解答，对于已经出现塑性区的塑性变形阶段，其推导是不够严格的。但当塑性区不大时，由此引起的误差在工程上还是允许的。

【例 8-2】 某条形基础 $B=5\text{m}$，基底埋深 $D=1.2\text{m}$，地基为均质土，基土的容重 $\gamma=18.0\text{kN/m}^3$，$\varphi=22°$，$c=15\text{kPa}$。求地基承受中心荷载时的临塑荷载 p_{cr} 和临界荷载 $p_{\frac{1}{4}}$。

【解】 由式（8-7）可求得临塑荷载 p_{cr} 为

$$p_{cr} = \frac{\pi(c\cot\varphi + \gamma_0 D)}{\cot\varphi - \frac{\pi}{2} + \varphi} + \gamma_0 D = \frac{\pi(15 \times \cot 22° + 18.0 \times 1.2)}{\cot 22° - \frac{\pi}{2} + 22° \times \frac{\pi}{180°}} + 18.0 \times 1.2$$

$$= 164.8(\text{kPa})$$

由式（8-8）可求得 $p_{\frac{1}{4}}$ 为

$$p_{\frac{1}{4}} = \frac{\pi(c\cot\varphi + \gamma_0 D + \gamma \frac{B}{4})}{\cot\varphi - \frac{\pi}{2} + \varphi} + \gamma_0 D = \frac{\pi(15 \times \cot\varphi + 18.0 \times 1.2 + 18.0 \times \frac{5}{4})}{\cot 22° - \frac{\pi}{2} + 22° \times \frac{\pi}{180°}} + 18.0 \times 1.2$$

$$= 219.7(\text{kPa})$$

3. 极限荷载

地基的极限承载力 p_u 是地基濒临破坏时，作用在基底上的荷载，是地基变形第二阶段与第三阶段的分界点所对应的荷载，是地基达到完全剪切破坏时的最小压力。极限荷载除以安全系数，可作为地基的容许承载力。

地基的极限承载力 p_u 求解方法一般有两种：一是根据土的极限平衡条件理论和已知边界条件，计算出土中各点达到极限平衡时的应力及滑动方向，求得基底极限承载力；二是通过基础模型试验，研究地基的滑动面形状并进行简化，根据滑动土体的静力平衡条件求得极限承载力。由于推导时的假定条件不同，所得极限承载力的公式也就不同。太沙基极限荷载公式是属于假定滑动面，求极限荷载的方法，主要适用于均质地基上基底粗糙的条形基础。下面主要介绍汉森公式，汉森公式是个半经验公式，是在中心倾斜荷载作用下，不同形状及不同埋置深度的极限荷载计算公式，由于适用范围广，对水利工程有实用意义，已被广泛应用。

对于均质地基基础底面完全光滑的情况，在中心倾斜荷载作用下，汉森建议按式（8-24）计算竖向地基极限承载力。

$$p_u = \frac{1}{2}\gamma B N_r S_r d_r i_r g_r b_r + \gamma D N_q S_q d_q i_q g_q b_q + c N_c S_c d_c i_c g_c b_c \tag{8-24}$$

式中　S_r、S_q、S_c——基础的形状系数。

$$S_r = 1 - 0.4\frac{B}{L}i_r \geqslant 0.6 \qquad S_r = 1 + \frac{N_q B}{N_c L}$$

$$S_q = 1 + \frac{B}{L}i_q \sin\varphi \qquad 或 \qquad S_q = 1 + \frac{B}{L}\tan\varphi$$

$$S_c = 1 + 0.2\frac{B}{L}i_c \qquad S_r = 1 - 0.4\frac{B}{L}$$

对于条形基础 $S_r = S_q = S_c = 1$

i_r、i_q、i_c——荷载倾斜系数。

$$i_r = \left(1 - \frac{0.7 p_h}{p + cA\cot\varphi}\right)^5 > 0$$

$$i_q = \left(1 - \frac{0.5 p_h}{p + cA\cot\varphi}\right)^5 > 0$$

$$i_c = i_q - \frac{1 - i_q}{N_q - 1}$$

当基础中心受压时，$i_c = i_q = i_r = 1$。

d_r，d_q，d_c——基础深度修正系数。

$$d_r = 1$$

$$d_q = \begin{cases} 1 + 2\tan\varphi(1-\sin\varphi)^2 \dfrac{D}{B} & (D \leqslant B) \\ 1 + 2\tan\varphi(1-\sin\varphi)^2 \arctan\dfrac{D}{B} & (D > B) \end{cases}$$

$$d_c = \begin{cases} 1 + 0.35\dfrac{D}{B} & (D \leqslant B) \\ 1 + 0.4\arctan\dfrac{D}{B} & (D > B) \end{cases}$$

g_r，g_q，g_c——地面倾斜系数，β 地面与水平面的倾角。

$$g_r = g_q = (1 - 0.5\tan\beta)^5$$

$$g_c = 1 - \frac{\beta}{147°}$$

b_r、b_q、b_c——基底倾斜系数，η 为基底与水平面的倾角，为正值，且 $\eta + \beta \leqslant 90°$，

则可按下式计算：

$$b_r = \exp(-2.7\eta\tan\varphi)$$
$$b_q = \exp(-2\eta\tan\varphi)$$
$$b_c = 1 - \frac{\eta}{147°}$$

N_γ、N_q、N_c——地基承载力系数，可按下式计算，或根据地基内摩擦角查表 8-1 确定。

$$N_q = \tan^2(45° + \varphi/2)e^{\pi\tan\varphi}$$
$$N_c = (N_q - 1)\text{ctan}\varphi$$
$$N_\gamma = 1.8(N_q - 1)\tan\varphi$$

表 8-1　　　　　　　　　承载力 N_q、N_c、N_r

$\varphi/(°)$	N_r	N_c	N_q	$\varphi/(°)$	N_r	N_c	N_q
0	0	5.14	1.00	24	6.90	19.33	9.61
2	0.01	5.69	1.20	26	9.53	22.25	11.83
4	0.05	6.17	1.43	28	13.13	25.80	14.71
6	0.14	6.82	1.72	30	18.09	30.15	18.40
8	0.27	7.52	2.06	32	24.95	35.50	23.18
10	0.47	8.35	2.47	34	34.54	42.18	29.45
12	0.76	9.29	2.97	36	48.08	50.61	37.77
14	1.16	10.37	3.58	38	67.43	61.36	48.92
16	1.72	11.62	4.33	40	95.51	75.36	64.23
18	2.49	13.09	5.25	42	136.72	93.69	85.36
20	3.54	14.83	6.40	44	198.77	118.41	115.35
22	4.96	16.89	7.82	45	240.95	133.86	134.86

当基底受到偏心荷载作用时，先将其换成有效的基底面积，然后按中心荷载情况下的极限承载力公式进行计算。

若条形基础，其荷载的偏心距为 e，则用有效宽度 $B' = B - 2e$ 来代替原来的宽度 B。

若是矩形基础，并且在两个方面均有偏心，则用有效面积 $A' = B' \times L'$ 来代替原来的面积 A。其中 $B' = B - 2e_B$，$L' = L - 2e_L$。

对于成层土所组成的地基，当各土层的强度相差不大的情况下，汉森建议按下式近似确定持力层的深度。

$$Z_{\max} = \lambda B \tag{8-25}$$

式中　λ——系数，根据土层平均内摩擦角和荷载的倾角 β 查表 8-2；

　　　B——基础的原宽度。

表 8-2　　　　　　　　　　　　　λ 系 数 表

tanβ	$\varphi/(°)$		
	≤20	21～35	36～45
≤0.2	0.6	1.20	2.00
0.21～0.30	0.4	0.90	1.60
0.31～0.40	0.2	0.60	1.20

五、按原位测试成果确定地基承载力

常规的勘探方法是由钻探取样，在试验室测定土的物理力学指标。这样，土样在钻取、包装、运送、拆封及试验过程中很难保持原有的天然结构。为了使勘探工作提供更确切的数据，原位测试方法显得很重要。

原位试验可直接或间接在现场测定土的性质指标。对于饱和的粉土、砂类土等取样困难的土层及高灵敏度的软黏土，在取样到试验过程中，不可避免地使其结构受到扰动，室内土工试验结果常不能令人满意，而原位试验却能弥补此不足。

目前常用估算地基承载力的原位试验方法主要有载荷试验、标准贯入试验和静力触探试验。

（一）载荷试验

载荷试验是在通过一定面积的载荷板（亦称承压板）上向地基土逐级施加荷载，测读相应的沉降量，最后绘出荷载 p 与稳定沉降量 s 的关系曲线，常称 $p-s$ 曲线，如图 8-13 所示。它能反映载荷板下 1～2 倍载荷板宽度或直径范围内地基土的强度、变形的综合性状。

按载荷试验 $p-s$ 曲线确定地基土承载力基本值 f_0 的方法：

（1）分析 $p-s$ 曲线，该曲线常有三段线段，即直线段、过渡的曲线段和直线段，曲线上有明显特征点 A、B 和它们所对应的荷载 p_{cr}、p_u，取 A 点所对应的荷载值 p_{cr}。

（2）当极限荷载 p_u 能确定，且 $p_u < 1.5 p_{cr}$ 时，取 p_u 的一半。

（3）若 $p-s$ 曲线拐点不明显，对低压缩性土和砂土，可取 $s=(0.01～0.015)B$ 所对应的荷载值；对于中、高压缩性的土和砂土，可取 $s=0.02B$ 所对应的荷载值（B 为承压板边长或直径，s 为承压板沉降量）。

确定地基承载力标准值的方法：每层土的试验数不少于 3 个，且基本值的极差不超过平均值的 30%，取此平均值作为地基承载力的标准值 f_k。

地基承载力设计值的确定：地基承载力的标准值经过基础的宽度和深度的修正后就得到地基承载力的设计值，与 $1.1 f_k$ 比较，取大值作为地基承载力的设计值。

应该指出：载荷板的面积总是小于基础面积，试验的历时又远比地基对基础的作用历时短，而且试验影响的深度有限，用载荷试验成果确定地基承载力的方法有一定的偏差。所以，对于地基土层较复杂，基础尺寸大的水工建筑物，不宜用小尺寸的荷载试验确定地基承载力。

（二）标准贯入试验

标准贯入试验简称标贯试验，标准贯入试验设备是工程钻机的附属设备，应和钻机相

配合。标准贯入设备是由标准贯入器、落锤、三脚架和钻杆等辅助设备组成。圆锥动力触探根据锤击能量的大小可分轻型、重型、超重型三类。

重型动力触探试验时，当钻至试验土层时，将标准贯入器放置于地面以下预定的深度处，然后将63.5kg的重锤，从76cm高度自由落下锤击贯入器，根据打入的难易程度，得到每贯入土中10cm时所需的锤击数，来判定土的工程性质，其值常用 $N_{63.5}$ 表示。

根据试验测得的标准贯入击数 $N_{63.5}$，用下列方法评价地基的承载力：

(1) 梅耶霍夫公式。

$$f = \frac{N_{63.5}}{12}(1 + D/B) \tag{8-26}$$

(2) 太沙基和皮克（R. Peek）公式。

太沙基和皮克在控制建筑物总沉降不超过25mm的前提下，建议根据标准贯入击数，用下列公式求地基的容许承载力。

当基础宽度 $\left.\begin{array}{l} B \leqslant 1.3\text{m 时}\quad f = N_{63.5}/8 \\ B > 1.3\text{m 时}\quad f = \dfrac{N_{63.5}}{12}(1 + 0.3/B) \end{array}\right\}$ （8-27）

显然，因为对沉降量控制很严格，用上式计算出来的结果过于安全。

(三) 静力触探试验

静力触探试验是利用机械或液压装置，将装有金属触探头的触杆按一定的速率压入土中，触探头内装有电阻应变片，在探头压土的过程中，电阻应变片发生变形，通过电测装置，可以间接测出土层对探头的贯入阻力，了解土层原始状态的物理力学性质。显然，土越密实，贯入阻力越大，利用贯入阻力大小可建立与地基承载力之间的相关关系，借此估计地基承载力和变形模量。

静力触探试验时，测得探头贯入土中时所受的阻力 p_s，用下列公式确定地基承载力的设计值。

(1) 梅耶霍夫公式。

$$f = \frac{Bp_s}{36}\left(1 + \frac{D}{B}\right) \tag{8-28}$$

式中　p_s——静力触探试验的贯入阻力，kPa；
　　　B——基础宽度，m；
　　　D——基础埋深，m。

(2) 国内建议公式。

$$f_k = 58\sqrt{p_s} - 46 \tag{8-29}$$

标准值 f_k 修正后，即得到承载力的设计值。

静力触探法一般适用于软黏土、一般黏性土、砂土和黄土等，但不适用于含碎石、砾石的土层和致密的砂土层，最大贯入深度为30m。

还应指出：静力触探试验成果有较强的地区性，用以评价地基容许承载力时，应考虑当地经验取用。

六、按规范确定地基容许承载力

根据地基土的物理力学指标，或原位测试试验的结果，按《建筑地基基础设计规范》(GB 50007—2011)确定地基承载力。规范是在大量的现场载荷实验和某些土工实验资料的基础上，结合工程实践经验，进行统计、分析、对比，对各类土分别制定了一套便于查用的表格。应用这些表格，确定地基承载力比较简便，一般工程的设计中广泛采用。

经过查表及修正后的承载力标准值 f_{ak} 是指基础宽度 $b \leqslant 3m$，埋置深度 $d \leqslant 0.5m$ 时的承载力。当基础宽度大于 3m 或者埋置深度大于 0.5m 时，从荷载试验或其他原位测试、经验值等方法确定的地基承载力特征值，应按下式修正：

$$f_a = f_{ak} + \eta_b \gamma (b-3) + \eta_d \gamma_m (d-0.5) \tag{8-30}$$

式中 f_a——地基承载力设计值，修正后的地基承载力特征值，kPa；

f_{ak}——地基承载力特征值，由理论公式计算、原位测试、并结合工程实践经验等方法综合确定，kPa；

γ——基底以下土的天然容重，地下水位以下用浮容重，kN/m^3；

γ_m——基底以上埋深范围内土的加权平均容重，地下水位以下取浮容重，kN/m^3；

b——基础宽度，当 $b<3m$ 时，取 $b=3m$；当 $b>6m$ 时，取 $b=6m$；

d——基础埋置深度，$d<1.5m$ 时，按 1.5m 计算，m；

η_b、η_d——相应于基础宽度和埋置深度的承载力修正系数，按表 8-3 查用。

表 8-3 承载力修正系数

土 的 类 别		η_b	η_d
淤泥和淤泥质土		0	1.0
人工填土 e 或 I_L 大于等于 0.85 的黏性土		0	1.0
红黏土	含水比 $a_w > 0.8$	0	1.2
	含水比 $a_w \leqslant 0.8$	0.15	1.4
大面积压实填土	压实系数大于 0.95、黏粒含量、黏粒含量 $\rho_c \geqslant 10\%$ 的粉土	0	1.5
	最大干密度大于 $2.1t/m^3$ 的级配砂石	0	2.0
粉土	粘粒含量 $\rho_c \geqslant 10\%$ 的粉土	0.3	1.5
	粘粒含量 $\rho_c < 10\%$ 的粉土	0.5	2.0
e 及 I_L 均小于 0.85 的黏性土		0.3	1.6
粉砂、细砂（不包括很湿与饱和时的稍密状态）		2.0	3.0
中砂、粗砂、砾砂和碎石土		3.0	4.4

注 强风化和全风化的岩石，可参照所风化形成的相应土类取值，其他状态下的岩石不修正。

可以认为，承载力的设计值就是地基容许承载力的初值。按 f 设计基础，经过地基变形验算后若满足要求，它就是地基的容许承载力。

【例 8-3】 某基础宽度 $b=6$m，埋深 $d=3$m，基础底面以上为亚黏土，平均容重为 $\gamma=18$kN/m³，$f_{ak}=80$kPa；基础底面下为淤泥质土，天然含水量 $\omega=45\%$，$\gamma_0=10$kN/m³，试按规范确定地基设计承载力 f。

【解】 由于基础宽度 $B=6$m>3m，基础埋深 $D=3$m>1.5m，故应对承载力标准值进行修正，查表 8-14 得 $\eta_b=0$，$\eta_d=1.0$，

$$f=f_{ak}+\eta_b\gamma(b-3)+\eta_d\gamma_m(d-0.5)=80+0+1.0\times18\times(3-0.5)=125.0(\text{kPa})$$

思 考 与 练 习

一、思考题

1. 莫尔-库仑强度理论的内容是什么？
2. 土的抗剪强度指标是什么？请分析影响土的抗剪强度的因素。
3. 三轴剪切试验的优点是什么？该法如何求得抗剪强度指标？
4. 请回答直接剪切试验的工作原理，并分析其优缺点。
5. 请简析常见工程中如何确定土的抗剪强度指标？
6. 地基在竖直荷载作用下，地基变形一般经过哪三个阶段？各阶段有何特点？
7. 地基破坏模式有哪几种？各有何特点？
8. 什么是地基承载力？临塑荷载、临界荷载和极限荷载分别是什么？
9. 确定地基承载力的方法有哪些？
10. 按规范确定地基容许承载力时，在什么情况下需要进行修正？

二、计算题

1. 已知土中某点最大主应力和最小主应力分别为 300kPa 和 100kPa，内摩擦角 φ 为 300，黏聚力为 10kPa，要求：①最大剪应力值；②作用在与最大主应力面成 300 的面上正应力、剪应力、抗剪强度，并判断该处是否发生剪切破坏。

2. 已知某砂做直剪试验，当法向压力为 200kPa，测得破坏的抗剪强度为 150kPa，问该砂的内摩擦角是多少？

3. 已知某黏土做直剪试验，法向压力与测得破坏的抗剪强度如下表，问该土的内摩擦角与黏聚力分别是多少？

序号	法向压力/kPa	抗剪强度/kPa	序号	法向压力/kPa	抗剪强度/kPa
1	200	150	2	150	115

4. 同上题已知条件，地基土内摩擦角改为 20°。要求无地下水情况，用极限荷载确定其地基承载力。

5. 某条形基础 $B=1.5$m，基底埋深 $D=2$m，地基土的容重 $\gamma=19.0$kN/m³，饱和容重 $\gamma_{sat}=21.0$ kN/m³，$\varphi=20°$，$c=20$kPa，地下水埋深为 1.5m。求地基承受中心荷载时的临塑荷载 p_{cr} 和临界荷载 $p\frac{1}{4}$。

6. 地基为均匀中砂，容重 $\gamma=16.7$kN/m³，条形基础宽度 $B=2.0$m，埋深 $D=$

1.2m，基底下滑裂面范围内土的平均标准贯入击数 $N_{63.5}=20$，静力触探试验的贯入阻力 $P_s=3500\text{kPa}$，试估算地基土的容许承载力。

三、选择题

1. 土中某点最大主应力为450kPa，最小主应力为140kPa，土的内摩擦角为260，黏聚力为20kPa，试判断该点处于（　　）。

   A. 稳定状态　　　　B. 极限平衡状态　　　C. 破坏状态

2. 饱和软黏土的不排水抗剪强度等于其无侧限抗压强度的（　　）倍。

   A. 2　　　　　　　B. 1　　　　　　　　C. 0.5

3. 十字板剪切试验常用于测定（　　）的原位不排水抗剪强度。

   A. 砂土　　　　　　B. 粉土　　　　　　　C. 饱和软黏土

4. 当施工周期较长，地基土的透水性较好，土的抗剪强度宜选择三轴压缩试验的（　　）。

   A. 不固结不排水剪　　B. 固结排水剪　　　　C. 固结不排水剪

5. 当施工周期长，建筑物使用时加荷较快时，土的抗剪强度宜选择直接剪切试验的（　　）。

   A. 直接快剪　　　　　B. 固结快剪　　　　　C. 不固结不排水剪

6. 当分析透水性较好、施工速度较慢的建筑地基稳定性时，抗剪强度指标可选择直剪试验中的（　　）。

   A. 快剪　　　　　　　B. 固结快剪　　　　　C. 慢剪

7. 当分析正常固结土层在使用期间大量快速增载建筑物地基的稳定问题时，为获得其抗剪强度指标，可选择三轴压缩试验中的（　　）。

   A. 快剪　　　　　　　B. 固结排水剪　　　　C. 固结不排水剪

项目九

土压力与土坡稳定

【学习目标】

1. 知识目标
（1）理解土压力计算方法。
（2）掌握朗肯土压力理论计算方法；理解库仑土压力理论计算方法。
（3）了解挡土墙类型，掌握重力式挡土墙的稳定计算。

2. 能力目标
（1）能清楚土压力的类型、能进行一般情况下土压力的计算。
（2）能灵活运用公式计算土压力。
（3）能选择适当的挡土墙类型，能进行掌握重力式挡土墙的稳定计算。

3. 素质目标
（1）弘扬严谨科学的水利精神。
（2）培养学生的劳动精神。
（3）培养学生的工匠精神。

【案例】 根据使用要求，需要在某水库大坝坝肩处设计一个回车场。由于坝肩开挖后边坡陡峭，位置较狭小，因此需要修建一段重力式挡土墙，工程等级为三级。如何设计？

工程条件及构造措施：挡土墙最大高度 $H=6\text{m}$，墙背倾斜角 $\varepsilon=10°$，填土面倾斜角 $\beta=20°$。墙后填料为砂土，内摩擦角 $\varphi=30°$，容重 18.5kN/m^3，墙背与填土摩擦角 $\delta=20°$。地基修正后的容许承载力 180kPa，墙底摩擦系数 $\mu=0.5$。

由于地基位于强风化层，岩石整体性较差，优先选用了钢筋混凝土重力式挡土墙，墙身容重 24kN/m^3。另外，为了使墙后雨水尽快渗出，需要在墙身设置专门的排水措施，以及相应的粗粒料反滤层。

单元一 挡土墙与土压力

一、概述

在水利水电、铁路和公路桥梁及工民建等工程建设中，常采用挡土墙来支撑土坡或挡土以免滑塌。例如：支挡建筑物周围填土的挡土墙，房屋地下室的侧墙，桥台，水闸边墙等，如图9-1所示。这些结构物都会受到土压力的作用，土体作用在挡土墙上的压力称为土压力。作用于挡土墙背上的土压力是设计挡土墙要考虑的主要荷载。

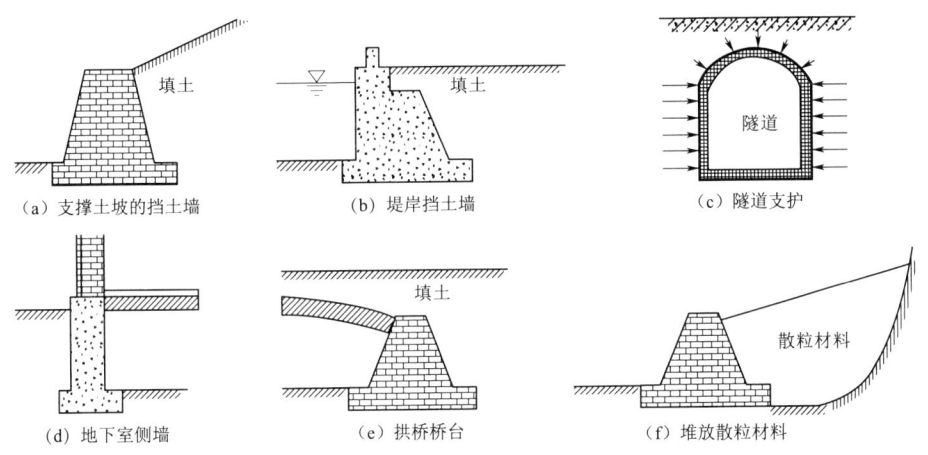

图9-1 挡土墙应用举例

挡土墙按结构型式可分为重力式、悬臂式、扶壁式、锚杆式、加筋土式等，可用块石、条石、砖、混凝土与钢筋混凝土等材料建筑。

二、土压力类型

挡土墙的设计，一般取单位长度墙体按平面问题考虑。作用于挡土墙上的土压力的计算较为复杂，目前计算土压力的理论仍多采用古典的朗肯理论和库仑理论。大型及特殊构筑物土压力的计算常采用有限元数值分析计算。本任务主要介绍静止土压力的计算、主动土压力及被动土压力计算的朗肯理论、库仑理论，及一些特殊情况下的土压力的计算。对非极限土压力的计算请参阅有关书籍及参考文献。

试验表明，土压力的大小主要与挡土墙的位移、挡土墙的形状、墙后填土的性质以及填土的刚度等因素有关，但起决定因素的是墙的位移。根据墙身位移的情况，作用在墙背上的土压力可分为静止土压力、主动土压力和被动土压力三种。

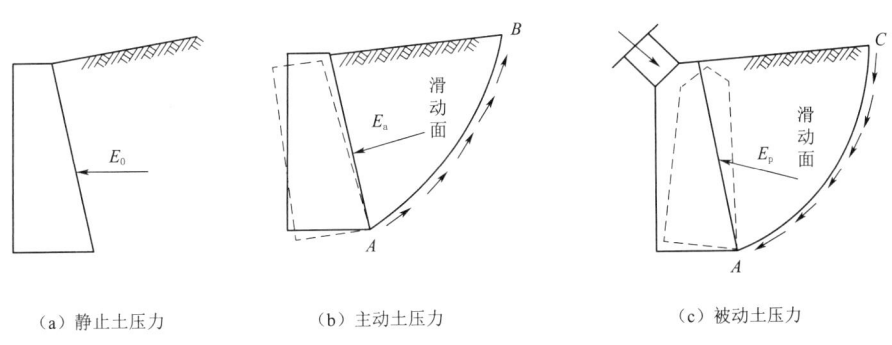

图9-2 挡土墙上的三种土压力

(一) 静止土压力

当挡土墙静止不动时,即不能移动也不转动,这时土体作用在挡土墙的压力称为静止土压力,以 E_0 表示,如图 9-2 (a) 所示。例如,地下室外墙在楼面和内隔墙的支撑作用下几乎无位移发生,作用在外墙面上的土压力即为静止土压力。

(二) 主动土压力

挡土墙向着背离填土的方向发生移动或转动,随着墙的位移量的逐渐增大,土体作用于墙上的土压力逐渐减小,当墙后土体达到极限平衡状态并出现滑动面时,这时作用于墙上的土压力减至最小,称为主动土压力,以 E_a 表示,如图 9-2 (b) 所示。

(三) 被动土压力

挡土墙在外力作用下移向填土,随着墙位移量的逐渐增大,土体作用于墙上的土压力逐渐增大,当墙后土体达到被动极限平衡状态并出现滑动面时,这时作用于墙上的土压力增至最大,称为被动土压力,以 E_p 表示,如图 9-2 (c) 所示。

三、影响土压力大小的因素

试验研究表明,影响土压力大小的因素主要有以下几个方面:

(1) 挡土墙的位移。挡土墙的位移(或转动)方向和位移量的大小,是影响土压力性质和土压力大小的最主要因素。当其他条件完全相同,仅仅挡土墙的移动方向相反,土压力的数值相差可达 20 倍左右。

(2) 挡土墙的形状。挡土墙的剖面形状、墙背的坡度以及墙背的光滑程度等,都关系到采用何种土压力计算公式以及土压力计算的结果。

(3) 填土性质。填土的松密程度(重度)、干湿程度(含水量)、土的强度指标(内摩擦角和黏聚力),以及填土的表面形状(坡度)等,都影响到土压力的大小。

(4) 挡土墙的材料。若挡土墙的材料采用素混凝土或钢筋混凝土,可以认为墙体表面光滑,不计摩擦力。若采用砌石挡土墙,就必须计算摩擦力,因而土压力的大小和方向都不相同。

四、静止土压力计算

断面很大的挡土墙,如果修筑在坚硬的地基上,墙体不产生转动和位移,地基也不产生沉降,挡土墙背面的土体处于弹性平衡状态,此时作用在墙背上的土压力为静止土压力 E_0。

由于墙体静止不动,土体无侧向位移,因此可以按照水平向自重应力的计算公式来确定土压力大小。若墙后填土为均质,则单位面积上的静止土压力为

$$e_0 = K_0 \gamma z \tag{9-1}$$

式中 e_0——静止土压力,kPa;

K_0——静止土压力系数;

γ——填土的重度,kN/m³;

z——土压力计算点的深度,m。

由上式可知,静止土压力的大小沿深度呈线性变化趋势,其分布规律如图 9-3 (a)

所示，作用在单位长度挡土墙上的土压力合力大小为

$$E_0 = \frac{1}{2} K_0 \gamma H^2 \tag{9-2}$$

式中　　H——挡土墙的高度，m；

其余符号意义同前。

合力的作用点位于离墙角 $H/3$ 处，如图 9-3（b）所示。

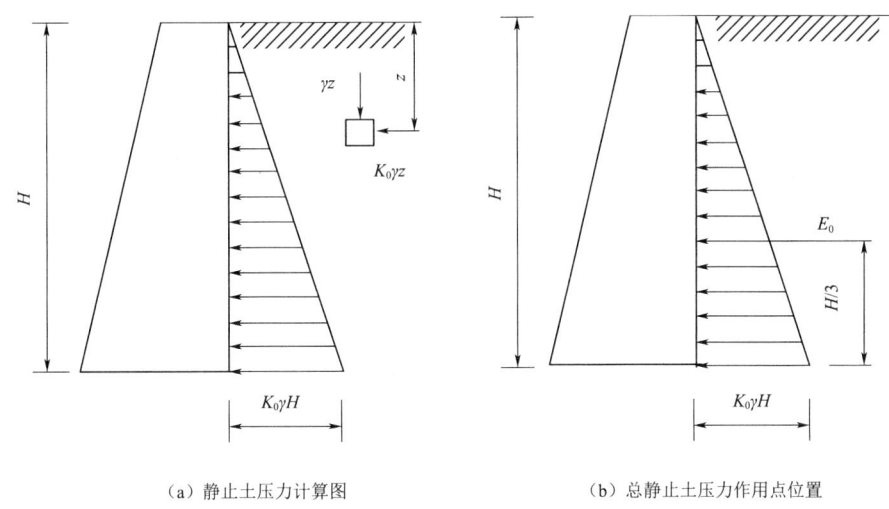

（a）静止土压力计算图　　　　　　　　　（b）总静止土压力作用点位置

图 9-3　静止土压力计算

若墙后填土中有地下水，则计算静止土压力时，水下土的重度应取浮重度（有效重度）。相应静止土压力合力的大小即等于压力分布图形的面积，其表达式为

$$E_0 = \frac{1}{2} K_0 \gamma H_1^2 + K_0 \gamma H_1 H_2 + \frac{1}{2} K_0 \gamma' H_2^2 \tag{9-3}$$

其中，合力作用点位于图形的形心处。

此外，还应考虑水压力的作用，作用在墙背上的总水压力为

$$P_w = \frac{1}{2} \gamma_w H_2^2 \tag{9-4}$$

其中，水压力作用点距离墙底 $H/3$ 处。

五、静止土压力系数

静止土压力系数，亦即静止侧压力系数 K_0，可以通过室内的或原位的静止侧压力试验测定。其物理意义：在不允许有侧向变形的情况下，土样受到轴向压力增量 $\Delta\sigma_1$ 将会引起侧向压力的相应增量 $\Delta\sigma_3$，则比值 $\Delta\sigma_3/\Delta\sigma_1$ 称为土的侧压力系数或静止土压力系数 K_0。其确定方法如下：

（一）按照经典弹性力学理论计算

计算公式如下：

$$K_0 = \frac{\Delta\sigma_3}{\Delta\sigma_1} = \frac{\mu}{1-\mu} \tag{9-5}$$

式中 μ——墙后填土的泊松比。

（二）半经验公式

对于无黏性土及正常固结黏土，可近似按下列公式计算：

$$K_0 = 1 - \sin\varphi' \tag{9-6}$$

式中 φ'——填土的有效摩擦角。

经验取值

砂土：$K_0 = 0.34 \sim 0.45$；黏性土：$K_0 = 0.5 \sim 0.7$。

【例 9-1】 已知某建于基岩上的挡土墙，墙高 $H = 6.0\text{m}$，墙后填土为中砂，重度 $\gamma = 17\text{kN/m}^3$，内摩擦角 $\varphi = 30°$。计算作用在此挡土墙上的静止土压力，并画出静止土压力沿墙背的分布及其合力的作用点位置。

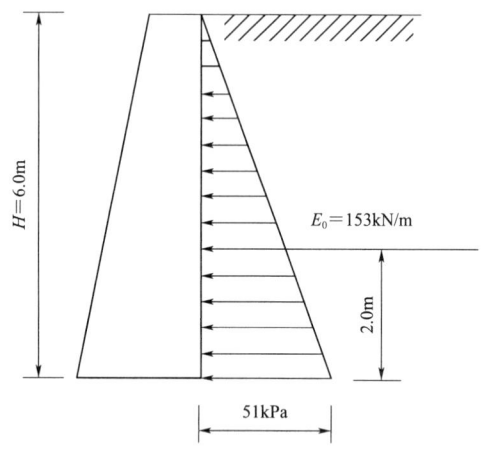

图 9-4 [例 9-1] 计算图

【解】 因挡土墙建于基岩上，故按静止土压力公式计算：

(1) 静止土压力系数：
$$K_0 = 1 - \sin\varphi = 1 - \sin 30° = 0.5$$

(2) 墙底静止土压力分布值：
$$e_0 = K_0 \gamma H = 0.5 \times 17 \times 6 = 51\text{kPa}$$

(3) 静止土压力合力：
$$E_0 = \frac{1}{2}\gamma H^2 K_0 = \frac{1}{2} \times 17 \times 6^2 \times 0.5 = 153\text{kN/m}$$

(4) 静止土压力合力作用点：
$$h = H/3 = 6/3 = 2\text{m}$$

静止土压力沿墙背的分布及其合力的作用点位置如图 9-4 所示。

9-1 朗肯土压力理论

单元二 朗肯土压力

一、概述

1857 年，朗肯研究了半无限土体在自重应力作用下，土体内各点从弹性平衡状态发展为极限平衡状态的应力条件，推导出挡土墙土压力的计算公式，即著名的朗肯土压力理论。

朗肯土压力理论的假设条件：

(1) 挡土墙的墙背垂直、光滑。

(2) 挡土墙墙后填土表面水平。

(3) 土体在水平与垂直方向上为均质半无限体，处于极限平衡状态。

二、主动土压力

（一）理论研究

在表面水平的半无限空间弹性土体内，每一个竖直面都是对称面，因此竖直和水平截面上的剪应力都等于零，则相应截面上的法向应力都是主应力。如图 9-5 (a) 所示，当挡土墙背离土体向左逐渐平移时，墙后土体中任意深度 z 处单元体的应力状态将随之变化。此时，单元体的竖直法向应力是大主应力，且保持不变，即有 $\sigma_1 = \sigma_z = \gamma z$；而水平法向应力是小主应力，即 $\sigma_3 = \sigma_x$，且逐渐减小。

当水平法向应力减小到使墙后土体达到极限平衡状态（摩尔应力圆与强度包线相切）时，小主应力即为朗肯土压力理论的主动土压力，即有 $e_a = \sigma_3 = \sigma_x$，如图 9-5 (b) 所示。

根据土力学的强度理论，剪切破坏面与大主应力作用面的夹角是 $45°+\varphi/2$。因此墙后土体达到极限平衡状态时，剪切破坏面与水平面夹角为 $45°+\varphi/2$，如图 9-5 (c) 所示。

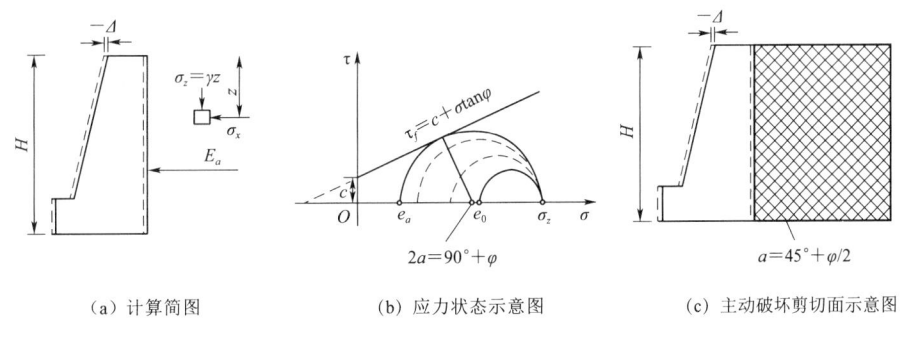

(a) 计算简图　　(b) 应力状态示意图　　(c) 主动破坏剪切面示意图

图 9-5　朗肯主动土压力计算

（二）计算公式

黏性土的主动土压力强度计算公式为

$$e_a = \gamma z K_a - 2c\sqrt{K_a} \tag{9-7}$$

对于无黏性土，因为土的黏聚力 $c=0$，则有：

$$e_a = \gamma z K_a \tag{9-8}$$

式中　e_a——主动土压力强度，kPa；

K_a——主动土压力系数，$K_a = \tan^2(45°-\varphi/2)$；

γ——墙后填土的重度，地下水位以下用有效重度，kN/m³；

c——墙后填土的黏聚力，kPa；

z——计算点深度，m。

（三）主动土压力分布

对于无黏性土，墙顶部主动土压力等于 0，墙底部 $z=H$ 处，$e_a = \gamma H K_a$。主动土压力沿墙高呈三角形分布，如图 9-6 (a) 所示。

对于黏性土，主动土压力由两部分组成。第一部分由土的自重产生，大小与深度 z 成正比，沿墙高呈三角形分布，计算与无黏性土相同。第二部分由黏性土的黏聚力 c 产生，与深度 z 无关，是一个常数 $-2c\sqrt{K_a}$。这两部分土压力叠加后，如图 9-6（b）所示。墙顶部土压力三角形 aed 对墙顶部的作用力为负值，即拉力。但墙与土并非整体，实际结果是墙与土分离，墙顶部 ae 段土压力作用为零。因此，黏性土的主动土压力分布只有三角形 abc 部分，墙底 $z=H$ 处，$e_a=\gamma HK_a-2c\sqrt{K_a}$。

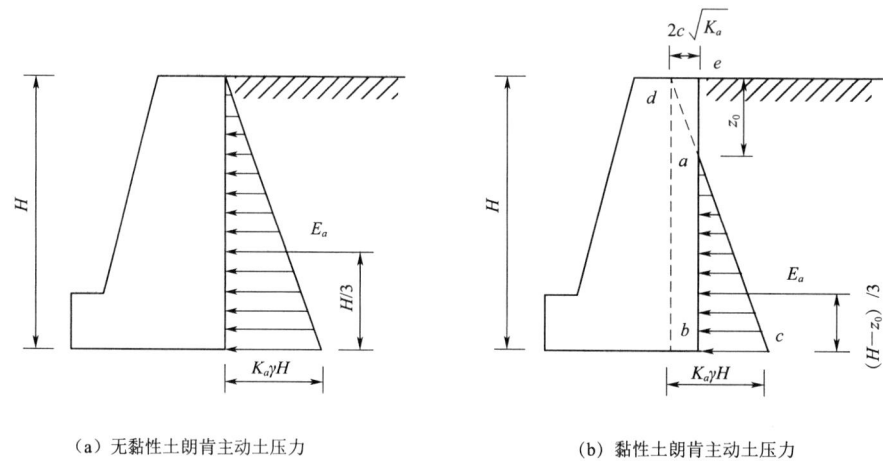

(a) 无黏性土朗肯主动土压力　　(b) 黏性土朗肯主动土压力

图 9-6　朗肯主动土压力分布

（四）总主动土压力

沿墙体长度方向取 1m 进行计算。对于无黏性土，作用在单位长度挡土墙上的总主动土压力如图 9-6（a）所示，即为三角形的面积：$E_a=\frac{1}{2}\gamma H^2 K_a$。总主动土压力的作用点位于主动土压力三角形分布图形的重心，即墙底面以上 $H/3$ 处。

对于黏性土，如图 9-6（b）所示，土压力为零的 a 点，其深度 z_0 称为临界深度，此处 $e_a=0$，则有：

$$z_0=\frac{2c}{\gamma\sqrt{K_a}} \tag{9-9}$$

作用在单位长度挡土墙上的总主动土压力就等于分布图上三角形 abc 的面积，即：

$$E_a=\frac{1}{2}(\gamma HK_a-2c\sqrt{K_a})(H-z_0)=\frac{1}{2}\gamma H^2 K_a-2cH\sqrt{K_a}+\frac{2c^2}{\gamma} \tag{9-10}$$

总主动土压力的作用点位于主动土压力三角形分布图形的重心，即墙底面以上 $(H-z_0)/3$ 处，如图 9-6（b）所示。

三、被动土压力

（一）理论研究

当挡土墙在推力的作用下从水平方向均匀地压缩墙后土体，则土体中深度 z 处的应力状态将随之产生变化。如图 9-7（a）所示，竖直法向应力 $\sigma_z=\gamma z$ 保持不变，而水平法向应力 $\sigma_x=K_0\gamma z$ 将不断增大并最终超过 σ_z。当水平法向应力增大到使墙后土体达到极限平衡状态（摩尔应力圆与强度包线相切）时，水平法向应力即为朗肯土压力理论的被动土压力，即有 $e_p = \sigma_1 = \sigma_x$，如图 9-7（b）所示。

根据土力学的强度理论，剪切破坏面与大主应力作用面的夹角是 $45°+\varphi/2$。墙后土体达到极限平衡状态时，大主应力为水平应力 σ_x，其作用面是竖直面，故剪切破坏面与竖直面的夹角为 $45°+\varphi/2$（与水平面的夹角 $45°-\varphi/2$），如图 9-7（c）所示。

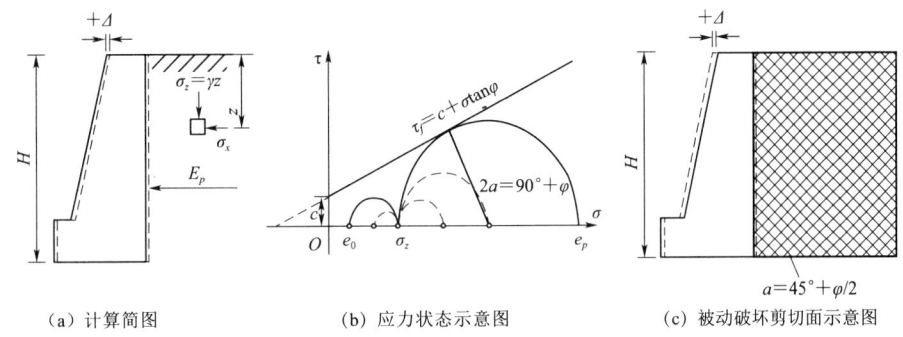

（a）计算简图　　　（b）应力状态示意图　　　（c）被动破坏剪切面示意图

图 9-7　朗肯被动土压力计算

（二）计算公式

黏性土的被动土压力强度计算公式为

$$e_p = \gamma z K_p + 2c\sqrt{K_p} \tag{9-11}$$

对于无黏性土，因为土的黏聚力 $c=0$，则有：

$$e_p = \gamma z K_p \tag{9-12}$$

式中　e_p——主动土压力强度，kPa；

　　　K_p——主动土压力系数，$K_p = \tan^2(45°+\varphi/2)$。

（三）被动土压力分布

对于无黏性土，墙顶部被动土压力等于 0，墙底部 $z=H$ 处，$e_p = \gamma H K_p$。被动土压力沿墙高呈三角形分布，如图 9-8（a）所示。

对于黏性土，被动土压力由两部分组成。第一部分由土的自重产生，大小与深度 z 成正比，沿墙高呈三角形分布，计算与无黏性土相同。第二部分由黏性土的黏聚力 c 产生，与深度 z 无关，是一个常数 $2c\sqrt{K_p}$。这两部分土压力叠加后，呈梯形分布，如图 9-8（b）所示。墙顶部 $z=0$，$e_p = 2c\sqrt{K_p}$；墙底部 $z=H$ 处，$e_p = \gamma H K_p + 2c\sqrt{K_p}$。

（四）总被动土压力

沿墙体长度方向取 1m 进行计算。对于无黏性土，作用在单位长度挡土墙上的总主动土压力如图 9-8（a）所示，即为三角形的面积：$E_p = \frac{1}{2}\gamma H^2 K_p$。总被动土压力的作用点位于被动土压力三角形分布图形的重心，即墙底面以上 $H/3$ 处，如图 9-8（a）所示。

对于黏性土，如图 9-8（b）所示，作用在单位长度挡土墙上的总被动土压力就等于分布图上梯形的面积，即：

$$E_p = \frac{1}{2}\gamma H^2 K_p + 2cH\sqrt{K_p} \tag{9-13}$$

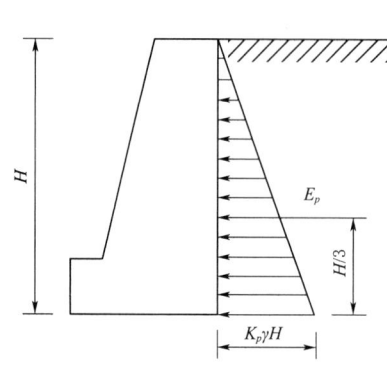
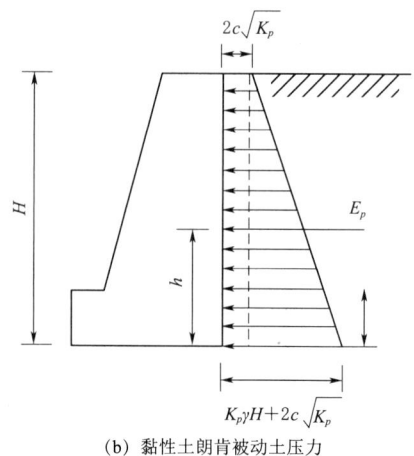

(a) 无黏性土朗肯被动土压力   (b) 黏性土朗肯被动土压力

图 9-8 朗肯被动土压力分布

总被动土压力的作用点位于被动土压力梯形分布图形的重心，距离墙底面的距离 $h = \dfrac{6c+\gamma H\sqrt{K_p}}{12c+3\gamma H\sqrt{K_p}}H$，如图 9-8（b）所示。

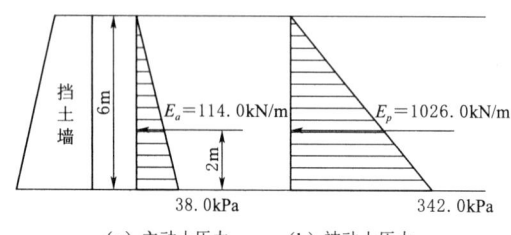

(a) 主动土压力   (b) 被动土压力

图 9-9 ［例 11-2］挡土墙土压力
分布及其合力作用点

【例 9-2】 有一混凝土挡土墙如图 9-9 所示，墙高 6.0m，墙背竖直光滑，墙后填土面水平。填土为中砂，重度 $\gamma = 19.0 \text{kN/m}^3$，内摩擦角 $\varphi = 30°$。试计算作用在此挡土墙上的主动土压力和被动土压力，并画出土压力分布图。

【解】 由题意可知墙背光滑垂直，填土表面水平，符合朗肯假定。

（1）主动土压力计算。

主动土压力系数：$K_a = \tan^2(45°-\varphi/2) = \tan^2(45°-30°/2) = 1/3$

墙顶处主动土压力强度：$e_a^{上} = 0$

墙底处主动土压力强度：$e_a^{下} = \gamma H K_a = 19 \times 6 \times 1/3 = 38 (\text{kPa})$

总主动土压力：$E_a = \gamma H^2 K_a / 2 = 19 \times 6^2 \times 1/6 = 114 (\text{kN/m})$

主动土压力合力作用点距离墙底 2m。

（2）被动土压力计算。

被动土压力系数：$K_p = \tan^2(45°+\varphi/2) = \tan^2(45°+30°/2) = 3$

墙顶处被动土压力强度：$e_p^{上} = 0$

墙底处被动土压力强度：$e_p^{下} = \gamma H K_p = 19 \times 6 \times 3 = 342 (\text{kPa})$

总被动土压力：$E_p = \gamma H^2 K_p / 2 = 19 \times 6^2 \times 3/2 = 1026 (\text{kN/m})$

被动土压力合力作用点距离墙底 2m。

（3）挡土墙上的主动、被动土压力分布图。

四、不同情况下土压力计算

以上介绍的公式均假定墙后填土为均质的情况，实际工程中常常会遇到填土上有超载，土是多层的非均质土，可能存在地下水等情况，计算方法具体如下。

（一）填土表面有均布荷载

如图 9-10（a）所示，当墙后填土表面上作用有均布荷载 q 时，可把均布荷载看作虚拟的填土层，虚拟土层的性质与填土相同，虚拟土层厚度 $h=q/\gamma$。

以无黏性土为例，作用在挡土墙墙背上的主动土压力由两部分组成：

一部分是由均布荷载 q 产生的，在墙顶部的压力强度为 $e_a^1=\gamma h K_a=\gamma \dfrac{q}{\gamma} K_a=qK_a$，大小为一个常数，总土压力为 qHK_a。另一部分是由实际填土 H 产生的土压力，分布呈随深度的增加而增加的三角形，墙底处的压力强度为 $e_a^2=\gamma H K_a$，总土压力为 $\gamma H^2 K_a/2$。

土压力呈梯形分布，合力 $E_a=qHK_a+\dfrac{1}{2}\gamma H^2 K_a$，作用点通过梯形重心。

被动土压力与主动土压力计算原理相同，分布相似，$E_p=qHK_p+\dfrac{1}{2}\gamma H^2 K_p$。

（二）墙后填土分层

如图 9-10（b）所示，当挡土墙的墙后填土由几层不同性质的水平土层构成时，土压力计算分第一层土、第二层土等依次叠加。

对于第一层土，厚度 h_1，填土指标 γ_1、c_1、φ_1，土压力计算与前面单层土计算方法相同。计算第二层土的土压力时，将第一层土按重度换算成与第二层土相同容重的土层，当量土层厚度 $h'_1=h_1\dfrac{\gamma_1}{\gamma_2}$，然后按照高度为 (h'_1+h_2) 来计算第二层的土压力，如图中 $\triangle gef$ 所示，第二层范围内的梯形 $bdef$ 部分土压力即为所求。

以下各层土压力计算原理相同。另外，由于上下土层的性质与指标不同，对应的土压力系数也不相同，因此交界面上下土压力的数值不一定相同，会出现突变。

（三）填土中有地下水

如图 9-10（c）所示，当挡土墙后的填土中有地下水时，这时作用在挡土墙上的压

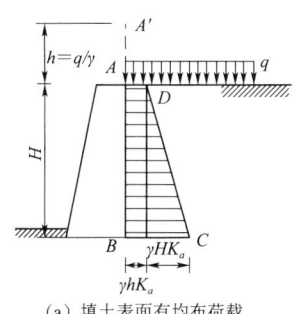
(a) 填土表面有均布荷载

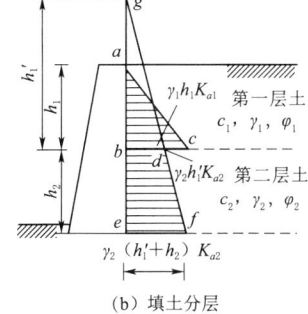
(b) 填土分层

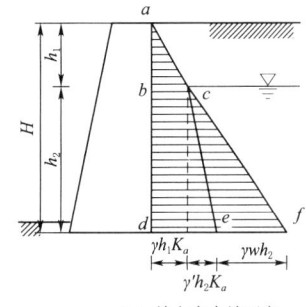
(c) 填土中有地下水

图 9-10 几种常见情况的土压力

力除了土压力外，还有水压力的作用。在计算挡土墙所受的总侧向压力时，对地下水位以上部分的土压力计算同前，对地下水位以下部分的土压力和水压力的计算，通常将两部分分别计算后相加。

在地下水位以下，土体的重度采用有效重度 γ' 计算，并计算水压力。例如水深 h_2，水下土层对墙底处的土压力强度 $e_a = \gamma' h_2 K_a$，总的水压力 $P_w = \frac{1}{2}\gamma_w h_2^2$。

【例 9-3】 某挡土墙高度 $H=6.0\text{m}$，墙背竖直、光滑，墙后填土表面水平。填土上作用有均布荷载 $q=18\text{kPa}$。填土为粗砂，重度 $\gamma=18.0\text{kN/m}^3$，内摩擦角 $\varphi=30°$。计算作用在此挡土墙上的主动土压力及其分布。

【解】 首先将填土表面作用的均布荷载 q 折算成当量土层高度：$h=q/\gamma=18/18=1(\text{m})$。

将墙背 AB 向上延长 1m 至 A' 点。此时计算墙高为：$h+H=1+6=7$（m）。

主动土压力系数：$K_a = \tan^2(45°-\varphi/2) = \tan^2(45°-30°/2) = 1/3$。

原挡土墙顶 A 处的主动土压力强度：$e_a^1 = \gamma h K_a = q K_a = 18 \times 1/3 = 6$（kPa）。

挡土墙底 B 处的主动土压力值：$e_a^2 = \gamma(h+H)K_a = 18 \times 7 \times 1/3 = 42$（kPa）。

总主动土压力：$E_a = \frac{1}{2}(e_a^1 + e_a^2)H = \frac{1}{2} \times (6+42) \times 6 = 144$（kN/m）。

总主动土压力分布呈梯形 $ABCD$，总主动土压力作用点位于梯形的重心。

此挡土墙上的主动土压力计算结果及其分布如图 9-11 所示。

【例 9-4】 某混凝土挡土墙高度 $H=6.0\text{m}$，墙背竖直、光滑，墙后填土分两层，各 3m 厚。上层黏土重度 $\gamma_1=19\text{kN/m}^3$，内摩擦角 $\varphi_1=16°$，黏聚力 $c_1=10\text{kPa}$；下层重度 $\gamma_2=17.0\text{kN/m}^3$，内摩擦角 $\varphi_2=30°$。试计算作用在此挡土墙上的总主动土压力及其分布。

【解】 已知条件符合朗肯理论，上层填土为黏性土，墙顶部土压力为 0。

第一层土的压力系数：$K_{a1} = \tan^2(45°-\varphi_1/2) = \tan^2(45°-8°) \approx 0.568$。

计算临界深度：$z_0 = \frac{2c_1}{\gamma_1 \sqrt{K_{a1}}} = \frac{2 \times 10}{19 \times 0.754} \approx 1.4$（m）。

两层分界面处第一层土底部的土压力强度：$e_{a1} = \gamma_1 h_1 K_{a1} - 2c_1\sqrt{K_{a1}} = 19 \times 3 \times 0.568 - 2 \times 10 \times 0.754 = 32.376 - 15.080 = 17.3$（kPa）。

计算第二层填土的土压力强度，需要先将第一层土折算成当量土层，其厚度：$h_1' = h_1 \frac{\gamma_1}{\gamma_2} = 3 \times 19/17 \approx 3.35$（m）。

第二层土的压力系数：$K_{a2} = \tan^2(45°-\varphi_2/2) = \tan^2(45°-15°) = 1/3$。

第二层顶面土压力强度：$e_{a2} = \gamma_2 h_1' K_{a2} = 17 \times 3.35 \times 1/3 = 18.98$（kPa）。

第二层底面土压力强度：$e_{a3} = \gamma_2 (h_1' + h_2) K_{a2} = 17 \times (3.35+3) \times 1/3 = 35.98$（kPa）。

土压力分布如图 9-12 所示，上层为三角形 abc，下层为梯形 $bdfe$，总主动土压力：
$$E_a = e_{a1}(h_1 - z_0)/2 + (e_{a2} + e_{a3})h_2/2 = 17.3 \times (3-1.4)/2 + (18.98+35.98) \times 3/2$$
$$= 13.84 + 82.44 = 96.28(\text{kN/m})$$

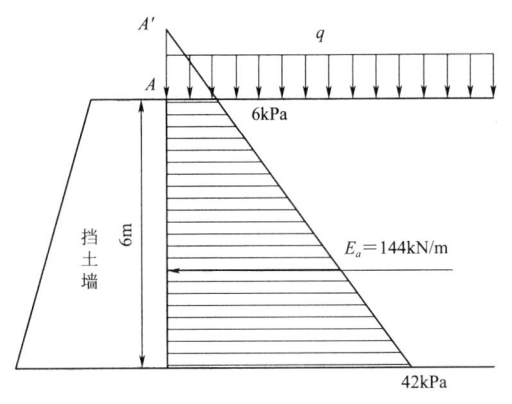

图 9-11 [例 9-3] 主动土压力分布

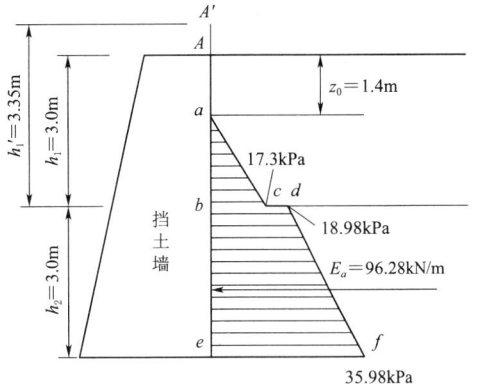

图 9-12 [例 9-4] 主动土压力分布

单元三 库仑土压力

9-2 库仑土压力

一、概述

库仑于 1776 年提出了库仑土压力理论，它是根据墙后土体处于极限平衡状态时形成的一个滑动楔体的静力平衡条件得出的土压力计算理论。

库仑土压力理论的假设条件为：

(1) 墙背俯斜、粗糙，墙后填土为均质的无黏性土，填土表面倾斜。
(2) 墙后土体处于极限平衡状态时形成一个滑动楔体，滑动面为一经过墙踵的平面。
(3) 不考虑滑动楔体本身的压缩变形。

二、主动土压力

如图 9-13 (a) 所示，挡土墙的墙高为 H，倾角为 ε，墙与土之间的摩擦角为 δ，填土表面倾斜与水平面成 β，墙后填土的内摩擦角 φ，墙后的填土沿某一破裂面 BC 破坏，破裂面 BC 与水平面之间的倾角为 α，整个土体沿着墙背 AB 及破裂面 BC 同时下滑，形成一个滑动的楔体 $\triangle ABC$。取滑动楔体为隔离体，受到的作用力有：

(1) 其自重 $G=\gamma \triangle ABC$，γ 为填土的重度，滑裂面 BC 的位置确定后即可求出自重，方向向下。

(2) 墙背 AB 给滑动楔体的支撑力 E，与其大小相等，方向相反的力就是要计算的土压力，该力与墙背法向方向之间的交角为 δ。因为土体下滑时，墙给予土体的阻力方向向上，因此 E 在法线 N_2 的下侧。

(3) 在滑动面 BC 上作用的反力 R，大小未知，它的方向与 BC 面的法线 N_1 之间的交角为墙背填土的内摩擦角，位于法线下方。

滑动楔体 ABC 在上述三个力的共同作用下处于静力平衡状态，因此这一组平衡力系可以组成一个封闭的力矢三角形 abc，如图 9-13 (b) 所示。取不同的滑动面（改变坡角 α），则 W、E 与 R 的数值以及方向将随之变化，找出最大的 E 值（此时，该滑动面为最危险滑动面），即为所求的主动土压力 E_a。由力三角形不难证明三角形各角的数值，整理后得到无黏性土的库仑主动土压力计算公式：

$$E_a = \frac{1}{2}\gamma H^2 K_a \tag{9-14}$$

$$K_a = \frac{\cos^2(\varphi-\varepsilon)}{\cos^2\varepsilon \cdot \cos(\delta+\varepsilon)\left[1+\sqrt{\frac{\sin(\delta+\varphi)\cdot\sin(\varphi-\beta)}{\cos(\delta+\varepsilon)\cdot\cos(\varepsilon-\beta)}}\right]^2} \tag{9-15}$$

式中 K_a——主动土压力系数，可由表9-1查得；
δ——墙背与填土之间的摩擦角，可由试验确定或参考表9-2确定；
H——挡土墙高度，m；
γ——墙后填土重度，kN/m³；
φ——填土内摩擦角，(°)；
ε——墙背倾角，(°)，俯斜时取正号，仰斜时取负号；
β——墙后填土面的倾角，(°)。

表9-1　　　　　　　　　　库仑主动土压力系数 K_a 值

δ	ε	β	φ							
			15°	20°	25°	30°	35°	40°	45°	50°
0°	0°	0°	0.589	0.490	0.406	0.333	0.271	0.217	0.172	0.132
		10°	0.704	0.569	0.462	0.374	0.300	0.238	0.186	0.142
		20°		0.883	0.572	0.441	0.344	0.267	0.204	0.154
		30°				0.750	0.436	0.318	0.235	0.172
	10°	0°	0.652	0.559	0.478	0.407	0.343	0.287	0.238	0.194
		10°	0.784	0.654	0.550	0.461	0.384	0.318	0.261	0.211
		20°		1.015	0.684	0.548	0.444	0.360	0.291	0.232
		30°				0.925	0.566	0.433	0.337	0.262
	20°	0°	0.735	0.648	0.569	0.498	0.434	0.375	0.322	0.274
		10°	0.895	0.767	0.662	0.572	0.492	0.421	0.358	0.302
		20°		1.205	0.833	0.687	0.576	0.483	0.405	0.337
		30°				1.169	0.740	0.586	0.474	0.385
	−10°	0°	0.539	0.433	0.344	0.270	0.209	0.158	0.117	0.083
		10°	0.643	0.500	0.389	0.301	0.229	0.171	0.125	0.088
		20°		0.785	0.482	0.353	0.261	0.190	0.136	0.094
		30°				0.614	0.331	0.226	0.155	0.104
	−20°	0°	0.497	0.380	0.287	0.212	0.153	0.106	0.070	0.043
		10°	0.594	0.438	0.323	0.234	0.166	0.114	0.074	0.045
		20°		0.707	0.401	0.274	0.188	0.125	0.080	0.047
		30°				0.498	0.239	0.147	0.090	0.051

续表

δ	ε	β	φ							
			15°	20°	25°	30°	35°	40°	45°	50°
10°	0°	0°	0.533	0.447	0.373	0.308	0.253	0.204	0.163	0.127
		10°	0.664	0.531	0.431	0.350	0.282	0.225	0.177	0.136
		20°		0.897	0.549	0.420	0.326	0.254	0.195	0.148
		30°				0.762	0.423	0.306	0.226	0.166
	10°	0°	0.603	0.520	0.448	0.384	0.326	0.275	0.229	0.189
		10°	0.759	0.626	0.524	0.440	0.368	0.307	0.253	0.206
		20°		1.064	0.674	0.534	0.432	0.351	0.283	0.227
		30°				0.969	0.564	0.427	0.332	0.258
	20°	0°	0.695	0.615	0.543	0.478	0.419	0.365	0.316	0.271
		10°	0.890	0.752	0.646	0.558	0.481	0.414	0.354	0.300
		20°		1.308	0.844	0.687	0.573	0.481	0.403	0.337
		30°				1.268	0.758	0.593	0.478	0.388
	−10°	0°	0.476	0.385	0.309	0.245	0.191	0.146	0.109	0.078
		10°	0.590	0.455	0.354	0.275	0.211	0.159	0.116	0.082
		20°		0.773	0.450	0.328	0.242	0.177	0.127	0.088
		30°				0.605	0.313	0.212	0.146	0.098
	−20°	0°	0.427	0.330	0.252	0.188	0.137	0.096	0.064	0.039
		10°	0.529	0.388	0.286	0.209	0.149	0.103	0.068	0.041
		20°		0.675	0.364	0.248	0.170	0.114	0.073	0.044
		30°				0.475	0.220	0.135	0.082	0.047
15°	0°	0°	0.518	0.434	0.363	0.301	0.248	0.201	0.160	0.125
		10°	0.655	0.522	0.423	0.343	0.277	0.221	0.174	0.135
		20°		0.914	0.546	0.415	0.323	0.251	0.194	0.147
		30°				0.776	0.422	0.305	0.225	0.165
	10°	0°	0.592	0.511	0.441	0.378	0.323	0.273	0.228	0.188
		10°	0.759	0.622	0.520	0.437	0.366	0.305	0.252	0.206
		20°		1.103	0.679	0.535	0.432	0.350	0.284	0.228
		30°				1.005	0.570	0.430	0.333	0.260
	20°	0°	0.690	0.611	0.540	0.476	0.419	0.366	0.317	0.273
		10°	0.903	0.757	0.649	0.560	0.483	0.416	0.357	0.303
		20°		1.382	0.862	0.697	0.579	0.486	0.408	0.341
		30°				1.341	0.778	0.605	0.487	0.395
	−10°	0°	0.457	0.371	0.298	0.237	0.186	0.142	0.106	0.076
		10°	0.575	0.441	0.344	0.267	0.205	0.155	0.114	0.081
		20°		0.776	0.441	0.320	0.236	0.174	0.125	0.087
		30°				0.607	0.308	0.209	0.143	0.097
	−20°	0°	0.405	0.314	0.240	0.180	0.132	0.093	0.062	0.038
		10°	0.509	0.372	0.274	0.201	0.144	0.100	0.066	0.040
		20°		0.667	0.352	0.239	0.164	0.110	0.071	0.042
		30°				0.470	0.214	0.131	0.080	0.046

续表

δ	ε	β	\varphi							
			15°	20°	25°	30°	35°	40°	45°	50°
20°	0°	0°			0.357	0.297	0.245	0.199	0.160	0.125
		10°			0.419	0.340	0.275	0.220	0.174	0.135
		20°			0.547	0.414	0.322	0.250	0.193	0.147
		30°				0.798	0.425	0.305	0.225	0.166
	10°	0°			0.438	0.377	0.322	0.273	0.229	0.190
		10°			0.521	0.438	0.367	0.306	0.254	0.207
		20°			0.690	0.540	0.435	0.354	0.286	0.230
		30°				1.051	0.582	0.437	0.338	0.263
	20°	0°			0.543	0.479	0.422	0.370	0.321	0.277
		10°			0.659	0.568	0.490	0.423	0.363	0.309
		20°			0.890	0.714	0.592	0.496	0.417	0.349
		30°				1.434	0.807	0.624	0.501	0.406
	−10°	0°			0.291	0.232	0.182	0.140	0.105	0.076
		10°			0.337	0.262	0.202	0.153	0.113	0.080
		20°			0.436	0.316	0.233	0.171	0.123	0.086
		30°				0.614	0.306	0.207	0.142	0.096
	−20°	0°			0.232	0.174	0.128	0.090	0.061	0.038
		10°			0.266	0.195	0.140	0.097	0.064	0.039
		20°			0.344	0.233	0.160	0.108	0.069	0.042
		30°				0.468	0.210	0.129	0.079	0.045

此式与朗肯土压力计算公式的形式相同,但土压力系数计算公式不同。当 $\varepsilon=0$,$\delta=0$,$\beta=0$ 时,有 $K_a = \tan^2(45°-\varphi/2)$,与朗肯主动土压力系数一致,这说明朗肯土压力理论是库仑土压力理论的一个特例。

主动土压力沿墙高呈三角形分布,如图 9-13 (c) 所示。但这种分布形式只表示土

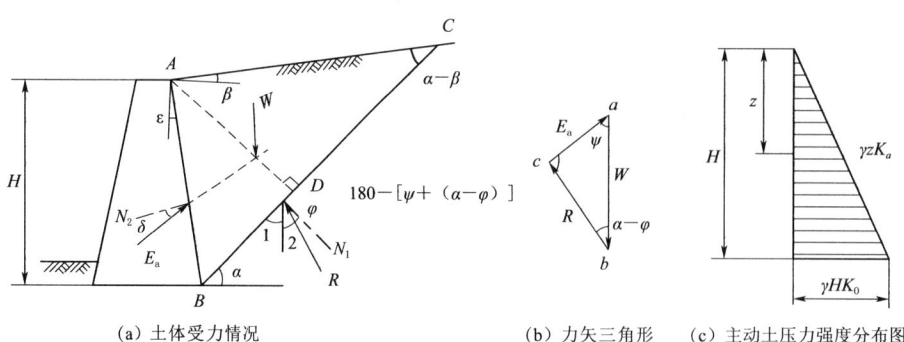

(a) 土体受力情况　　(b) 力矢三角形　　(c) 主动土压力强度分布图

图 9-13　库仑主动土压力计算图

压力的大小，并不代表实际作用于墙背上的土压力方向，其实际方向与墙背法线成 δ 角。总主动土压力的作用点位于三角形分布图形的重心，即墙底面以上 $H/3$ 处，如图 9-15（c）所示。

表 9-2　　　　　　　　　　　　墙背与填土之间的摩擦角 δ

挡土墙墙背粗糙度及填土排水情况	δ	墙背粗糙，排水良好	$\varphi/3 \sim \varphi/2$
墙背平滑，排水不良	$\varphi/3$	墙背很粗糙，排水良好	$\varphi/2 \sim 2\varphi/3$

【例 9-5】　某挡土墙高 $H=4.8$m，墙背倾角 $\varepsilon=10°$，墙后的填土倾角 $\beta=10°$，墙背与填土间的摩擦角 $\delta=20°$。墙后填土为中砂，$\gamma=17.11$kN/m³，内摩擦角 $\varphi=30°$。计算作用在此挡土墙上的主动土压力 E_a，并画出土压力沿墙背的分布以及合力的方向。

【解】　因为挡土墙不光滑，墙背与填土间的摩擦角 $\delta=20°$，采用库仑土压力理论进行主动土压力的计算。

由 $\delta=20°$，$\varphi=30°$，$\varepsilon=\beta=10°$，由公式或查表得 $K_a=0.438$。

故 $E_a = \frac{1}{2}\gamma H^2 K_a = \frac{1}{2} \times 17.5 \times 4.8^2 \times 0.438 = 88.3$（kN/m）

主动土压力呈三角形分布，合力作用点离墙踵高 $h=H/3=4.8/3=1.6$（m）。

主动土压力 E_a 的作用方向与墙背的法向线 "N—N" 成 $\delta=20°$，位于该法线的上侧，如图 9-14 所示。

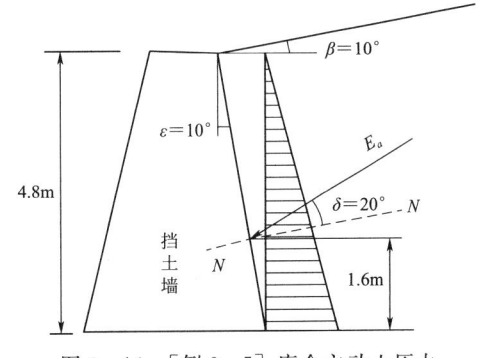

图 9-14　[例 9-5] 库仑主动土压力

三、被动土压力

挡土墙在外力作用下向后移动，推向填土，使滑动楔体△ABC 达到极限平衡状态，墙后填土沿墙背 AB 面和填土内某一滑动面 BC 同时向上滑动。取滑动楔体△ABC 为隔离体进行受力分析，如图 9-15 所示。

（1）取挡土墙 1 延米宽，楔体自重 W。

（2）墙背 AB 对滑动楔体的推力 E_p，该支撑力与被动土压力大小相等，方向相反。因为土楔体向上滑动，墙背给土体的推力朝斜下方向，故推力 E_p 的方向位于墙背法线上方，与之成 δ 角，如图 9-15（a）所示。

（3）墙后填土中的滑动面 BC 上，作用着下方土体对滑动楔体的反力 R。R 的方向与滑动面 BC 的法线成 φ 角。因为土楔体向上滑动，故支撑力 R 在法线的上方。

如图 9-15（b）所示。由静力平衡△abc 可知：W 与 R 的夹角为 $\alpha+\varphi$，令 W 与 E_p 之间的夹角为 $\psi(\psi=90°-\varepsilon+\delta)$，则 E_p 与 R 之间的夹角为 $180°-[\psi+(\alpha+\varphi)]$。

与主动土压力计算原理相同，可得无黏性土库仑被动土压力 E_p 为

$$E_p = \frac{1}{2}\gamma H^2 K_p \qquad (9-16)$$

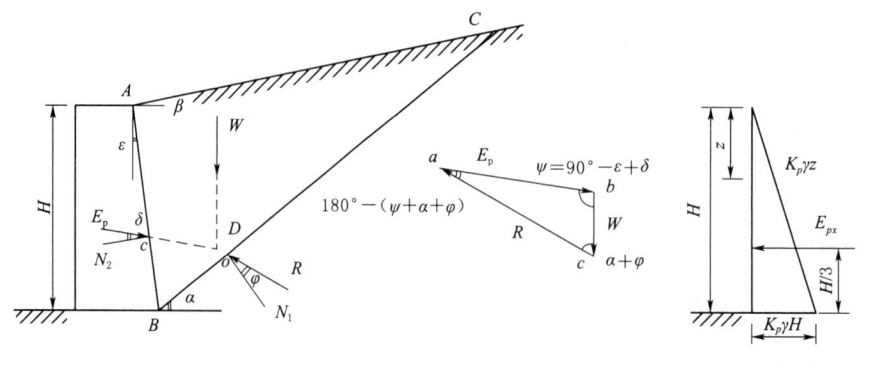

(a) 土体受力情况　　　(b) 力矢三角形　　　(c) 主动土压力强度分布图

图 9-15　库仑被动土压力计算图

$$K_p = \frac{\cos^2(\varphi+\varepsilon)}{\cos^2\varepsilon\cos(\varepsilon-\delta)\left[1-\sqrt{\dfrac{\sin(\delta+\varphi)\cdot\sin(\varphi+\beta)}{\cos(\varepsilon-\delta)\cdot\cos(\varepsilon-\beta)}}\right]^2} \qquad (9-17)$$

式中　K_p——被动土压力系数，其他符号同式（9-15）。

式（9-16）与朗肯被动土压力理论公式形式完全相同，但被动土压力系数公式不同。当 $\varepsilon=0$，$\delta=0$，$\beta=0$ 时，代入式（9-17）得 $K_p=\tan^2(45°+\varphi/2)$，与朗肯被动土压力系数一致，证实了朗肯土压力理论是库仑土压力理论的特例。

与无黏性土朗肯被动土压力的分布类似，库仑被动土压力沿墙高呈三角形分布，墙顶部 $z=0$ 时，$e_p=0$，墙底部 $z=H$ 时，$e_p=\gamma H K_p$，如图 9-15（c）所示。但这种分布形式只表示土压力大小，并不代表实际作用墙背上的土压力方向。总被动土压力的作用点位于被动土压力三角形分布图形的重心，即墙底面以上 $H/3$ 处，如图 9-15（c）所示。

四、朗肯土压力与库仑土压力的比较

朗肯土压力理论与库仑土压力理论是在各自的假设条件下，应用不同的分析方法得到的土压力假设公式。只有在最简单的情况下（墙背垂直光滑，填土表面水平），用这两种理论计算的结果才相等，否则便得出不同的结果。因此，应根据实际情况合理选择使用。

朗肯土压力理论从半无限土体中一点的极限平衡应力状态出发，直接求得墙背上各点的土压力强度分布，其公式简单，便于记忆，对于黏性土和无黏性土均适用，因此在工程上得到广泛利用。但由于假设条件的原因，在使用上受到限制，并且该理论忽略了墙背与填土之间摩擦力的影响，使计算的主动土压力偏大，而被动土压力偏小。

库仑土压力理论根据墙后土楔体的静力平衡条件得出土压力计算公式，考虑了墙背与土之间的摩擦力，并可应用在墙背倾斜，填土面倾斜的情况，但由于该理论假设填土是无黏性土，因此不能直接利用公式计算黏性土的土压力。库仑理论把土体中的滑动面假定为平面，与实际情况不符，因此计算的主动压力系数稍偏小；被动土压力系数偏高。

单元四 挡 土 墙 设 计

一、挡土墙类型

挡土墙设计包括墙型选择、稳定性验算、地基承载力验算、墙身材料强度验算以及一些设计中的构造要求和措施。

常用的挡土墙型式有重力式、悬臂式、扶壁式、锚杆及锚定板式和加筋土挡土墙等。一般应根据工程需要、土质情况、材料供应、施工技术以及造价等因素合理选择。

(一) 重力式挡土墙

一般由块石或混凝土材料砌筑，墙身截面较大。根据墙背的倾斜方向可分为仰斜、直立和俯斜三种，如图 9-16 所示。墙高一般小于 8m，当高度在 8~12m 时，宜采用衡重式 [图 9-16 (d)]。重力式挡土墙依靠墙身自重抵抗土压力引起的倾覆弯矩。其结构简单，施工方便，能就地取材，在建筑工程中应用最广。

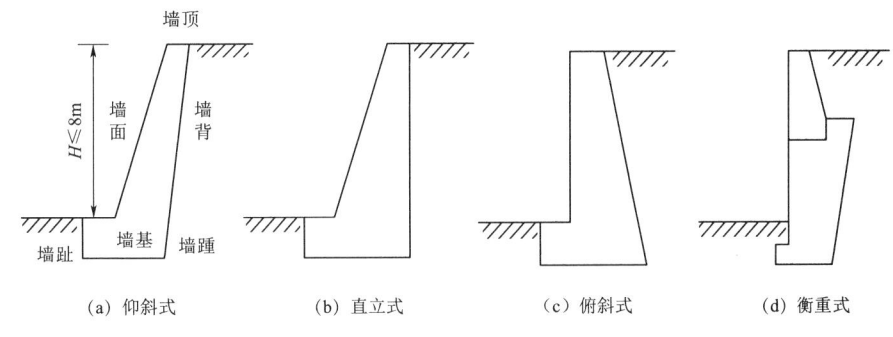

图 9-16 重力式挡土墙

(二) 悬臂式挡土墙

悬臂式挡土墙一般由钢筋混凝土材料建造，墙的稳定主要依靠墙踵悬臂以上的土重维持。墙体内设置钢筋承受拉应力，故墙身截面较小，如图 9-17 所示。适用于墙高大于 11m、地基土质较差，以及工程比较重要时，例如市政工程及储料仓库等。

(三) 扶壁式挡土墙

当墙高大于 10m 时，挡土墙立壁挠度较大，为了增加立壁的抗弯性能，常沿墙的纵向每隔一定的距离 (0.3~0.6) h 设置一道扶壁，称为扶壁式挡土墙，如图 9-18 所示。扶壁间填土可增加抗滑和抗倾覆能力，一般用于重要的土建工程。

(四) 锚杆及锚定板式挡土墙

如图 9-19 所示。锚定板式挡土墙由预制的钢筋混凝土立柱、墙面、钢拉杆和埋置在填土中的锚定板在现场拼装而成，依靠填土与结构的相互作用力维持其自身稳定。与重力式挡土墙相比，其结构柔性大、工程量少、造价低、施工方便，特别适用于地基承载力不大的地区。锚杆式挡土墙是利用嵌入坚实岩层的灌浆锚杆作为拉杆的一种挡土结构。

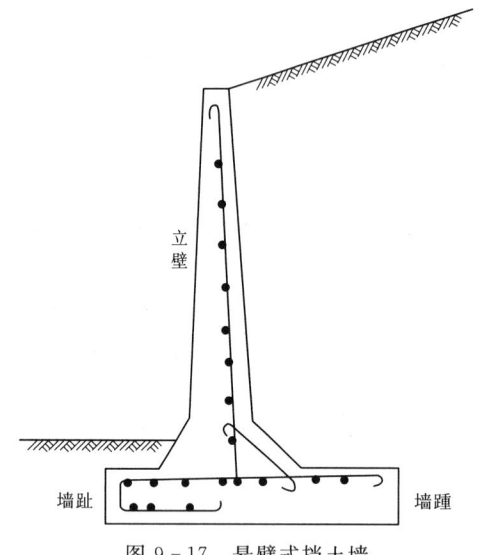

图 9-17 悬臂式挡土墙

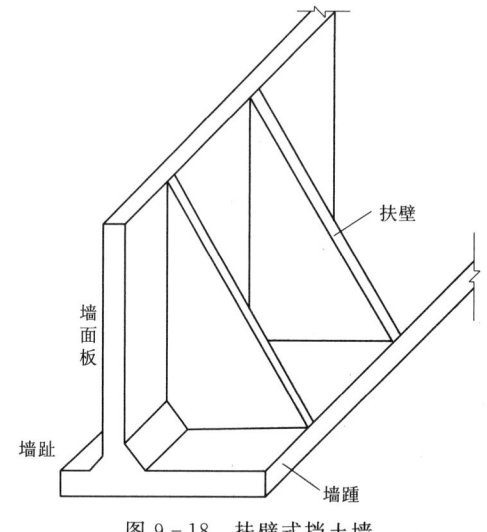

图 9-18 扶壁式挡土墙

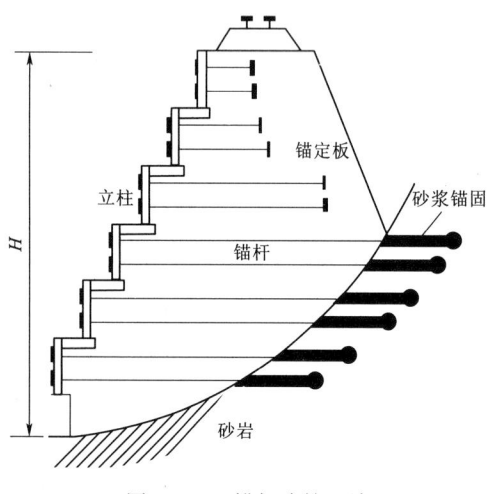

图 9-19 锚杆式挡土墙

(五) 其他型式的挡土结构

此外，还有混合式挡土墙、构架式挡土墙、板桩墙、加筋土挡土墙以及近年来发展的土工合成材料挡土墙等。

二、挡土墙的计算

此处主要介绍重力式挡土墙的计算。对悬臂式和扶壁式挡土墙，其计算内容、计算原则和安全系数可以借用，但荷载计算有所不同，此处从略。

挡土墙截面尺寸一般按照试算法确定，即先根据挡土墙的工程地质、填土性质、荷载情况以及墙体材料和施工条件，凭经验初步拟定截面尺寸，然后进行验算，如不满足要求，则修改截面尺寸或采取其他措施。

(一) 挡土墙计算的内容

挡土墙计算的内容包括：

(1) 稳定性验算，包括抗倾覆稳定性验算和抗滑移稳定性验算。

(2) 地基承载力验算。

(3) 墙身材料强度验算。符合《混凝土结构设计规范》(GB 50010—2010) 和《砌体结构设计规范》(GB 50003—2011) 等规定要求。

(二) 作用在挡土墙上的荷载

作用在挡土墙上的荷载有墙身自重 G、土压力和基底反力。土压力是作用在挡土墙上的主要荷载，此外，若挡土墙排水不良，填土积水需计入水压力，对地震区还应考虑地震效应等。验算稳定性时，土压力及自重的荷载分项系数可取 1.0；当土压力作为外荷载时，应取 1.2 的荷载分项系数。

（三）挡土墙稳定性验算

1. 抗倾覆稳定性验算

挡土墙的破坏大部分是倾覆破坏。如图 9-20 所示，要保证挡土墙在土压力的作用下不发生绕墙趾 O 点的倾覆，必须要求抗倾覆稳定性安全系数 K_t（O 点的抗倾覆力矩与倾覆力矩之比）大于规范允许值，一般取 1.6，即：

$$K_t = \frac{Gx_0 + E_{az}x_f}{E_{ax}z_f} \geqslant 1.6 \qquad (9-18)$$

式中　E_{ax}——E_a 的水平分力，kN/m，$E_{ax} = E_a\cos(\alpha-\delta)$；

　　　E_{az}——E_a 的竖直分力，kN/m，$E_{az} = E_a\sin(\alpha-\delta)$；

　　　G——挡土墙每延米自重，kN/m；

　　　x_f——土压力作用点离 O 点的水平距离，m，$x_f = b - z\tan\varepsilon$；

　　　z_f——土压力作用点离 O 点的竖直距离，m，$z_f = z - b\tan\alpha_0$；

　　　x_0——挡土墙重心离墙趾的水平距离，m；

　　　b——基底的水平投影宽度，m；

　　　z——土压力作用点离墙踵的高度，m。

若抗倾覆验算不满足要求时，可采取以下措施进行处理：

（1）增大挡土墙断面尺寸，使 G 增大，但工程量相应增大。

（2）伸长墙趾，加大 x_0，但墙趾过长，若厚度不够，则需配置钢筋。

（3）墙背做成仰斜，减小土压力。

2. 抗滑移稳定性验算

在土压力作用下，挡土墙也可能沿基础底面发生滑动，如图 9-21 所示。因此要求基底的抗滑安全系数 K_s（抗滑力与滑动力之比）大于规范允许值，一般取 1.3，即：

$$K_s = \frac{(G_n + E_{an})\mu}{E_{a\tau} - G_\tau} \geqslant 1.3 \qquad (9-19)$$

式中　G_n——挡土墙自重垂直于基底平面方向的分力，kN/m，$G_n = G\cos\alpha_0$；

　　　G_τ——挡土墙自重平行于基底平面方向的分力，kN/m，$G_\tau = G\sin\alpha_0$；

　　　E_{an}——E_a 垂直于基底平面方向分力，kN/m，$E_{an} = E_a\sin(\varepsilon+\alpha_0+\delta)$；

　　　$E_{a\tau}$——E_a 平行于基底平面方向分力，kN/m，$E_{a\tau} = E_a\cos(\varepsilon+\alpha_0+\delta)$；

　　　μ——挡土墙基底的摩擦系数，宜按试验确定，也可按表 9-3 选用。

如果抗滑移验算不满足要求，可以采取以下措施进行处理：

（1）增大挡土墙断面尺寸，使 G 增大，增大抗滑力。

（2）墙基底面做成砂、石垫层，以提高 μ，增大抗滑力。

（3）墙底做成逆坡，利用滑动面上部分反力来抗滑。如图 9-22（a）所示。

（4）在软土地基上，其他方法无效或不经济时，可在墙踵后加拖板，利用拖板上的土重来抗滑，拖板与挡土墙之间应该用钢筋连接，如图 9-22（b）所示。

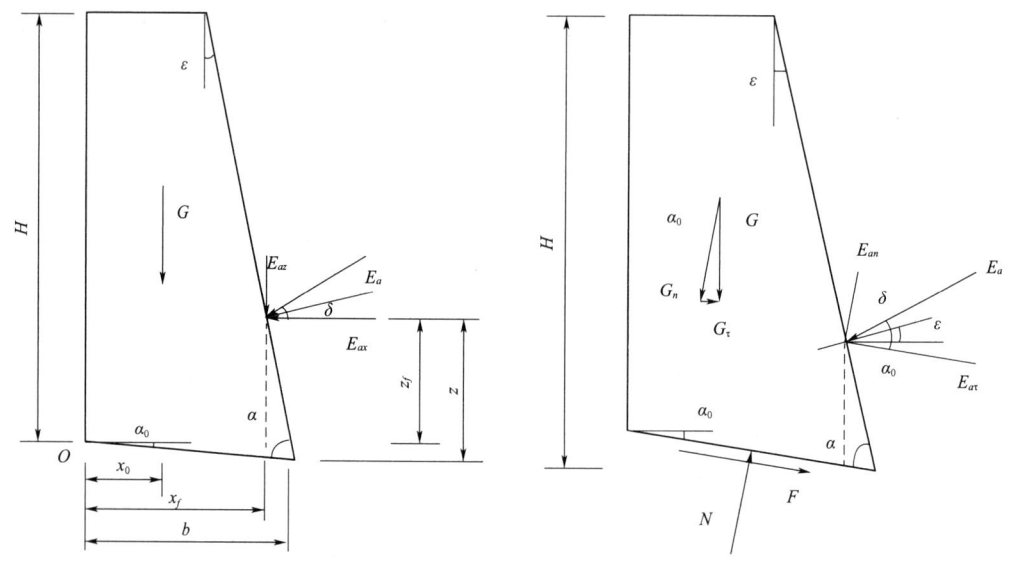

图 9-20 抗倾覆稳定性验算　　　　图 9-21 抗滑稳定性验算

表 9-3　　　　　　　　　挡土墙基底摩擦系数 μ

土 的 类 别		摩擦系数 μ	土 的 类 别	摩擦系数 μ
黏性土	可塑	0.25～0.30	中砂、粗砂、砾砂	0.40～0.50
	硬塑	0.30～0.35	碎石土	0.40～0.60
	坚硬	0.35～0.40	软质岩石	0.40～0.60
粉土	$S_r \leqslant 0.5$	0.30～0.40	表面粗糙的硬质岩石	0.65～0.75

注　1. 对易风化的软质岩石和 $I_p > 22$ 的黏性土，μ 应通过试验测定。
　　2. 对碎石土，可根据其密实度、填充物状况、风化程度等确定。

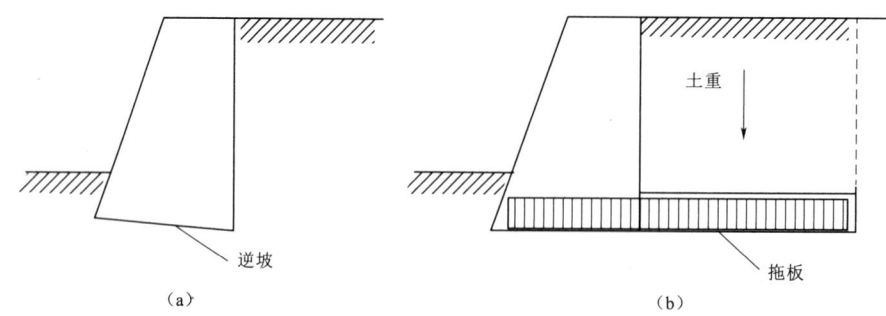

图 9-22　增加抗滑稳定的措施

三、重力式挡土墙的构造措施

（一）墙型的选择

重力式挡土墙按墙背倾斜方式分为仰斜、直立和俯斜三种型式，如用相同的计算方法和计算指标计算主动土压力,一般仰斜最小,直立居中,俯斜最大。仰斜墙背墙身截面经济,墙背可以和开挖的临时边坡紧密贴合,但墙后填土较为困难,因此多用于支挡挖方工程的边坡。俯斜墙背墙后填土施工较为方便,易于保证回填土质量而多用于填土工程。直立墙背多用于墙前地形较陡的情况,如山坡上建墙。

(二) 基础埋置深度

重力式挡土墙的基础埋置深度(如基底倾斜,基础埋置深度从最浅处的墙趾处计算)应该根据持力层土的承载力、水流冲刷、岩石裂隙发育及风化程度等因素进行确定。在特强冻胀、强冻胀地区应考虑冻胀的影响。在土质地基中,基础埋置深度不宜小于 0.11m;在软质岩石中,基础埋置深度不宜小于 0.3m。

(三) 断面尺寸拟定

当墙前地面较陡时,墙面坡可按 1∶0.05～1∶0.2,当墙高较小时,亦可采用直立的截面。在墙前地面较为平坦时,对于中、高挡土墙,墙面坡度可较缓,但不宜缓于 1∶0.4,以免增高墙身或增加开挖深度。仰斜墙背坡度愈缓,主动土压力愈小,但为了避免施工困难,仰斜墙背一般不宜缓于 1∶0.25,墙面坡应尽量与墙背坡平行。俯斜墙背的坡度不大于 1∶0.36。为了增加挡土墙的抗滑稳定性,可将基底做成逆坡。但是,基底逆坡过大,可能使墙身连同基底下的一块三角形土体一起滑动。因此,土质地基的基底逆坡坡度不宜大于 0.1∶1,岩石地基基底逆坡不宜大于 0.2∶1。

当墙高较大时,为了使基底压力不超过地基承载力特征值,可加墙趾台阶,如图 9-23 所示,以便扩大基底宽度,这对墙的抗倾覆稳定也是有利的。墙趾台阶的高宽比可取 $h:a=2:1$,a 不得小于 20cm。此外,基底法向反力的偏心矩应满足 $e \leqslant b_1/4$ 条件(b_1 为无台阶时的基底宽度)。

挡土墙的顶部,对于块石挡土墙的墙顶宽度不宜小于 400mm;混凝土挡土墙的墙顶宽度不宜小于 200mm。重力式挡土墙基础底面宽为墙高的 1/2～1/3。重力式挡土墙应该

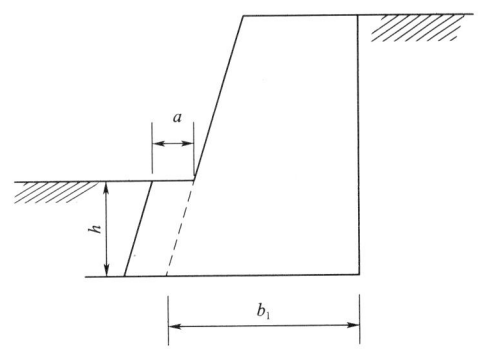

图 9-23 墙趾台阶尺寸示意图

每隔 10～20m 设置一道伸缩缝。当地基有变化时宜加设沉降缝。在挡土结构的拐角处,应采取加强的构造措施。

(四) 墙后排水措施

在挡土墙建成使用期间,如遇雨水渗入墙后填土中,会使填土的重度增加,内摩擦角减小,土的强度降低,从而使填土对墙的土压力增大;同时墙后积水增加水压力,对墙的稳定性不利。积水自墙面渗出,还要产生渗流压力。水位较高时,静、动水压力对挡土墙的稳定威胁更大。因此挡土墙设计中必须设置排水。对于可以向坡内排水的支挡结构,应在支挡结构上设置排水孔,如图 9-24 所示。

排水孔应沿着横竖两个方向设置,其间距宜按 2～3m,排水孔外斜坡度宜为 5%,孔眼尺寸不宜小于 100mm。为了防止泄水孔堵塞,应在其入口处以粗颗粒材料做反滤层和

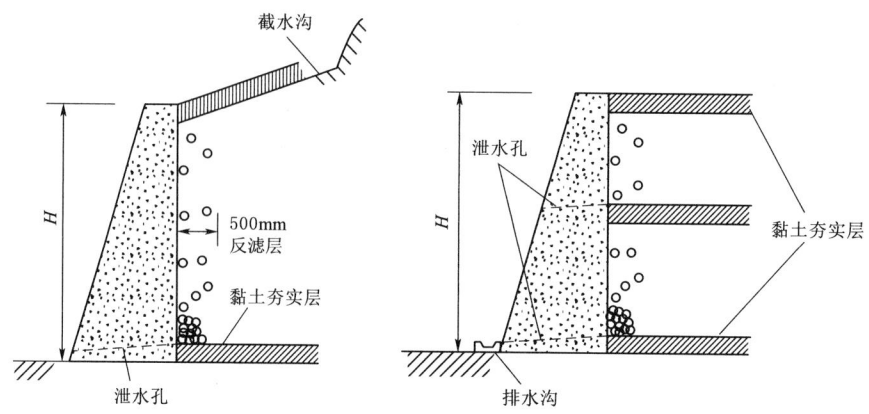

图 9-24 挡土墙排水措施

必要的排水暗沟。为防止地面水渗入填土和一旦渗入填土中的水渗到墙下地基,应在地面和排水孔下部铺设黏土层并夯实,以利隔水。当墙后有山坡时,应在坡脚处设置截水沟。对于不能向坡外排水的边坡,应在墙背填土中设置足够的排水暗沟。

(五)填土质量要求

为保证挡土墙的安全正常工作及经济合理,填料的恰当选取极为重要,由土压力理论可知,填土重度越大,则主动土压力越大,而填土的内摩擦角越大,则主动土压力越小。所以,在选择填料时,应从填料的重度和内摩擦角哪一个因素对减小土压力更为有效这一点出发来考虑。一般说来,选用内摩擦角较大、透水性较强的粗粒填料如粗砂、砾石、碎石、块石等,能显著减小主动土压力,而且它们的内摩擦角受浸水的影响也很小;当采用黏性土作填料时,宜掺入适量的碎石。在季节性冻土地区,墙后填土应选用非冻胀性填料,如炉渣、碎石、粗砂等。墙后填土必须分层夯实,保证质量。

四、挡土墙设计实例

【例 9-6】 根据使用要求,需要在某水库大坝坝肩处设计一个回车场。由于坝肩开挖后边坡陡峭,位置较狭小,因此需要修建一段重力式挡土墙,工程等级为三级。

1. 工程条件及构造措施

挡土墙最大高度 $H=6\text{m}$,墙背倾斜角 $\varepsilon=10°$,填土面倾斜角 $\beta=20°$。墙后填料为砂土,内摩擦角 $\varphi=30°$,容重 18.5kN/m^3,墙背与填土摩擦角 $\delta=20°$。地基修正后的容许承载力 180kPa,墙底摩擦系数 $\mu=0.5$。

由于地基位于强风化层,岩石整体性较差,优先选用了钢筋混凝土重力式挡土墙,墙身容重 24kN/m^3。另外,为了使墙后雨水尽快渗出,需要在墙身设置专门的排水措施,以及相应的粗粒料反滤层。

2. 设计参数及稳定验算

(1) 用库仑理论计算作用在墙上的主动土压力。

根据已知条件查表 9-1,得到 $K_a=0.54$

主动土压力 $E_a = \frac{1}{2}\gamma H^2 K_a = \frac{1}{2}\times 18.5\times 6^2\times 0.54 = 179.82 (\text{kN/m})$

土压力的垂直分力 $E_{ay} = E_a \sin(\delta+\varepsilon) = E_a \sin 30° = 179.82\times\frac{1}{2} = 89.91(\text{kN/m})$

土压力的水平分力 $E_{ax} = E_a \cos 30° = 179.82\times 0.866 = 155.73(\text{kN/m})$

（2）挡土墙断面尺寸的选择。

根据经验初步确定挡土墙的断面尺寸时，重力式挡土墙的顶宽约为高度的 1/12，底宽约为高度的 1/2～1/3。设顶宽为 $b=0.5\text{m}$，底宽 $B=3\text{m}$。

墙体自重为 $G = \frac{1}{2}(b+B)H\gamma = \frac{1}{2}\times(0.5+3)\times 6\times 24 = 252(\text{kN/m})$

（3）滑动稳定性验算。

$$K_s = \frac{(G+E_{ay})\mu}{E_{ax}} = \frac{(252+89.91)\times 0.5}{155.73} = 1.098 < 1.3$$

结果不满足抗滑稳定要求，需要修改断面尺寸。取顶宽 $b=1\text{m}$，底宽 $B=4\text{m}$，再进行上述验算，此时墙体自重为

$$G = \frac{1}{2}(b+B)H\gamma = \frac{1}{2}\times(1+4)\times 6\times 24 = 360(\text{kN/m})$$

$$K_s = \frac{(G+E_{ay})\mu}{E_{ax}} = \frac{(360+89.91)\times 0.5}{155.73} = 1.44 > 1.3$$

满足抗滑稳定要求。

（4）倾覆稳定性验算。设计墙体尺寸如图 9-25 所示，依据图中尺寸求出自重 G 的重心距离墙趾的距离为 $x_0 = 2.18\text{m}$，土压力水平分力的力臂 $h_f = H/3 = 2\text{m}$，土压力垂直分力的力臂 $x_f = 3.65\text{m}$，求的抗倾覆安全系数为

$$K_t = \frac{Gx_0 + E_{ay}x_f}{E_{ax}h_f} = \frac{360\times 2.18 + 89.91\times 3.65}{155.73\times 2} = \frac{784.80+328.17}{311.46} = 3.57 > 1.6$$

抗倾覆验算满足要求。

（5）地基承载力验算。

作用在基础底面上的总力 $N = G + E_{ay} = 360+89.91 = 449.91(\text{kN/m})$

合力作用点距离墙趾的距离为

$$c = \frac{Gx_0 + E_{ay}x_f - E_{ax}h_f}{N} = \frac{784.80+328.17-311.46}{449.91} = 1.78(\text{m})$$

偏心距 $e = \frac{B}{2} - c = 2 - 1.78 = 0.22 < \frac{B}{6}$

基地应力 $P_{\min}^{\max} = \frac{N}{B}\left(1\pm\frac{6e}{B}\right) = \frac{449.91}{4}\times\left(1\pm\frac{6\times 0.22}{4}\right) = \begin{matrix}149.60(\text{kPa})\\ 75.36(\text{kPa})\end{matrix} < 180(\text{kPa})$

地基承载力验算满足要求。

钢筋混凝土墙体，不再进行强度验算。

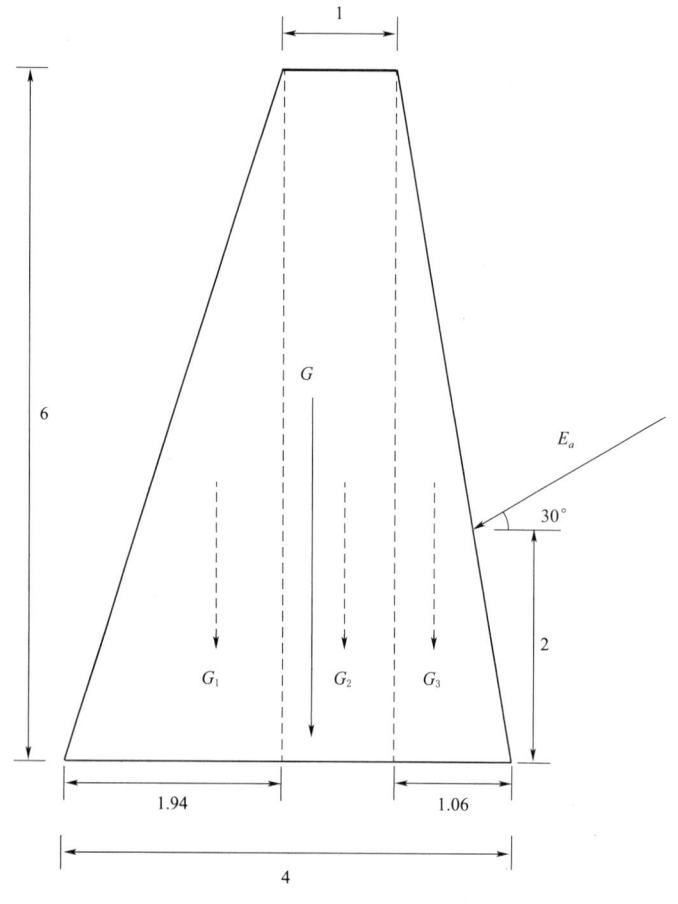

图 9-25 设计挡土墙尺寸（单位：m）

思 考 与 练 习

一、思考题

1. 土压力有哪几种？影响土压力大小的因素有哪些？
2. 什么是主动土压力，产生主动土压力的条件是什么？适用于什么范围？
3. 什么是被动土压力？
4. 库仑土压力的基本假设是什么？适用于什么范围？如何计算主动土压力系数？
5. 挡土墙有哪些类型？分别有什么特点？适用于什么情况？
6. 如何确定重力式挡土墙的尺寸？
7. 采取什么措施可以提供挡土墙稳定安全系数？
8. 挡土墙排水设施如何设置？
9. 对挡土墙的墙后填土有什么要求？

二、计算题

1. 某挡土墙高 11m，墙背垂直、光滑，填土表面水平，$\gamma = 19 \text{kN/m}^3$，$\varphi = 30°$，$c =$

0,试确定:①挡土墙的静止土压力分布、合力大小及其作用点位置;②该挡土墙的主动土压力分布、合力大小及其作用点位置。

2. 已知某挡土墙高度 $H=4.0$m,墙背竖直、光滑,墙后填土表面水平。填土为干砂,重度 $\gamma=18.0$kN/m^3,内摩擦角 $\varphi=36°$。计算作用在此挡土墙上的静止土压力 E_0。(可取 $K_0=0.4$);若墙能向前移动,大约需移动多少距离才能产生主动土压力 E_a? 计算 E_a 的数值。

3. 某挡土墙高度 $H=4.0$m,墙背竖直、光滑,墙后填土表面水平。填土为砂土,天然重度 $\gamma=18.0$kN/m^3,饱和重度 $\gamma_{sat}=21.0$kN/m^3,内摩擦角 $\varphi=36°$。地下水位埋深 2.0m。计算作用在此挡土墙上的静止土压力 E_0(可取静止测压系数 $K=0.4$),主动土压力 E_a 和水压力 E_w 的数值。

4. 已知某挡土墙高度 $H=4.0$m,墙背竖直,挡土墙与墙后填土之间的摩擦角 δ 为 24°,墙后填土表面水平。填土为干砂,天然重度 $\gamma=18.0$kN/m^3,内摩擦角 $\phi=36°$。计算作用在此挡土墙上的主动土压力 Ea 的数值。

5. 某挡土墙高度 $H=5.0$m,墙顶宽度 $b=1.5$m,墙底宽度 $B=2.5$m。墙面竖直,墙背倾斜,墙背与填土间的摩擦角 $\delta=20°$,填土表面倾斜 $\beta=12°$。墙后填土为中砂,重度 $\gamma=17.0$kN/m^3,内摩擦角 $\phi=30°$。计算作用在此挡土墙上的主动土压力 E_a 和 E_a 的水平分力与竖直分力。

6. 某挡土墙高度 $H=5.0$m,墙顶宽度 $b=1.5$m,墙底宽度 $B=2.5$m。墙面竖直,墙背倾斜,墙背与填土间的摩擦角 $\delta=20°$,填土表面倾斜 $\beta=12°$。墙后填土为中砂,重度 $\gamma=17.0$kN/m^3,内摩擦角 $\phi=30°$。挡土墙地基为砂土,墙底摩擦系数 $\mu=0.4$,墙体材料重度 $\gamma=22.0$kN/m^3。试验算此挡土墙的抗滑和抗倾覆稳定性是否满足要求。

7. 某挡土墙高度 $H=10.0$m,墙背竖直、光滑,墙后填土表面水平。填土上有均布荷载 $q=20$kPa。墙后填土分两层:上层为中砂,重度 $\gamma_1=18.5$kN/m^3,内摩擦角 $\phi_1=30°$,层厚 $h_1=3.0$m;下层为粗砂,重度 $\gamma_2=19.0$kN/m^3,内摩擦角 $\phi_2=35°$。地下水位在离墙顶 6.0m 位置。水下粗砂的饱和重度 $\gamma_{sat2}=20.0$kN/m^3。计算作用在此挡土墙上的总主动土压力和水压力。

三、选择题

1. 一般基岩上的土墙和拱座、地下室的外墙等,可按( )计算。
   A. 静止土压力　　　　B. 主动土压力　　　　C. 被动土压力

2. 墙后填土中有地下水时,墙背上作用的( )。
   A. 主动土压力减小,总压力减小
   B. 主动土压力增大,总压力增大
   C. 主动土压力减小,总压力增大

3. 区分三种土压力的是根据( )。
   A. 挡土墙的刚度　　　B. 挡土墙的高度　　　C. 挡土墙的位移

4. 当墙后填土中的地下水位上升时,作用在墙背上的总压力( )。
   A. 减小　　　　　　　B. 增大　　　　　　　C. 不变

参 考 文 献

[1] 王启亮，刘亚军. 工程地质与土力学 [M]. 北京：中国水利水电出版社，2015.
[2] 徐梓炘，张曙光，杨太生. 土力学与地基基础 [M]. 北京：中国电力出版社，2004.
[3] 陈希哲. 土力学地基基础 [M]. 北京：清华大学出版社，2004.
[4] 孔军. 土力学与地基基础 [M]. 北京：中国电力出版社，2015.
[5] 程健伟. 土力学与地基基础工程 [M]. 北京：机械工业出版社，2010.
[6] 吴玲洪. 土力学与地基基础 [M]. 郑州：黄河水利出版社，2012.
[7] 王保田，张福海. 土力学与地基处理 [M]. 南京：河海大学出版社，2005.
[8] 徐至均，等. 新编建筑地基处理工程手册 [M]. 北京：中国建材工业出版社，2005.
[9] GB 50007—2011 建筑地基基础设计规范 [S].
[10] GB/T 50123—1999 土工试验标准 [S].
[11] SL 237—1999 土工试验规程 [S].
[12] GB 50202—2013 建筑地基基础工程施工质量验收规范 [S].
[13] JGJ—2015 建筑地基处理技术规范 [S].
[14] SL 379—2017 水工挡土墙设计规范 [S].